"十二五" "十三五"国家重点图书出版规划项目

风力发电工程技术丛书

风力发电机叶片（第2版）

蔡新　王浩　汪亚洲　许波峰 等　编著

中国水利水电出版社
www.waterpub.com.cn
·北京·

内 容 提 要

本书是《风力发电工程技术丛书》之一。本书详细介绍了风力发电机叶片的结构特点、受力特点及工作性态。主要内容包括风力机叶片翼型、空气动力学、叶片载荷、叶片材料及制造工艺、叶片结构设计、叶片结构分析、叶片颤振、叶片疲劳、叶片最优体型设计、叶片运行调控与维护等。

本书可供从事风力发电技术领域科研、设计、施工及运行管理的工程技术人员阅读参考，也可作为高等院校相关专业师生的教学参考书。

图书在版编目（CIP）数据

风力发电机叶片 / 蔡新等编著. -- 2版. -- 北京 : 中国水利水电出版社, 2022.5
（风力发电工程技术丛书）
ISBN 978-7-5226-0504-3

Ⅰ. ①风… Ⅱ. ①蔡… Ⅲ. ①风力发电机—叶片 Ⅳ. ①TM315

中国版本图书馆CIP数据核字(2022)第032543号

	风力发电工程技术丛书
书 名	**风力发电机叶片（第2版）**
	FENGLI FADIANJI YEPIAN (DI 2 BAN)
作 者	蔡新 王浩 汪亚洲 许波峰 等 编著
出版发行	中国水利水电出版社
	（北京市海淀区玉渊潭南路1号D座 100038）
	网址：www.waterpub.com.cn
	E-mail：sales@mwr.gov.cn
	电话：(010) 68545888（营销中心）
经 售	北京科水图书销售有限公司
	电话：(010) 68545874、63202643
	全国各地新华书店和相关出版物销售网点
排 版	中国水利水电出版社微机排版中心
印 刷	清淞永业（天津）印刷有限公司
规 格	184mm×260mm 16开本 16.5印张 402千字
版 次	2014年1月第1版第1次印刷 2022年5月第2版 2022年5月第1次印刷
印 数	0001—3000册
定 价	**68.00元**

《风力发电工程技术丛书》

第1版编委会

主要参编单位 （排名不分先后）

河海大学
中国长江三峡集团有限公司
中国水利水电出版社有限公司
水资源高效利用与工程安全国家工程研究中心
水电水利规划设计总院
水利部水利水电规划设计总院
中国能源建设股份有限公司
上海勘测设计研究院有限公司
中国电建集团华东勘测设计研究院有限公司
中国电建集团西北勘测设计研究院有限公司
中国电建集团中南勘测设计研究院有限公司
中国电建集团北京勘测设计研究院有限公司
中国电建集团昆明勘测设计研究院有限公司
中国电建集团成都勘测设计研究院有限公司
长江设计集团有限公司
中水珠江规划勘测设计有限公司
内蒙古电力勘测设计院
新疆金风科技股份有限公司
华锐风电科技（集团）股份有限公司
中国水利水电第七工程局有限公司
中国能源建设集团广东省电力设计研究院有限公司
中国能源建设集团安徽省电力设计院有限公司
华北电力大学
同济大学
华南理工大学
中国三峡新能源（集团）股份有限公司
华东海上风电省级高新技术企业研究开发中心
浙江运达风电股份有限公司

本书编委会

主　　编　蔡　新　王　浩

副 主 编　汪亚洲　许波峰　徐　鹏

参编人员　张　远　林世发　谢姣洁　任　磊
王梦亭　边赛贤　姚皓译　郭兴文
江　泉　高　强　常鹏举　潘　盼
朱　杰　顾荣蓉　施新春　冯永赵
王九华　王福涛　张华耀　苑斐琦
熊　刚

参编单位

河海大学
江苏省风电机组结构工程研究中心
江苏省可再生能源行业协会
中建材南京新能源研究院
中天科技海缆有限公司
江苏金风科技有限公司
江苏九鼎新材料股份有限公司
宁波大学
金陵科技学院
中节能风力发电股份有限公司
洛阳双瑞风电叶片有限公司

第2版前言

伴随世界能源格局的变化，围绕“碳达峰、碳中和”战略目标，大力发展可再生能源产业和低碳经济是我国能源发展和生态文明建设的必然选择。“十三五”以来，我国风电规模稳步扩大，关键技术创新持续突破，度电成本不断下降。叶片是风电机组的核心零部件，提高叶片研发水平不仅可以提高风能利用效率，还能使风电机组的整体性能得到改善，从而达到风电的进一步降本增效。

本书第1版出版8年来受到业界广泛关注和欢迎，具备了较大影响力，8年中风力机叶片技术的发展不断遇到新问题、新挑战，同时也取得了长足的进步。

基于此，本书第2版主要修订的思路：在保留原作主体内容的基础上，调整、增减和更新了风力机叶片技术的最新研究进展相关内容。主要包括：

(1) 更新了风电研究及产业发展的相关数据，特别是新版的规范标准等。

(2) 叶片载荷部分增加了台风天气影响内容。

(3) 叶片结构设计中新增了其他结构件设计的部分内容。

(4) 叶片结构动力学改写成叶片结构分析一章，充实了气动弹性问题研究相关内容。

(5) 叶片颤振问题研究充实调整为一章，重点讨论了大功率长叶片可能出现的颤振及其控制难题。

(6) 叶片疲劳部分补充了疲劳寿命预测分析工程案例内容。

这些修订和改写，进一步增强了书稿的系统性、科学性、完整性、时代性、可读性、实用性，试图为业内工程技术人员和研究者提供更加实用的参考。

本书第2版主要由蔡新、王浩、汪亚洲、许波峰、徐鹏编著完成，蔡新教授负责统稿定稿。潘盼、朱杰、顾荣蓉、郭兴文、江泉等为主的作者参加了本书第 1 版编写和相关研究，对本书作出了重要贡献，一并表示感谢。

本书研究工作得到江苏高校沿海开发与保护协同创新中心的资助及江苏省风电机组结构工程研究中心、江苏省可再生能源行业协会专家同仁的指导，本书第 2 版的出版继续得到中国水利水电出版社李莉首席、丁琪老师、高丽霄老师的指导和大力支持，特此一并致谢。限于作者水平及研究深度，书中不妥和谬误之处，恳请读者批评指正。

作者

2021 年 10 月于南京

第1版前言

随着世界性能源危机日益加剧和全球环境污染日趋严重，推进新能源与可再生能源的开发利用已是大势所趋。风能具有就地可取、分布广、无污染、清洁、可再生等优点，已成为新能源发展的重要方向。作为世界上的风能大国，我国目前独立开发兆瓦级大型风力发电机（简称风力机）的能力较弱，迄今为止国内已投入运行的风力机绝大部分依赖于进口。设计水平是其中主要的制约因素，与此相关的基础研究、实验研究和新技术的应用等与国外也存在较大的差距。风力机叶片是风力发电机组的最关键零部件，叶片的翼型、结构型式直接影响风力发电装置的功率和性能。叶片的设计是一个复杂的多目标优化问题，理想的叶片不仅能获得较好的气动性能和提高能量转换效率，还能使风电机组的整体性能得到改善。因此，研究风力机结构体系合理的分析计算方法，掌握风力机结构体系的结构特点、受力特点及工作性态，选择合适的叶片材料，对叶片进行优化设计、疲劳寿命及运行维护等研究，将有效地提高我国的风力发电机设计水平和设计能力，推进我国风力发电机的国产化。

本书主要由蔡新、潘盼、朱杰、顾荣蓉编著，蔡新教授任主编并统稿定稿。郭兴文、江泉参加了本书有关的研究工作和部分编写。参加研究工作的还有何斌、傅洁、张建新、张灵熙、舒超、刘勇敢、张羽、江敏敏等。本书稿团队在研究及书稿定稿出版过程中得到了首届国家级教学名师、清华大学博士生导师范钦珊教授的指导和帮助，特此致谢。该书的部分研究成果为江苏高校首批“2011 计划”（沿海开发与保护协同创新中心，苏政办发〔2013〕56 号）。

限于作者水平及研究深度，书中难免有不妥和谬误之处，恳请读者批评指正。

蔡新

2013 年 12 月于南京

目　录

第1章 绪 论

全球能源危机和环境污染，助推了新能源与可再生能源的开发利用。风能作为一种清洁的可再生能源，已成为世界各国新能源发展的重要方向。随着“碳达峰”和“碳中和”战略目标的提出，利用风力发电对于调整我国能源结构、减轻环境污染、解决能源危机等有着非常重要的意义。

本章主要介绍风与风能利用、风力机结构、风力机叶片及其设计技术与发展趋势。

风能利用

1.1 风与风能利用

风是大气层中高、低压区间的空气流动，是由太阳对地表的不均匀加热引起的。上层空气由于受热而温度上升，形成一个低压区，周围压力高的空气在压力梯度作用下向低压区域流动，从而形成了风，因此风能也被称为“间接太阳能”。地球大气运动除受气压梯度影响外，还受到由于地球自转引起的地转偏向力的影响，大气的真实运动是这两种力综合影响的结果。除此之外，地球上的风还受到地表的影响。山坳和海峡能改变气流的运动方向，还能使风速增大；而丘陵、山地具有较大的摩擦阻力，使风速下降。

1.1.1 风能特点

风能与其他能源相比较，既有其突出的优点，又存在明显的局限性。

1. 优点

(1) 风能的储量巨大。据世界气象组织估计，地球上可利用的风能约为200亿kW。全世界每年燃烧煤炭获得的能量还不到风力在同一时间内所提供能量的1%。

(2) 分布广。风无处不在，只要有空气的地方就会有风的存在。

2009年，中国气象局利用2386个气象站30年的历史资料进行了第三次风能资源评估，其结果如下：在陆地离地10m高度处，全国风能资源总储量为42.65亿kW，技术可开发量为2.98亿kW，潜在技术可开发量为0.78亿kW。

我国陆地风能密度大于200W/m^2的地区占26%，风能密度为50～150W/m^2的地区占50%。现有技术可开发的面积约为20万km^2，且随着海上风能开发技术的完善，可开发面积将持续增加。

(3) 可再生，无污染。风能主要来自太阳辐射，会源源不断地在大气层中生成。

(4) 利用方式简单。风能利用机械简单，易操作。在新能源利用中，风力发电成本比太阳能发电低廉。

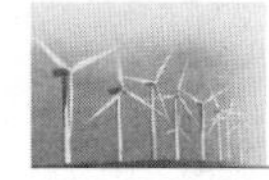

2. 缺点

(1) 风具有不稳定性。主要表现在以下方面：

1) 风随时间不断变化。风随时间的变化包括每天的变化和季节的变化。通常一天之内风的强弱呈现周期性特征。例如，在地面上，夜间风很弱，白天较强；在100～150m的高空，正好相反。太阳和地球相对位置发生变化，使得地球上存在季节性的温差，因此风向和风的强度也会发生季节性变化。

2) 风随高度不断变化。地面上的空气流动受到涡流、地貌及建筑物等因素影响，近地层风速较小，但越往高处风速越大。各种不同的地表情况，如城市、乡村和海边平地粗糙度不同，风速随高度变化，即风速廓线变化也不同。对于接近地面的位置，风速随高度的变化主要取决于地表粗糙度。粗糙度越大的地面，风速越慢。不同地形下的风速廓线如图1-1所示，z为垂直于地表的高度。

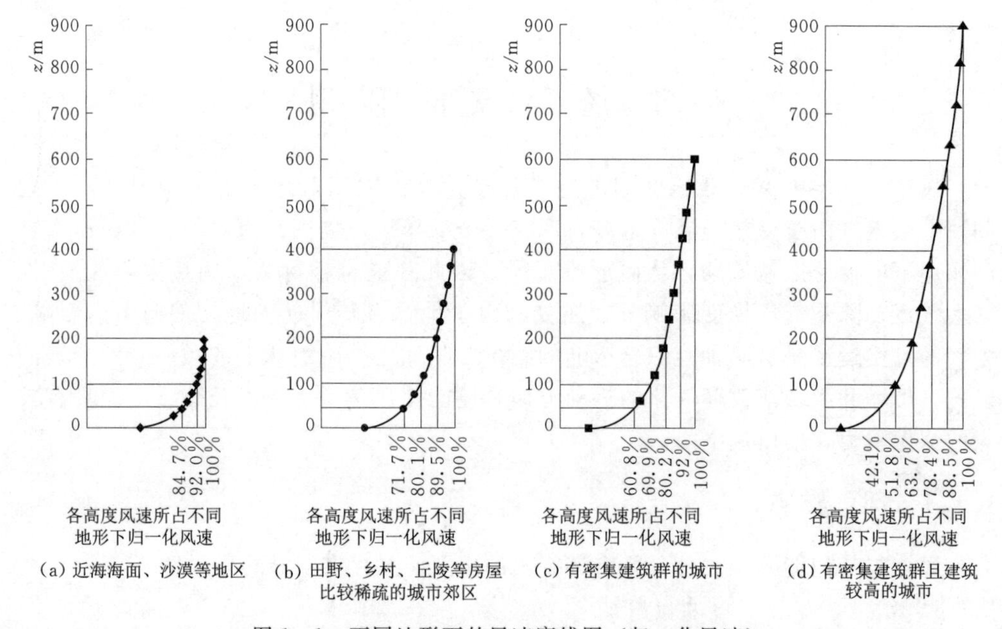

图1-1 不同地形下的风速廓线图（归一化风速）

3) 风的变化具有随机性。一般所说的风速是指平均风速。通常自然风是一种平稳的气流与瞬间激烈变化的紊乱气流相互交叠的风。紊流所产生的瞬时高峰风速也称阵风风速。

(2) 能流密度低。这是风能的一个重要缺陷。由于风能源于空气的流动，然而空气的密度很小，因此风力的能流密度也很小，只有水力的1/816。各种新能源的能流密度见表1-1。

表1-1 各种新能源的能流密度

能源种类	能流密度/(kW/m²)	能源种类	能流密度/(kW/m²)
风能（风速3m/s时）	0.02	潮汐能（潮差10m时）	100
水能（流速3m/s时）	20	太阳能	晴天平均1.0，夜间平均0.16
波浪能（波高2m时）	30		

(3) 地区差异大。由于地形的影响，风力的地区差异十分明显。两个邻近的区域，有利地形下的风力往往是不利地形下的几倍，甚至是几十倍。

1.1.2 风能利用方式

自古以来，人类对风的利用和风的破坏作用就有了深远认识。远在1800年前，我国就已利用风帆进行航运。有文字记载"随风张幔曰帆"，以后又发明了帆式风车，在《天工开物》一书中就有"扬郡以风帆数扇，俟风转车，风息则止"的论述。在国外，公元前2世纪，古波斯人利用垂直轴风车进行碾米；10世纪时，阿拉伯人利用风车来提水；11世纪风车在中东已获得广泛的应用，图1-2为阿富汗地区早期的垂直轴阻力型风力机图。13世纪时，风车传至欧洲，以后便成为欧洲不可缺少的原动机。在荷兰，风车先在莱茵河三角洲地区用于汲水，以后又用于榨油和锯木。现今，风能利用的主要形式是风力发电。

图1-2 阿富汗地区早期的垂直轴阻力型风力机图

1. 风力提水

风力提水由古至今一直得到了广泛的应用。至20世纪下半叶，为了解决农村、牧场的生活以及灌溉和牲畜的饮水问题，同时为了节约能源，风力提水机得到了很大程度的开发。现代风力提水机用途可分为两类：①高扬程小流量的风力提水机，它与活塞泵相匹配，提取深井地下水，主要用于草原、牧区，为人畜提供饮用水；②低扬程大流量的风力提水机，它与螺旋泵相匹配，提取河水、湖水或海水，主要用于农田灌溉、水产养殖或制盐。图1-3为一个完整的高扬程小流量风力提水系统。

2. 风帆助航

在机动船舶普遍使用的今天，为了节约燃油和提升航程、航速，古老的风帆助航也得到了发展。航运大国日本已在万吨级货船上采用电脑控制的风帆助航，节油率达到15%。

3. 风力制热

随着人民生活水平的提高，家庭用能中的热能需求量越来越大，特别是在高纬度的欧洲、北美地区，取暖、烧水等用途占耗能较大比例。为解决家庭及低品位工业热能的需求，风力制热有了较大的发展。

风力制热是将风能转换为热能。目前有三种转换方法：①风力机发电，将电能转换为热能；②由风力机将风能转换为空气压缩能，再换成热能，即由风力机带动

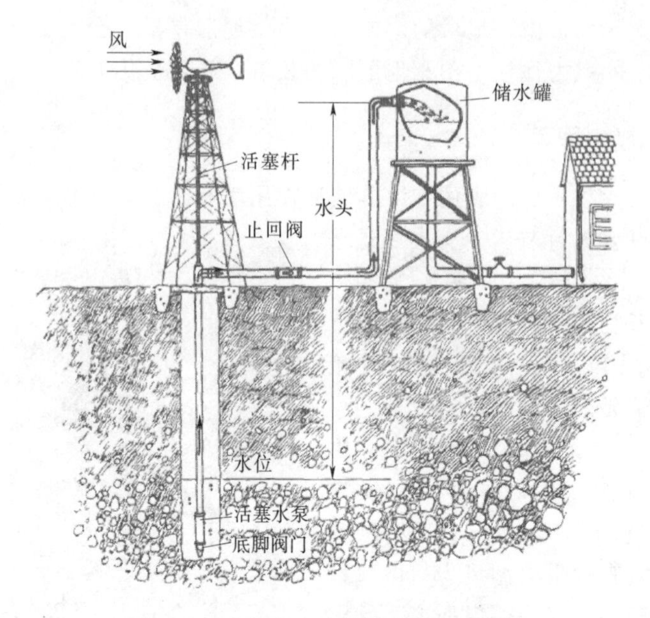

图1-3 高扬程小流量风力提水系统图

离心压缩机对空气进行绝热压缩而放出热能；③风力机直接转换出热能，最简单的方式是搅拌液体制热，即风力机带动搅拌器转动，使液体变热；液体挤压致热，即用风力机带动液压泵，使工作液体加压后再从狭小的阻尼小孔中高速喷出而使工作液体加热；此外，还有固体摩擦致热和涡电流致热等方法。

4. 风力发电

风力发电已越来越成为风能利用的主要方式，受到世界各国的高度重视，而且发展速度很快。风力发电的运行方式有：①独立运行方式，通常是一台小型风力机向一户或几户提供电力，配备蓄电池蓄能，保证无风时用电；②风力发电与其他发电方式（如柴油机发电）相结合，向一个单位或一个村庄或一个海岛供电；③风场风力发电并入电网运行，向大电网提供电力，这是风力发电的主要发展方向。

由于传统风力机存在较大的噪声，有时会导致蝙蝠和鸟类意外撞击死亡，目前国外相关机构开发了一种“风力茎秆”的风力发电方式。该发电方式由大量碳纤维制成的茎秆密集树立在面积较小的空地构成。每根茎秆高60m，带有一个直径为11～22m的混凝土底基，风力茎秆顶端直径约为5cm，根部直径为0.33m。每根茎秆都包含着电极和压电材料制成的陶瓷盘的交替层，当受到压力时会产生电流。对于风力茎秆而言，当竖直茎秆受到风力的摇摆作用时，就会源源不断产生电流。图1-4为风力茎秆发电场的效果图。

1.1.3 风力机的应用及发展

风力机即为将风能转换为旋转机械能的动力机械，又称风车。广泛地说，它是一种以太阳为热源，以大气为介质的热能利用发动机。多个世纪以来，它同水力机械一样，作为动力源替代了人力、畜力，对生产力的发展发挥了重要作用。

图 1-4 风力茎秆发电场效果图

风力机最早出现在波斯，起初是垂直轴翼板式风车，后来又出现了水平轴风力机。随着工业技术的发展，风力机的结构和性能都有了极大的提高，已经采用手控和机械式自控机构改变叶片的桨距角来调节风轮转速。表 1-2 统计了风力机的发展及用途。

表 1-2 风力机发展及用途统计

风力机名称	风力机类型	用途	驱动类型	风能转换率峰值/%	结构简图
Savonius 风轮	垂直轴	早期的波斯风车，目前被用于通风设备	阻力型	16	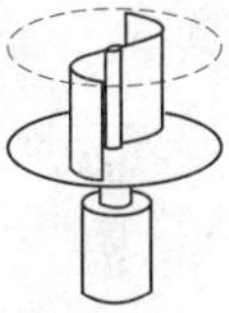
风杯式风轮	垂直轴	风速计	阻力型	8	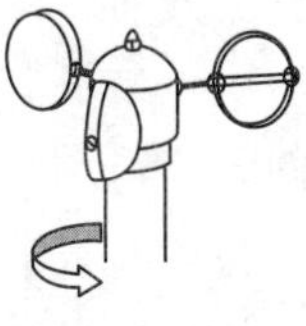
美国农场风车	水平轴	18 世纪以来被用于汲水、磨面	升力型	31	
Dutch 风车	水平轴	16 世纪起被用于磨面	升力型	27	

续表

风力机名称	风力机类型	用途	驱动类型	风能转换率峰值/%	结构简图
Darrieus 风力机	垂直轴	20世纪中期，被用于发电	升力型	40	
现代水平轴风力机	水平轴	风力发电	升力型	43（叶片数为1） 47（叶片数为2） 50（叶片数为3）	

风力发电技术是一项多学科、可持续发展、绿色环保的综合技术，因为它不需要燃料、也不会产生辐射或空气污染，所以在世界上形成了热潮，发展速度很快。各地的风力机生产厂家数量也迅速增加，新技术革新促进了风力机叶片的发展。

从2007年以来，风电产业一度成为世界上增长速度最快的产业，在相当长一段时间内保持着近30%的高增长率。而2016—2018年全球新增风电装机容量逐步下滑，2018年全球新增风电装机容量为50.7GW。此后风电产业景气度触底回升，成本下降叠加弃风率改善，2018—2020年迎来新一轮装机大周期，行业景气度逐步上行；同时，随着国内风电补贴政策末班车导致的“抢装潮”的出现，2020年全球新增风电装机容量达到93.0GW。图1-5为全球风电累计和新增装机容量变化趋势图。

为了有效节约风电场土地，降低并网成本和单位功率的造价，从风力机建造伊始，机组单机容量就不断扩大。叶片的长度从早期的7.5m左右发展到当前主流风力机叶片的50m以上。此外，随着海上风资源的逐步开发，风电场需要单机容量更大的机组。与此同时，风电场维护成本和发电成本都有所降低。图1-6为自1985年以来，风力机单机机组尺寸发展历程图。

海上风电相对于陆地具有多方面优势：海面粗糙度小，离岸10km的海上风速通常比沿岸上高约25%；海上风湍流强度小，具有稳定的主导风向；机组承受的疲劳载荷较低，使得风力机发电机组寿命更长；风切变小，因而塔架可设计得较短；在海上开发利用风能，噪声、景观、生态和电磁波干扰问题较少；海上风电场不占陆上土地资源，对于靠近海洋的国家或地区较适合发展海上风电。因此海上风力开发是风电产业发展的趋势。

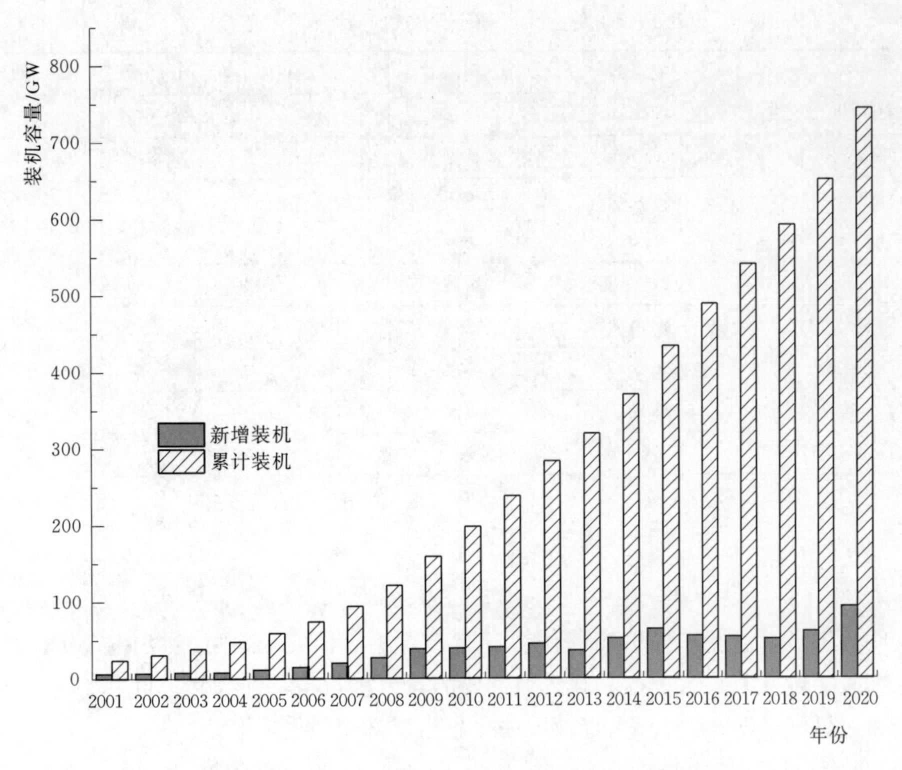

图 1-5 全球风电累计和新增装机容量变化趋势图

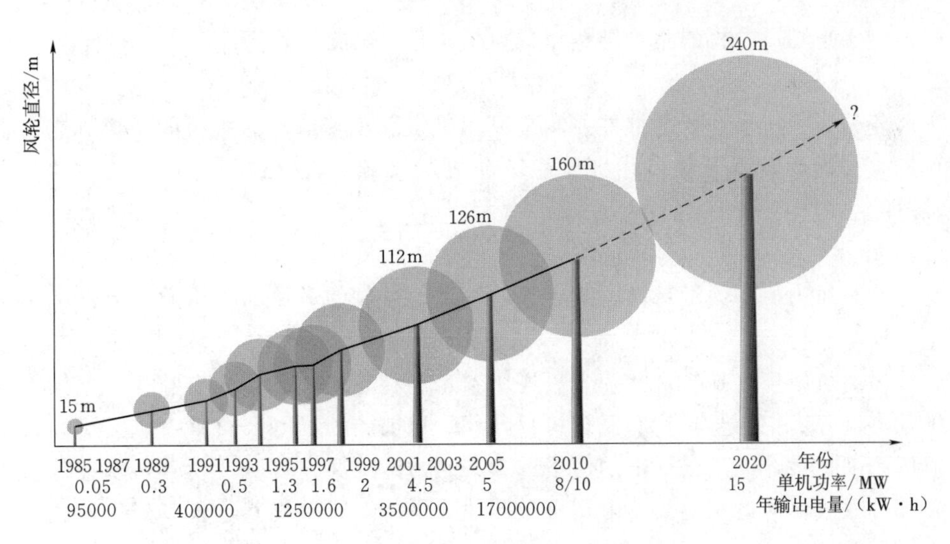

图 1-6 风力机单机机组尺寸发展历程图

世界上对海上风电的研究与开发始于20世纪90年代，经过近30年的发展，海上风电技术正日趋成熟，并开始进入大规模开发阶段。目前，在全球范围内已有诸多生产海上风力发电设备的厂家，表1-3列举了部分大型海上风力机叶片及其相关技术参数。

表1-3 部分大型海上风力机叶片及技术参数

风力机名称	制造商	国家	功率/kW	叶片长度/m	叶片重量/t
Haliade 150	Alstom	法国	6000	73.5	—
Repower 5M	Repower	德国	5000	61.5	19.5
M5000-116	Areva Wind	德国	5000	56	16.5
V164-8.0MW	Vestas	丹麦	8000	80	35
XE/DD128	湘电风能	中国	5000	62	—
Sway 10MW	SWAY TURBINE	挪威	10000	67	—
Energy4.1-113	GE power	美国	4100	54	—
SG 10.0-193 DD	SGRE	美国	10000	94	—
Haliade-X 12MW	GE power	荷兰	12000	107	—

水平轴风力机与垂直轴风力机

1.2 风 力 机

风力机机组通过其各组成部件协调运转，将风能安全、可靠地转换为机械能，再将机械能转换为电能。本节对两种主要的风力机机型，即大型三叶片、上风向水平轴和达里厄（Darrieus）垂直轴风力机各组成部件做简要介绍。

水平轴风力机案例

1.2.1 水平轴风力机

大型水平轴风力机的基本结构组成包括风轮、机舱及其部件、塔架和基础。

1.2.1.1 风轮

风轮是风力机最主要的部件，它是风力机区别于其他动力机械的主要标志，它的作用是捕捉和吸收风能，并将风能转变成机械能。风轮包括叶片、轮毂和传动主轴。

1. 叶片

叶片是风力机的关键部件，其良好的设计、可靠的质量和优越的性能保证了机组正常稳定运行。

从风力机诞生之日起，叶片先后经历了木制材料叶片、布蒙皮叶片、钢梁玻璃纤维蒙皮叶片、铝合金叶片和复合材料叶片。目前碳纤维复合材料在风力机叶片上的应用不断扩大，但是碳纤维的价格因素又制约其用量。图1-7为某兆瓦级风力机主要部件及成本所占比例图，由图可见叶片成本相对于整机其他各零部件所占比例最高。

2. 轮毂

轮毂是叶片的根部与主轴的连接件，是风轮的枢纽。所有从叶片上传来的载荷都通过轮毂传递至机舱内的传动系统，再传至发电机转子。同时，轮毂也是控制叶片桨距的关键所在。图1-8为水平轴风力机轮毂透视图，内含叶片变桨距装置。

轮毂通常是由铸钢或钢板焊接而成。铸钢在加工之前需要对其进行探伤，决不

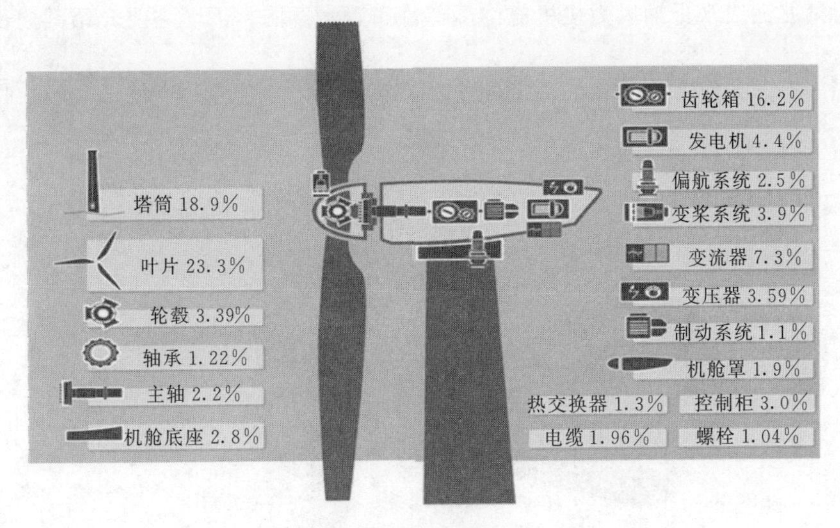

图 1-7 兆瓦级风力机主要部件及成本所占比例图

允许有夹渣、缩孔、砂眼、裂纹等缺陷。对焊接的轮毂，其焊缝必须经过超声波检测，并且按照风力机叶片可能承受的最大离心载荷确定钢板的厚度。此外，还需要严格控制交变疲劳应力引起的焊缝损伤变化。

3. 传动主轴

传动主轴，也称为低速转轴，被安装在风轮和齿轮箱之间。前端通过螺栓与轮毂刚性连接，后端通过齿轮与齿轮箱进行啮合。传动主轴作为风力机的关键零部件，在整个系统中承担着支撑轮毂处传递过来的各种负载的作用，将扭矩传递给增速齿轮箱，并将轴向推力、气动弯矩传递给机舱和塔架。

风力机组常年位于野外或海上，运行工况比较恶劣，温度、湿度和风载荷变化很大，因此，要求主轴具有良好的耐冲击、耐腐蚀和长寿命等性能。

图 1-8 水平轴风力机轮毂透视图

1.2.1.2 机舱及其部件

机舱由机舱底座和机舱罩组成。

机舱底座支撑塔架上方所有装置及附属部件，它的牢固与否将直接关系到风力机的安危与寿命。微小型风力机塔架上方的设备较轻，其机舱底座一般是由钢板直接焊接而成，可根据设计要求在底板上焊接加强肋。对于中大型风力机而言，机舱底座必须进行精密设计，通常由以纵、横梁为主，再辅以台板、腹板、肋板等焊接而成。焊接质量要求高，台板面需刨平，安装孔的位置要求精确。

机舱内部通常布置有偏航系统、传动系统、制动系统、发电机和控制系统。图

1-9为某兆瓦级水平轴风力机机舱内部部件布置示意图。下面主要介绍其内部关键部件。

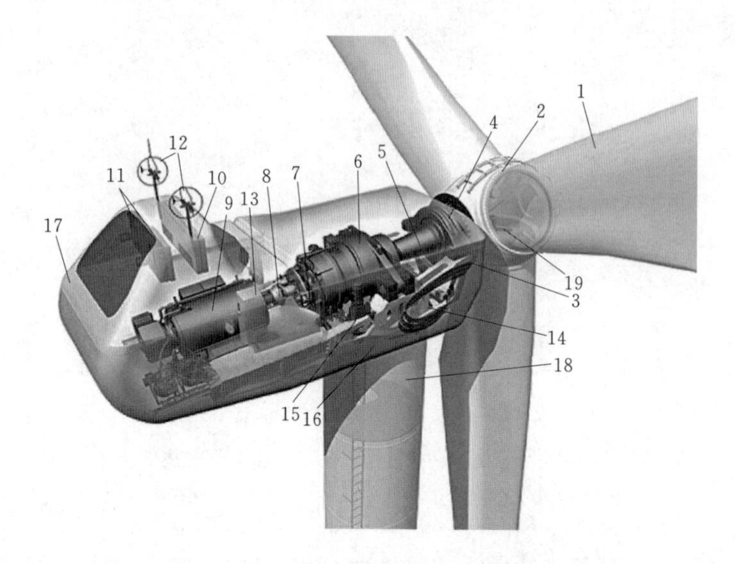

图1-9　某兆瓦级水平轴风力机机舱内部部件布置示意图

1—叶片；2—轮毂；3—机舱；4—叶轮轴与主轴连接；5—主轴；6—齿轮箱；7—刹车机构；8—联轴器；9—发电机；10—散热器；11—冷却风扇；12—风速仪和风向标；13—控制系统；14—液压系统；15—偏航驱动；16—偏航轴承；17—机舱盖；18—塔架；19—变桨距部分

1. 齿轮箱

通常风轮的转速很低，远达不到发电机发电要求的转速，必须通过齿轮箱齿轮副的增速作用来实现，故也将齿轮箱称之为增速箱。因此，在齿轮箱的作用下，风轮转子上的较低转速、较高转矩被转换为用于发电机上的较高转速、较低转矩。

2. 发电机

发电机是将由风轮轴传来的机械能转变成电能的设备。设置在机舱内的发电机通常分为直流发电机、永磁发电机、同步交流发电机和异步交流发电机。

根据电网的需要，风力机可直接或非直接地将发电机连接在电网上。直接连接指的是发电机直接连接在交流电网上；非直接电网连接是指风力机产生的电流通过一系列的电力设备，经调节与电网进行匹配。采用异步交流发电机时，调节过程可自动完成。

3. 风向标传感器

作为感应元件，风向标传感器对应每一个风向都有一个相应的脉冲输出信号，通过偏航系统软件确定其偏航方向和偏航角度，风向标将风向的变化用脉冲信号传递到偏航电机控制回路的处理器，经过偏航系统调节软件比较后处理器给偏航电机发出顺时针或逆时针的偏航命令，为减少偏航时的陀螺力矩，电机转速将通过同轴连接的减速器减速后，将偏航力矩作用在回转体大齿轮上，带动风轮偏航对准风

向，对风完成后，风向标失去电信号，电机停止工作，偏航过程结束。

1.2.1.3 塔架

塔架的功能是支撑位于空中的风力发电系统。塔架与基础连接，承受着风力发电系统运行引起的各种载荷，同时将这些载荷传递到基础，使整个风力机组能够稳定可靠地工作。随着风力机组的发展，塔架经历了单管拉线式、桁架拉线式、桁架式塔架和常见的锥筒式塔架等形式。

兆瓦级风力机塔架常用材料为低合金高强度结构钢，如 Q345D 和 Q345E，该材料具有韧性高、低温性能好、焊接性能好等特点。由于风力机通常安装在荒野、高山、海边，承受日晒雨淋、强紫外线、沙尘和盐雾等恶劣环境的侵袭，塔筒表面防腐至关重要。防腐涂层设计寿命要大于 15 年，漆膜必须坚硬，具有较好的附着性、耐候性和耐水性。

依据轮毂高度，塔架通常由三段组成，接近地面处安装允许人员进入到塔架的可上锁的门，内部有一个符合欧洲安全标准的爬梯，爬梯可到达机舱且装有防跌落保护系统。底部塔架设计有通风装置以保证塔架内部空气流通。塔架的每一段都设置有平台和照明灯以供休息或在紧急情况时提供保护。一旦断电，用于应急照明系统的蓄电池可以确保人员安全撤离风机。同时在各平台安全的位置还装有安全电压的照明插座和使用电动工具的电源插座。

1.2.1.4 基础

风力机基础分为陆上基础和海上基础。

陆上风力机基础均为钢筋混凝土独立基础，根据风电场工程地质条件、地基承载力和风力机载荷的不同分为重力式基础和桩基基础。当基础下层土质具有较好的承载能力时，通常选用重力式基础；反之，选用打桩基础或灌注桩基础。

在制定基础设计方案前，需要充分了解机位所处地址的土层情况、物理性能和所处区域地震带设防烈度要求等。必须对现场工程地质条件作出正确的评价，包括土层分布、物理指标、力学参数等，列出各岩土层的地基承载力容许值，水文地质情况，如地下水位、对混凝土的腐蚀性等。风力机基础设计需要满足以下条件：①要求作用于地基上的载荷不超过地基的容许应力，保证地基有足够的安全储备；②控制基础的沉降，使其不超过地基容许的变形值。

目前海上风力机组的基础形式主要参考海洋平台的固定式基础和处于概念阶段的漂浮式基础，具体包括以下几种：

(1) 单桩基础。首先采用直径为 3～5m 的大直径钢管桩进行沉桩，然后在桩顶固定好过渡段，将塔架安装在上面。单桩基础一般安装至海床以下 10～20m，深度取决于海床地基类型。该方式受海底地质条件和水深的约束较大，需要防止洋流对海床的冲刷，不适宜安装在水深 25m 以上的海域。

(2) 重力式基础。重力式基础因混凝土沉箱基础结构的体积硕大，可依靠其重力使风力机保持垂直状态。其结构简单、造价低、稳定性好且不受海床的影响。但缺点是需要进行海底准备，受冲刷影响大，且仅适用于浅水区域。

(3) 吸力式基础。吸力式基础分为单柱和多柱吸力式沉箱基础。该基础通过施工手段将钢裙沉箱中的水抽出形成吸力。相比于单桩基础，该基础因利用负压进行风力机机身的稳固，可大大节省钢材和海上施工时间，具有良好的应用前景。但是，到目前为止，仅丹麦有成功的安装经验，其可行性还处于研究阶段。

（4）多桩基础。多桩基础通常采用三腿支撑结构，由圆柱形钢管焊接形成框架，如图1-10所示，在海洋油气工业中较为常见。多桩基础的中心轴提供风力机塔身的基本支撑，类似单桩结构。周围桩基打入地基土内，桩基可略倾斜，以抵抗波浪、水流力等。

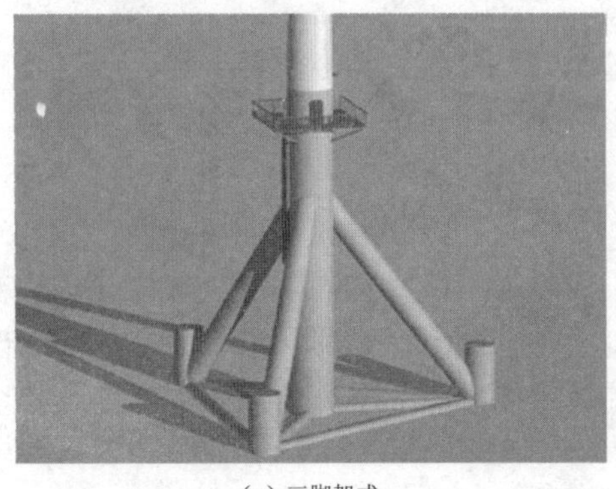

(a) 三脚架式

(b) 桁架式

图1-10 海上风力机多桩基础图

（5）浮动平台结构。浮动平台结构，如张力腿平台、单柱式、半潜式平台和锚链固定平台是海洋油气工业常用的结构型式，但将它们运用在海上风电行业尚处于理论研究阶段。一旦该设想能够投入实际应用，风力机便可以安装在风资源更为丰富的深海海域。

垂直轴风力机案例

1.2.2 垂直轴风力机

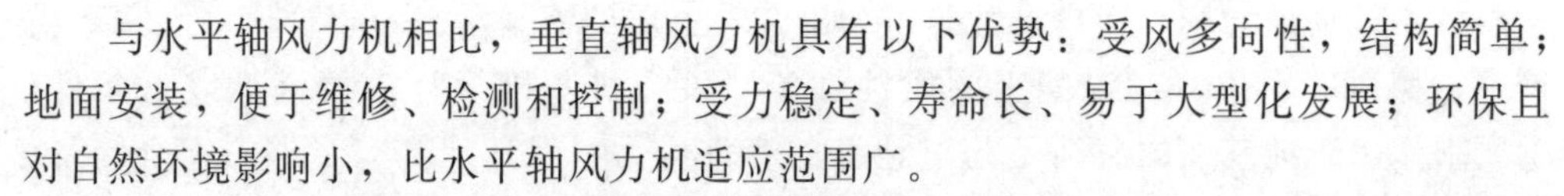

与水平轴风力机相比，垂直轴风力机具有以下优势：受风多向性，结构简单；地面安装，便于维修、检测和控制；受力稳定、寿命长、易于大型化发展；环保且对自然环境影响小，比水平轴风力机适应范围广。

目前，开发规模大、效率高的商用垂直轴风力机是达里厄（Darrieus）风机。该风力机于1931年被美国专利局以“G. J. M. Darrieus”授予专利权。该类型风力机叶片具有旋转跳绳的流线型曲线轮廓，使得叶片在离心力作用下，各截面弯曲应力最小。达里厄垂直轴风力机机型如图1-11所示。

达里厄风力机组成结构包括叶片、转子中心支柱、水平支撑杆、刹车装置、变速箱、传动机构和发电机。

1.2.2.1 叶片

由于NACA 00××对称翼型具有高升力、低阻力、良好失速特性和完整公开的气动数据，大多数达里厄风力机叶片采用该类型翼型。早期的叶片主要采用NACA 0012和NACA 0015翼型。随着叶片尺寸的增大，为增加叶片展向强度，一些制造商选择了厚度相对较大的NACA 0018翼型。

图 1-11　达里厄垂直轴风力机机型图

与水平轴风力机类似，达里厄风机也普遍存在三叶片和双叶片机型，如图 1-11 所示。相比之下，双叶片风力机的材料和安装成本要低得多。此外，若给定实度（所有叶片展开曲面面积除以叶轮扫掠面积），采用双叶片大弦长叶片比三叶片小弦长叶片在结构应力上具有优势，因为叶片的刚度与弦长的平方成正比，而气动载荷与弦长呈线性关系，即三叶片的刚度与质量比较差，而双叶片较好。在结构动力学方面，双叶片风机叶片与转轴始终在同一平面，转子可能会承受一种“一边倒”的激励，这是造成转子疲劳应力破坏的原因。三叶片风机在相同工况下结构动力学特性表现较好。

1.2.2.2　转子中心支柱

早期的转子支柱采用三菱柱式桁架结构，随着加工工艺的发展，自 1975 年起，大多数达里厄风机中心支柱改为钢管。目前，中心支柱一般为几分段薄壁圆筒通过法兰连接而成。

由于垂直轴风力机为高耸结构，在风载作用下结构将发生横向变形，为控制风力机结构顶端的偏移量，一般选用拉索系统为风力机中心支柱顶端提供水平刚度，拉索施加预紧力后将产生竖直方向的分力。

拉索是最有效的维持高耸结构稳定的措施，但其主要的要求和缺陷如下：

（1）拉索必须有地基。

（2）拉索张力必须保持不变。

（3）拉索与叶片必须保持足够的空间。

（4）拉索存在横向振荡。

1.2.2.3　水平支撑杆

水平支撑杆将中心支柱与叶片相连接，支撑杆与中心支柱连接处约为距端部 1/10 中心支柱高度。在安全运行风速内，水平支撑杆维护整机稳定性，并将叶片力矩传递至中心支柱。水平支撑杆的作用不可忽视，然而这些支撑杆会增加整机重力和成本、增加气动阻力即能量损失。同时，由于叶片气动力的周期性变化，支撑杆与叶片和中心支柱的连接处存在潜在的疲劳损伤危害。

1.2.2.4 刹车装置

不同于水平轴风力机，达里厄风机弯曲的叶片不能改变桨距角和安装偏航装置以使叶片在高风速下自动气动刹车。但垂直轴风力机通常在底座处安装刹车装置，包括气动式、低速机械式、高速机械式和电气式。

1.2.2.5 变速箱

垂直轴风力机的变速箱约占整机成本的25%。达里厄风机的变速箱通常安装在地面，受尺寸、重量和维修措施的限制较少。常用的变速箱或增速器装置如下：

（1）星形或斜齿齿轮箱。

（2）平行或直角齿轮箱。

（3）定制大齿轮和小齿轮。

（4）皮带驱动。

（5）变速箱和下轴承组合。

（6）直接驱动。

1.2.2.6 传动机构

垂直轴风力机的传动机构一般设置在基座中，占较高的电机制造成本。传动机构的设计很大程度上影响风力机的风能捕获和总收益。传动机构主要分为直接传动、皮带传动、专用齿轮箱和变速箱与转子支撑部件结合等型式。

1.2.2.7 发电机

发电机的选择取决于风力机输出电能的用途。偏远地区的小型风力机可以将捕获电能直接存储在蓄电池中，一般使用直流发电机。风电场中风力发电将直接接入公用电网中，必须在确定的电压和频率下供电。达里厄风机使用的发电机有同步发电机、异步（感应）发电机和直接驱动与变频器相结合的发电机。

目前，水平轴风力机已在世界范围内被大规模地商业化开发，其风能利用率取决于良好的叶片空气动力学外形，以及具有高强度、高硬度、低密度和良好疲劳性能的制造材料。叶片的材料选择、外形设计、制造工艺被视为风力发电系统的关键技术，并且代表风力机制造技术水平。本书着重讨论水平轴风力机叶片设计、制造及运行维护技术的相关理论和问题。

1.3 风力机叶片

1.3.1 叶片设计技术的发展

风力机叶片设计技术是风力机组的核心技术。叶片要求具有高效的专用翼型，合理的安装角，优化的升阻比、叶尖速比和叶片扭角分布等；有合理的结构、先进的复合材料和制造工艺；要保证质量轻、结构强度高、抗疲劳、耐候性好、成本低、易安装、方便维修、运输可靠安全等。下面主要从气动设计、结构设计与材料

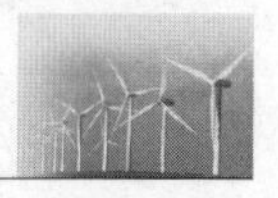

工艺、叶片制作工艺以及叶片存在的主要问题四方面简要介绍叶片技术的发展历程，具体内容将会在后续章节中详细阐述。

1.3.1.1 叶片气动设计

风力机气动理论是在机翼气动理论基础上发展而来的。19 世纪 20 年代一些著名的气动学家 Betz、Schmitz、Glauert、Wilson 等在机翼理论的基础上发展了风轮气动理论，包括动量叶素理论和涡尾迹理论。这些理论被广泛用于风力机叶片气动性能的计算，但由于存在着一定的局限性，在实际应用中不断地被修正完善。随着计算机技术的发展，计算流体力学方法（computational fluid dynamics，CFD）在风力机气动性能数值模拟方面越来越受到重视。CFD 方法由传统的二维动量叶素理论方法发展到现在的求解三维 N－S 方程的全湍流计算方法。但目前还没有一种有效的模型能胜任所有翼型的气动性能计算，而且翼型静态和动态失速的计算结果与实验还存在着差距。

航空翼型具有最大升力系数高、桨距动量低和最小阻力系数低等特点，因此普遍应用于早期的水平轴风机叶片。但是一旦这些翼型前缘由于污染变得粗糙，会导致翼型性能大幅度下降。随着风电设备的发展，机组对叶片性能要求也不断提高，传统的航空翼型已经不适用于设计高性能的叶片，因此美国、瑞典和丹麦等国家开始着手开发专用的风机翼型。例如美国的 Seri 和 NREL 系列、丹麦的 RISØ－A 系列、瑞典的 FFA－W 系列和荷兰的 DU 系列。这些翼型各有优势，大型风机越来越多地采用专用翼型叶片的设计方案。但是由于空气动力的复杂性，叶片外形的精确设计非常困难。最佳叶片翼型基本都是在梯形叶片的基础上，考虑叶尖速比、雷诺数和升阻比的关系对叶片外形进行优化。相关的设计方法仍需深入地研究，叶片翼型的改进还有很大的发展空间。

1.3.1.2 叶片结构设计与材料工艺

从总体上看，叶片结构型式的发展经历了从实心结构到空心结构，从直叶片到弯叶片的发展过程。到目前为止，小型叶片很多采用实心结构，大部分由玻璃钢壳体加轻质填充材料组成。对于中型和大型风机叶片，为了尽可能减少叶片的材料用量，通常采用空心的梁—壳结构型式。为了增大叶尖与塔架的间隙，提高叶片的安全性能，现在的大型商用叶片开始采用预弯形式，且以 I 型梁结构型式居多。随着技术的进步，新思想的出现，尤其是出于对功率、载荷和噪声方面的考虑，一些新型结构型式的叶片不断涌现。

风机叶片材料的强度和刚度是风力机组性能优劣的关键。随着叶片技术和材料科学的发展，叶片的材料也不断进步，从最初的木制叶片及布蒙皮叶片开始，经历了钢梁玻璃纤维蒙皮叶片、铝合金叶片、玻璃钢叶片到玻璃钢复合材料叶片的过程。玻璃钢复合材料因其重量轻、比强度高、可设计性强等特点，开始成为大中型风机叶片材料的主流。然而，随着风机叶片朝着超大型化和轻量化的方向发展，玻璃钢复合材料也开始达到了其使用性能的极限，碳纤维复合材料逐渐应用到超大型风机叶片中。此外，一些公司已开始研发清洁环保型的绿色叶片。

1.3.1.3 叶片制作工艺

叶片制造工艺经历了从手糊成型到真空灌注成型，从开模成型到闭模成型的过程。小型风力机叶片的加工以手糊工艺为主，大部分采用木制材料，外包玻璃纤维布。大型风力机叶片采用的工艺目前主要有两种，开模手工铺层和闭模真空灌注。用预浸料开模手工铺层工艺是最简单、最原始的工艺，不需要昂贵的工装设备，但效率比较低，质量不够稳定，通常只用于生产叶片长度比较短和数量比较小的时候。闭模真空灌注技术效率高、成本低、质量好，因此被很多叶片生产厂商所采用。

1.3.1.4 叶片存在的主要问题

虽然设计技术已日趋完善，但随着风力机向大型化发展，叶片尺寸不断增大，叶片在生产、运输、运行维护等方面仍存在着不少问题，如果这些问题处理不善将导致的后果是叶片腐蚀、开裂甚至断裂。

1. 生产问题

国外叶片制造企业由于长期的发展累积，无论在技术还是在质量保证方面都有比较完善的体系，因此在质量控制方面比较出色。而国内企业大多数都处于刚起步阶段，其中相当一部分企业都是直接购买国外设计图纸进行生产，无论在技术还是在质量体系方面都还需要一段时间的完善。个别企业为了追求更高的利润，擅自更改生产工艺，例如，以减小叶片叶根直径的方式来减少轮毂和叶片的成本或者选择价格便宜的劣质原材料生产叶片等，造成叶片强度不够，易出现致命的缺陷。

在叶片制造过程中，有很多特殊和关键的过程（纤维铺设、树脂固化、胶结、表面涂装等），在这些过程中要严格按照特殊工序和关键工序的要求以保证叶片质量。

采用真空灌注技术制造大尺寸复合材料叶片时，由于吸胶注胶的过程时间较长，如控制不好很容易出现树脂未注完即凝胶的现象。另外在用胶量较大时，桶中配好的胶液还可能发生爆聚。为防止此类情况发生，可考虑设计一种树脂和固化剂的混合装置，吸注前树脂和固化剂分别在不同的容器内，吸注时树脂与固化剂实时混合实时吸注，从而可避免爆聚和过快凝胶，既增加了生产安全性，同时也节省了原材料的用量。

此外，在叶片的生产过程中，由于模具尺寸巨大，一般无法采用烘箱等传统的外部加热方式对其进行升温固化，生产只能在室温下进行，这就造成叶片固化周期较长，难以进行较连续化的生产。解决办法是将叶片在模具上基本成型后即脱模，然后在室外利用光照进行后固化处理。但这种方式也有其先天不足，生产受制于天气并且制品脱模前存在模具中的时间较长，影响生产效率。为此，可考虑在模具中内置热源，如铺设流体加热管路或电热布等，通过内置热源对模具的加热来实现叶片的快速固化，从而实现不受自然条件制约的、可连续进行的生产。

2. 运输问题

目前，风力机叶片都是采用整体模具生产的，这种模具尺寸、重量巨大，叶片生产只能在生产基地进行。随着叶片的大型化发展，其运输问题日益突出：一方面，出于安全考虑，世界各国铁路、公路管理部门对运载货物的长度、高度等都进行了限制，叶片长达几十米，容易超出限制范围；另一方面，很多风电场位置偏远、交通不便，建造风电场时大型叶片运输成本非常高昂，有些地区甚至根本无法

送达。因此，长途运输问题已经越来越成为制约风电发展的一个瓶颈。

在这方面，一种思路是可以考虑采用把风力机叶片成型模具设计成可拆装、易运输的组合模具，然后把模具、工装、重要部件和原材料运抵风电场附近，快速搭建简易工房，在风电场现场进行叶片制造；还有一种思路就是采用组合叶片，即把叶片分成几段来制造，使其尺寸在公路运输最大许可范围内，运送到风电场后再进行叶片的组装，但这种构想能否在实践中应用还有待实验验证。

3. 运行维护问题

在风力机的日常运行维护中，叶片往往得不到重视。但叶片的老化现象却在阳光、酸雨、狂风、自振、风沙、盐雾等不利的条件下随着时间的变化而发生着。一旦发现问题，就意味着已非常严重。在许多风场，叶片都会因为老化而出现自然开裂、砂眼、表面磨损、雷击损坏、横向裂纹等问题。此外，当风力机变桨系统出现故障，刹车不会使风轮停止转动，叶片出现失控，继续快速旋转，严重时会导致叶片撞击塔架或抛出，造成灾难性事故。针对这些问题，如果日常维护到位，就可以避免高额的维修费用、减少停机造成的经济损失。

对于防雷问题，可在叶尖附近放置接闪器，通过导线相连，把雷击的电流引到叶根，从而提高叶片在雷击下的生存能力。对于裂缝问题，一旦发现裂缝应及时报告，以保证它在变成大问题之前及时修复。对于腐蚀问题，可使用耐腐蚀的保护带进行防护。

4. 退役处理问题

风力发电是可持续的产业之一，但目前使用的复合材料叶片属于不可回收材料，这已成为复合材料叶片最大的隐忧。采用热固性树脂生产的复合材料叶片，一般仅仅是在露天堆放，或采用物理粉碎、化学分解、生物降解等方法进行处理，目前的工艺水平难以对其回收再利用，随着风力机叶片的尺寸越来越大，数量激增，这些叶片退役后给环境造成的影响不可忽视。

针对这一问题，一种解决方式是对叶片的增强材料进行改进，如采用生物质材料，即采用竹材与树脂复合，通过积层制作叶片。另一种解决方式是发展可回收利用的热塑性复合材料叶片，在叶片退役之后进行材料的重复利用。目前已有公司开始研发上述叶片，但这种“绿色叶片”能否在大型风力机上获得广泛应用还有待验证。

5. 其他问题

风力发电具有广阔前景，但也有一些反对的声音，如某些动物保护主义者认为风力机会危及一些动物的生存；风电场附近居民长期受到运转叶片噪声和投影的影响。应该指出的是，任何一种新兴技术都不是完美无缺的，都可能存在瑕疵，风力发电总体来说是利大于弊的。在这个问题上，风电场投资者和设计者需要进行更加完善的宏观和微观选址，在降低环境影响的同时，保证较好的经济效益。

风力机发展趋势

1.3.2 风力机叶片发展趋势

随着风电产业的持续发展，风力发电由陆地转向海洋，机组容量提高与超长柔性叶片的大规模应用已是必然的发展趋势，这就进一步要求叶片材料选用、结构设

计、成型工艺的创新与改进。

1.3.2.1 风电由陆地转向海洋

一般来说，基于综合制造、吊装等因素，单机容量越大，风力机单位千瓦的造价就越低。基于经济效益的优势，风力机单机容量将朝更大方向发展。特别是在海上风电领域，大型化机型更加适应海上风电发展的需要。

受陆上土地资源限制，未来风能技术发展的主要驱动力将来自蓬勃崛起的海上风电。海上风电开发的潜力巨大，可开发量是陆上风电的3倍，与陆上风电相比具有风速高且稳定、年利用小时数高、不占陆地面积、对环境影响小、靠近电网负荷中心等特点。但其开发难度要远大于陆上风电，从技术上看，陆上风电技术日趋成熟，而海上风电技术相对落后。加之海洋环境复杂，高盐雾浓度、台风、海浪等恶劣的自然条件均对海上风力机运行提出了严峻挑战。因此，海上风电对风电机组的安全性、可靠性、易维护性和施工成本控制提出了更高的要求。

1.3.2.2 增强叶片可靠性

随着风力机朝着大型化发展，叶片的长度将变得更长，为使叶片在旋转过程中叶尖不与塔架发生碰撞，改进设计的主要思路是增加叶片的刚度。主要做法是在长度大于50m的叶片上广泛使用强化碳纤维以增加其刚度。与此同时，叶片预弯设计越来越成为抗撞击主流设计方法。

由于叶片的疲劳破坏是其主要的破坏方式，因此，为了在叶片结构上的裂纹发展成致命损坏之前或风力机整机损坏之前警示风场操作人员，必须在风力机叶片上安装状况检测设备。

1.3.2.3 优化叶片气动外形

提升叶片气动外形的前提是不断优化风力机专用翼型的气动性能和开发翼型数据库。早期风力机叶片设计时首选的是发展比较成熟、升阻特性较好的传统航空翼型，但实践表明这些翼型并不能很好地满足设计和使用要求，如对于失速风力机，在失速区产生了过高的峰值能量和峰值载荷，不仅损坏了发电机，而且加重了叶片载荷，降低了叶片的使用寿命。同时，由于风力机长期在野外工作，受沙尘、雨滴和昆虫污染等影响，叶片表面粗糙度增加，翼型性能恶化导致的能量损失可达到20%～30%。目前国外已发展了多个系列的风力机专用翼型，新翼型不但提高了风能利用效率，而且减轻了结构重量，降低了疲劳载荷，已成为研制大型高效低成本风力机的重要技术基础。我国对风力机叶片翼型的气动性能研究较晚，翼型的几何和气动力性能数据缺乏，因而直接影响了我国大型风力机自主设计水平。

除了对风力机叶片翼型进行优化外，诸如压电材料一类的智能材料将被使用在叶片上，以使其气动外形能够快速变化，并在额定风速下实现风能的最大化利用，在额定风速以上和阵风状况下快速卸载，避免结构破坏。与此同时，叶片也应进一步提升降噪特性，降低对环境生态的不利影响。

1.3.2.4 提升叶片自适应能力

随着叶片尺寸的增加，其柔性特征越来越明显。在空气动力的作用下会产生弹性变形，而结构的变形会产生附加的气动力，附加的气动力反过来又会使弹性体产

生附加的变形。这种相互的耦合会导致两种结果：①弹性体逐渐达到平衡状态；②使结构振动发散导致破坏。

为使叶片在不利的气动载荷下能有效地卸载，提升叶片的自适应能力，可以通过材料的选择和气弹剪裁设计来实现。

1.3.2.5　绿色环保叶片研发

废旧破损及退役的复合材料玻璃钢叶片一般是不易分解和燃烧的。2004 年，欧盟通过相关法律，禁止填埋碳纤维复合材料。根据目前的风力机叶片生产速度可推测，在 2034 年左右，每年约有 225000t 重的废旧叶片生成。因此，若不对现有的风力机叶片生产工艺进行调整，风力机叶片垃圾将会再次成为“白色污染”，且要花费巨大的人力物力进行处理。近年来，学者和研究机构已经开始积极探寻低成本、可回收利用的绿色环保叶片。

第 2 章 风力机叶片翼型

风力机结构
风轮系统

翼型作为风力机叶片外形设计的基础，对叶片的空气动力特性、质量以及整个风力机的风能利用率有重要的影响。风力机叶片翼型设计是决定风力机功率特性和载荷特性的根本因素，一直是风电行业以及航空业学者们研究的热点。

本章主要介绍翼型的起源、几何参数、空气动力学、设计与优化方法以及风力机叶片专用翼型设计理论与发展。

2.1 翼型的起源

风力机叶片延展向某一位置的剖面的形状称为翼型。

对风力机而言，翼型的气动性能对风力机整机的性能具有决定性的影响。风力机叶片将风能转化为机械能，而叶片是由不同扭角、不同弦长和不同外形的翼型沿展现排列而成。同一雷诺数下的不同翼型，其升力系数、阻力系数不尽相同。即便是同一翼型，翼型形状稍有变动（受侵蚀或结冰），其产生的升力或阻力也不相同，甚至出现升力减小、阻力增大的不利情况。在航天器中，翼型的气动性能决定了飞行器飞行过程中飞行速度的快慢、能耗的大小、航时的长短等问题。在风力机中，翼型的气动性能决定了风能转换效率、载荷分布和关键零部件的使用寿命。

翼型研究最早起始于 19 世纪初期。人们从日常生活中发现将平板在入射气流中调整合适角度便会产生一定的升力，随后相关学者便猜想，若将板截面形状调整为具有一定的弧线，与鸟类的翅膀相似，板的升力特征会更加明显，如图 2-1 所示。

英国航空协会成员维纳姆（F. H. Wenham，1824—1908）于 1871 年设计并建造了世界上第一座风洞。该风洞为四周封闭的矩形框，一端有一架鼓风机，提供试验用的气流，中间的一个支杆上安装试件，用弹簧测量气动升力。维纳姆在自制风洞中测试了大量不同外形的早期翼型，并发现经特殊处理后的翼型在 15°攻角下升阻力比可达到 5 左右。

另一位英国航空先驱菲利普斯（H. F. Phillips，1845—1912），在 1880 年前后设计和改进了维纳姆式风洞，并于 1884 年制造成功。由菲利普斯研制的风洞的最大特点是将试样气流由直射式改为引射式，并且增加了过滤网，从而大大改善了试样气流的均匀性和平衡性。图 2-2 为早期研究翼型气动特性的小型风洞图。

不过，菲利普斯更大的贡献在于对翼型的研究。他曾试验过上百种翼型，单弯度、各种双弯度，甚至菱形形式。通过这些试验，他发现双弯度翼型即使在很小的

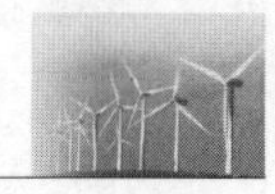

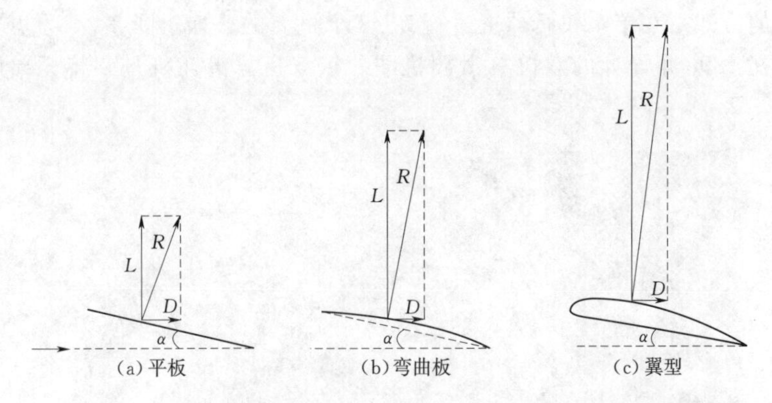

图 2-1　平板、弯曲板和翼型在一定攻角下升阻力矢量示意图

攻角下也能产生升力。为检验获得的结论，菲利普斯制作了两个由蒸汽驱动的大型旋臂机。第一个旋臂机直径为 17m，中间靠导轨支承。第二个旋臂机直径约为 5.5m。从外表看，旋臂机显得很笨重，但它们是当时最先进的旋臂机，可以自动测量、试验试件的速度、倾角、升力和阻力等数据。

基于试验结果和对高展弦比机翼的偏爱，菲利普斯于 1893 年设计出一架样子十分奇特的飞机。它上下排列着 50 个翼面，左右各对称布置 25 个，如图 2-3 所示。

图 2-2　早期风洞图

图 2-3　菲利普斯设计的飞机图

这架飞机的结构十分脆弱，重心也偏高，没有试飞成功。菲利普斯的这项工作在当时遭到了许多非议，但他对翼型的研究和实验工作相当充分，并且获得了大量有价值的试验结果，对后续的航空事业有巨大的启发性。

美国工程师、航空专家奥克塔夫·陈纳（Octave Chanute，1832—1910）于 1893 年发表文章“飞行器进展”，指出日后大部分航空试验主要集中在具有凹凸形状的变截面机翼上，飞行器的成功与否取决于机翼能否提供持续的最大升力。

由于奥克塔夫·陈纳年事已高，他更愿意帮助年轻的飞行爱好者进行一系列的滑翔机试验，其中包括德国工程师和滑翔飞行家奥托·李林塔尔（Otto Lilienthal，1848—1896）和莱特兄弟（Orville Wright，1871—1948；Wilbur Wright，1867—1912）。这些试验结果逐渐使奥克塔夫·陈纳相信，使飞行器提升升力而不增加重力最有效的方式是在单个飞行器上进行2～3个机翼的叠加。图2-4为奥克塔夫·陈纳和其在1896年设计的双机翼滑翔机图。该双机翼滑翔机是莱特兄弟所设计飞机的雏形。

图2-4　奥克塔夫·陈纳和其设计的双机翼滑翔机图

被后人称为“滑翔机之父”的奥托·李林塔尔在翼型研究方面与奥克塔夫·陈纳持有相同的观点。奥托·李林塔尔进入航空研究领域的第一步是观察研究鸟类飞行，积累了大量关于鸟类的翅膀形状、面积和升力大小的数据。图2-5为奥托·李林塔尔和其试验的滑翔机图。

图2-5　奥托·李林塔尔和其试验的滑翔机图

1861—1873年间，奥托·李林塔尔和弟弟古斯塔夫（G. Lilienthal，1849—1933）制造了多架动力飞机模型，但所依据的是前人留下的关于平板空气阻力和升力的试验数据，这些模型都不能飞起来。随后，他们决定自己制作翼型并试验，取得了气动力方面的第一手数据。

李林塔尔采用旋臂机，在试验过程中反复调整相关参数：臂长从2.2m调整至7.8m；试验平板面积由0.1m^2调整至0.6m^2；试验速度由0.3m/s调整至40.13m/s；试件的攻角分别在3°、6°、9°、15°、60°、70°、80°、90°之间转换。他们在定量试验基础上，获得了以下结论：升力与速度的平方成正比；利用平板机翼进行飞行是不可能的；弯曲翼面的升力特性比平板好得多。1889年，李林塔尔出版了《鸟类飞行——航空的基础》一书，此书集中讨论了鸟翼的结构、鸟的飞行方式和所体现的

空气动力学原理，论述了人类飞行的种种问题，特别讨论了人造飞行机器翼面形状、面积大小和升力的关系。该书几乎成了他同时代和比他稍晚时代的航空先驱们的必读书，为航空发展做出了相当大的贡献。

随后，莱特兄弟发明的飞机较为全面地继承了李林塔尔的翼型思想，但又做出了一定的补充，指出李林塔尔的试验结果过低地估计了翼型的升力，过高地估计了翼型的阻力。1903 年，莱特兄弟研制出了薄而带正弯度的翼型，并将该翼型运用在第一架依靠自身动力进行载人飞行的飞机——飞行者 1 号上，由此拉开了人类动力航空史的帷幕。

第一次世界大战中，飞机被首次运用于战场上。基于战争的促进，飞机的设计得到了极大的发展和提高。交战各国都在实践中摸索出了一些性能很好的翼型。如俄国的儒可夫斯基翼型、德国的 Göttingen 翼型、英国的 RAF 翼型和美国的 Clark - Y 翼型等。20 世纪 30 年代以后，美国航空资讯委员会（National Advisory Committee for Aeronautics，NACA）翼型和苏联中央空气流体研究所（ЦАГИ）翼型得到了极大的应用和推广，如图 2 - 6 所示。

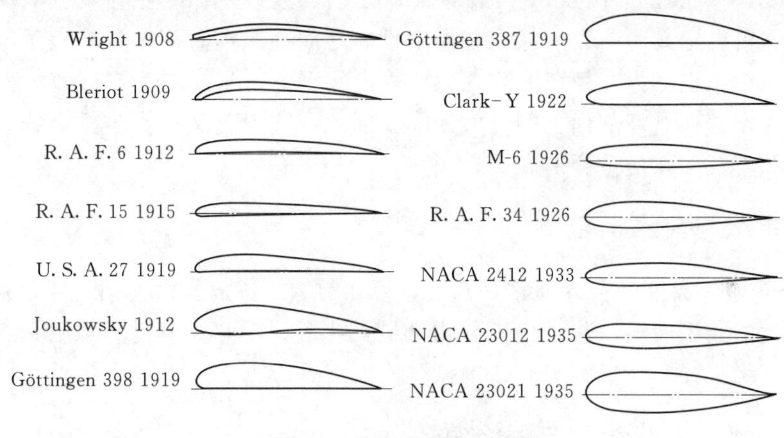

图 2 - 6　早期的实用翼型图

与传统的航空翼型相比，风力机翼型有着不同的工作条件和性能要求，具体表现在：风力机叶片通常工作在大雷诺数范围内，当雷诺数大于 2×10^6 时，其变化对翼型特性的影响显著减小。而在此数值以下时，翼型边界层的特征发生变化；风力机通常以大攻角运行，翼型失速特性明显；风力机工作在旋转状态下，同时伴随偏航现象的发生，风力机翼型在实际工作状态下的气动特征有别于在直流状态下；风力机叶片工作在大气近地层，沙尘、雨滴、冰层和昆虫痕迹会增加叶片表面粗糙度，影响翼型空气动力学特性。

2.2　翼型几何参数

翼型的最前端点称为前缘点，最后端点称为后缘点。前缘点也可以定义为：以后缘点为圆心，以弦长为半径画一圆弧，此弧和翼型的相切点即是前缘点。翼型一

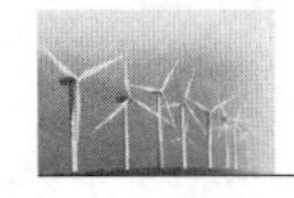

般呈瘦长形，前缘呈圆弧状，后缘呈尖形或钝形，上表面前缘部分曲率较大，后缘部分曲率较小。翼型的气动性能直接与几何形状有关。翼型的几何形状由以下多个几何参数来描述，如图2-7所示。

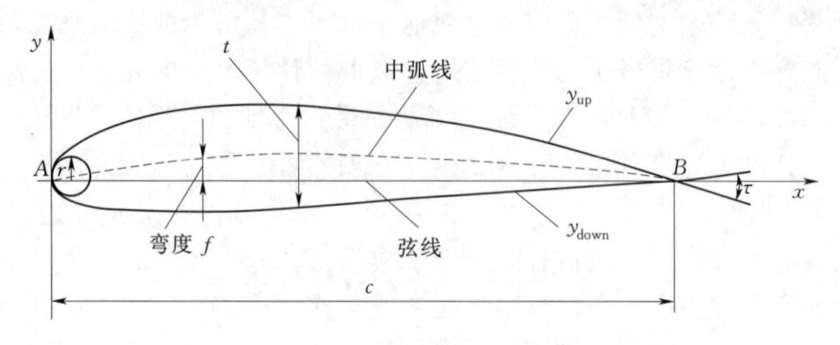

图 2-7 翼型几何参数图

2.2.1 翼弦与弦长

图 2-7 中，翼型前缘点 A 与后缘点 B 之间的连线叫作翼弦；翼弦 AB 的长度称为弦长，可以定义为前、后缘在弦线上投影之间的距离，用字母 c 表示。它是翼型的基准长度，也称为几何弦。除几何弦外，翼型还有气动弦。当气流方向与气动弦一致时，作用在翼型剖面上的升力为零。因此，气动弦又称为零升力线，对称翼型的几何弦与气动弦是重合的。

2.2.2 前缘与前缘半径

图 2-7 中，翼型的前缘通常是圆的，可在前缘位置放置内切圆。要很精确地画出前缘附近的翼型曲线，需给出前缘内切圆的半径 r，前缘半径 r 与弦长 c 的比值称为相对前缘半径。内置圆圆心在中弧线前缘点的切线上。

2.2.3 后缘、后缘厚度与后缘角

图 2-7 中，翼型弯度线的最后点为后缘点 B；后缘处翼型上下弧线尾端连线长度为后缘厚度；后缘处翼型上下弧线切线的夹角为后缘角 τ。

2.2.4 翼型厚度

翼型上、下表面的曲线用弦线长度相对坐标的函数来表示，即 $\overline{y}_{up}=\dfrac{y_{up}}{c}=f_{up}(x)$，$\overline{y}_{down}=\dfrac{y_{down}}{c}=f_{down}(x)$，$\overline{x}=\dfrac{x}{c}$，这里 $\overline{y}$ 为以翼型弦长 c 为基准的相对值。上、下翼面之间的距离用 $2\overline{y}_t=\overline{y}_{up}-\overline{y}_{down}$ 来表示，翼型厚度 t 定义为上、下翼面距离的最大值，即 $t=\max\ (\overline{y}_{up}-\overline{y}_{down})$。例如，$t=9\%$代表翼型厚度为弦长的 9%。

2.2.5 翼型弯度线

翼型上、下翼面中点的连线称为翼型的弯度线。如果弯度线是一条直线（与弦

线重合)，这个翼型是对称翼型。如果弯度线是曲线，说明此翼型有弯度。弯度的大小用弯度线上最高点的 y 向坐标表示，此值通常也用相对弦线长来表示，即 $\overline{y}_f=\frac{1}{2}(\overline{y}_{up}-\overline{y}_{down})$，$f=\max(\overline{y}_f)$，最大弯度的位置表示为 $\overline{x}_f$。

2.3 翼型空气动力学

2.3.1 翼型气动力

翼型在气流作用下，上下翼面会产生变化的压力。气流在翼型凸面流速增大导致表面平均压力减小，该面被称作“吸力”面。而在翼型凹面，气流流速减缓，甚至出现回流，该面平均压力增大，被称作“压力”面，在上下面压差的作用下，翼型产生升力。这种现象可通过伯努利原理（Bernoulli’s principle）得到解释，流场中，静态压强与动态压强（无黏流）之和为常数，即

$$p+\frac{\rho v^2}{2}=C \tag{2-1}$$

式中 p——静态压强，Pa；

v——翼型表面局部流速，m/s；

C——常数；

ρ——空气密度。

事实上，翼型表面流体黏性摩擦力也影响流体速度。

在翼型平面上，将气流 v_∞ 与翼型弦线之间的夹角定义为翼型的几何攻角，简称攻角，用 α 来表示。对弦线而言，气流上偏为正，下偏为负。当气流绕过翼型时，在翼型表面上每点压强 p（垂直于翼面）和摩擦切应力 τ（与翼面相切），如图 2-8（a）所示。它们将产生与翼型弦线垂直的力 N 和与弦线平行的力 A。两个力形成一个合力 R，合力的作用点称为压力中心，如图 2-8（b）所示。

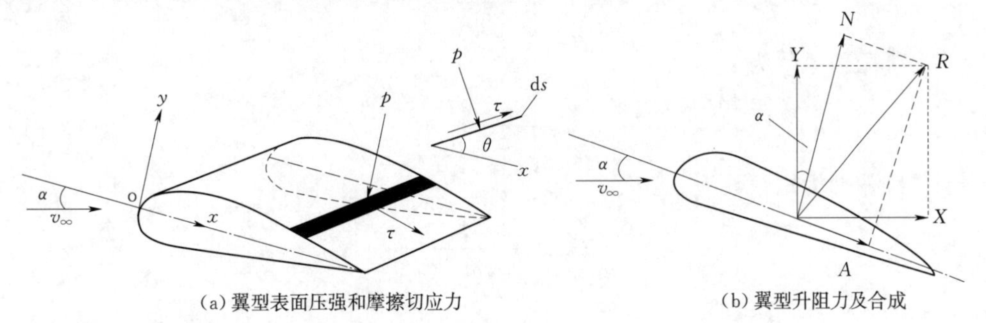

(a) 翼型表面压强和摩擦切应力　　(b) 翼型升阻力及合成

图 2-8　翼型受力分析图

与翼型弦线垂直的力 N 和平行方向力 A 由压强 p 和摩擦切向力 τ 沿弦线垂直和平行方向投影积分而得，即

$$N=\oint(-p\cos\theta+\tau\sin\theta)\mathrm{d}s$$

$$A=\oint(\tau\cos\theta+p\sin\theta)\mathrm{d}s \tag{2-2}$$

合力 R 与 N 和 A 的关系为

$$R=\sqrt{A^2+N^2} \tag{2-3}$$

翼型的气动力特性与攻角 α 密切相关，翼型空气动力学规定：翼型升力为与气流方向垂直的力，如图2-8（b）中 Y；翼型的阻力为沿气流方向平行的力，如图2-8（b）中 X。升力 Y 和阻力 X 由 N、A 沿来流方向投影所得，即

$$\begin{aligned}Y&=N\cos\alpha-A\sin\alpha\\X&=N\sin\alpha+A\cos\alpha\end{aligned} \tag{2-4}$$

翼型另一重要气动特性为俯仰力矩。翼型的空气动力矩取决于力矩点的位置。如果取矩点位于压力中心，力矩为零。如果位于力矩不随迎角变化的点，叫作翼型的气动中心，在该点处空气动力矩称之为俯仰力矩。规定使翼型抬头为正、低头为负。薄翼型的气动中心为距前缘 $0.25c$ 处，大多数翼型在 $0.23c\sim0.24c$ 之间。翼型俯仰力矩为

$$M_z=-\oint(-p\cos\theta+\tau\sin\theta)x\,\mathrm{d}s+\oint(\tau\cos\theta+p\sin\theta)y\,\mathrm{d}s \tag{2-5}$$

为研究翼型二维气动力特性，需将翼型假想成沿翼展方向无限拉长的机翼。机翼任一处截面翼型气动力都可用二维数据表述。但实际上无论是飞机机翼还是风力机叶片都是有限长度的，任何一处截面翼型气动力都受到展向截止处气流环流影响，具有明显的三维特征。普朗特已证实，如使用机翼后缘涡系对攻角进行相应的修正后，就可以结合风洞试验数据，采用局部的二维空气动力数据对机翼或叶片进行校核和设计。

理论与实践表明，许多流体力学方面的量值可方便地采用无量纲量来表示。翼型二维升力系数为

$$C_\mathrm{l}=\frac{L/l}{0.5\rho v_\infty^2 c} \tag{2-6}$$

二维阻力系数为

$$C_\mathrm{d}=\frac{D/l}{0.5\rho v_\infty^2 c} \tag{2-7}$$

二维俯仰力矩系数为

$$C_\mathrm{m}=\frac{M_z}{0.5\rho v_\infty^2 Sc} \tag{2-8}$$

翼型表面压强系数为

$$C_\mathrm{p}=\frac{p-p_\infty}{0.5\rho v_\infty^2} \tag{2-9}$$

式中　l——风洞试验翼型试件展向长度；

S——风洞试验翼型试件水平投影面积（$l\times c$）；

p_{∞}——翼型无穷远处压强。

图 2-9 为某风力机专用翼型于风洞测试中在不同雷诺数下的升阻力系数随攻角变化的气动特性图。

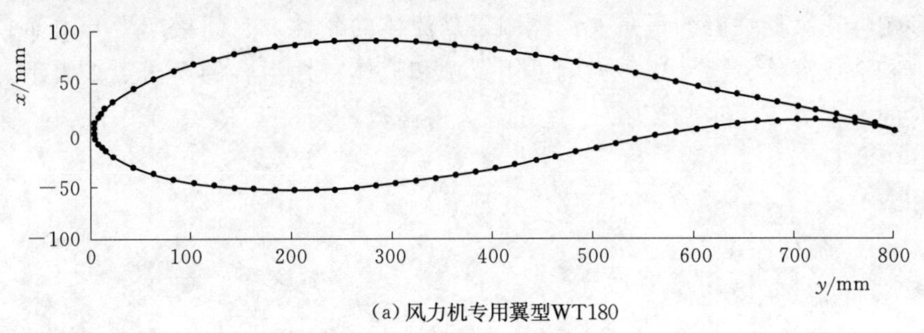

(a) 风力机专用翼型WT180

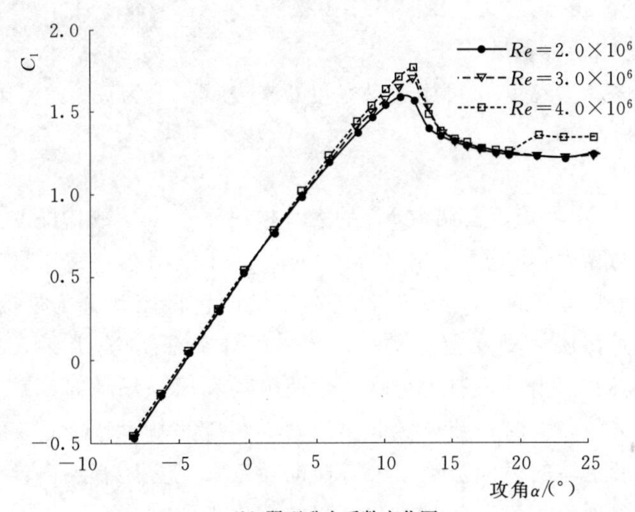

(b) 翼型升力系数变化图

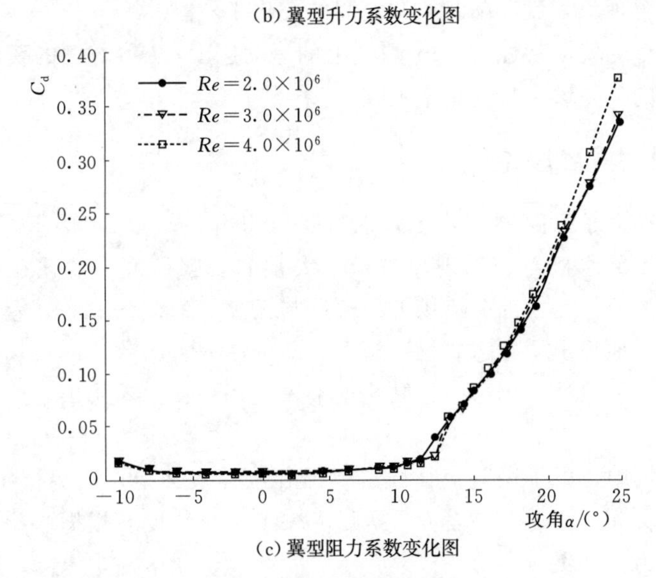

(c) 翼型阻力系数变化图

图 2-9 翼型气动特性图

2.3.2　雷诺数

翼型另一重要的无量纲量为雷诺数。

影响低速翼型性能的最重要流体因素是流体的黏性，它间接产生升力而直接产生阻力和造成流体分离，这种影响可用翼型和流体特性组合的雷诺数来表示。流体流动时的惯性力 F_g 和黏性力 F_m 之比称为雷诺数，用符号 Re 表示，即

$$Re=\frac{F_g}{F_m}=\frac{\rho V_0 l}{\mu} \tag{2-10}$$

式中　ρ——流体密度；

V_0——流场中特征速度；

l——特征长度；

μ——流体动力黏度。

式中的流体动力黏度 μ 可用运动黏度 ν 来表示，因为 $\mu=\nu\rho$，则

$$Re=\frac{V_0 l}{\nu} \tag{2-11}$$

由式（2-11）可知，雷诺数 Re 的大小取决于三个参数，即 V_0、特征长度 l 以及工作状态下的黏度 ν。通常雷诺数较大时，黏性作用小；雷诺数较小时，黏性作用大。雷诺数是划分流体运动状态的基本参量，它将流动分为层流和湍流两大类。当雷诺数较小时，流体做层流运动。层流的基本特征是迹线和流线为一族光滑曲线，各层流体层次清晰，没有混合现象，速度场和压强场随时间、空间做平缓的连续变化；当雷诺数较大时，流体做湍流运动。湍流的基本特征是流体质点作三维随机运动，既有沿主流的纵向流动，又有横向运动，甚至还有反向流动，各层流体之间有剧烈的混合现象，流场随时间和空间的变化激烈。

在研究翼型的气动特性时，V_0 取翼型的运动速度，l 取翼型的弦长，经式（2-11）计算得到的便是该翼型的雷诺数。

翼型边界层
可视化实验
（来自 NASA）

2.3.3　翼型边界层理论

德国空气动力学家路德维希·普朗特（Ludwig Prandtl，1875—1953）在汉诺威大学执教时，用水槽对流动现象进行了大量的观察研究，发现在大雷诺数前提下，黏度很小的流体在大部分流场上的流谱与无黏流的流谱一致，差别在于物体表面附近。因此，他提出了“边界层”概念，即将在大雷诺数下的流场分成两部分处理：在“边界层”以外，仍可按无黏流理论来处理；在边界层内，则考虑流体的黏性作用。

在实际流场中，由于微观流体粒子黏滞在物体表面上，边界层中存在剪切力，这一特征被定义为流体动力黏度 μ，黏度取决于流体温度。根据牛顿摩擦定理，单位面积剪切力为

$$\tau=\mu\frac{\partial u}{\partial y} \tag{2-12}$$

根据式 (2-12)，对于确定的等温度场流体，剪切力的大小与速度梯度$\frac{\partial u}{\partial y}$有关，其线性比例因子为动力黏度。速度梯度越大，黏性力越大，此时的流场称为黏性流场。若速度梯度很小，则黏性力可以忽略，称为非黏性流场，对于非黏性流场，则可按理想流体来处理。

流体流过固体表面时，紧贴壁面处的速度从 0 增至主流速度，这一流体薄层叫作边界层或速度边界层。沿固体壁面法线方向分布的流速$U=99\%V_\infty$处作为边界层的外边界，边界层厚度δ以此界定。随着流体向下游发展而逐渐增厚，如图 2-10 所示。

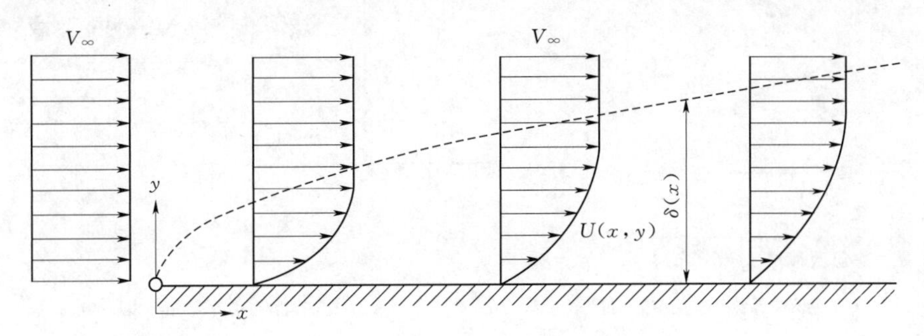

图 2-10　气流边界层沿平板纵向分布图

边界层中存在两种不同的流动特征，即层流流动和湍流流动。层流中，流体分层流动，相邻两层流体将只作相对滑动，流层间没有横向混杂，不进行质量交换。边界层中剪切力主要取决于动力黏度。而在湍流流动中，流速在顺流方向和垂直于流体运动方向上都发生变化，质量和动量在各层间进行显著的交替发展，各流层混淆起来，并有可能出现漩涡。由于动量在邻近流层间的交替变化，一种异于由动力黏度产生的剪切力的力伴随而生，被称为雷诺应力。

虽然在湍流边界层内流速在各个方向随时间发生变化，但可以用基于时均的速度剖面来描述湍流分布，如图 2-11 所示。

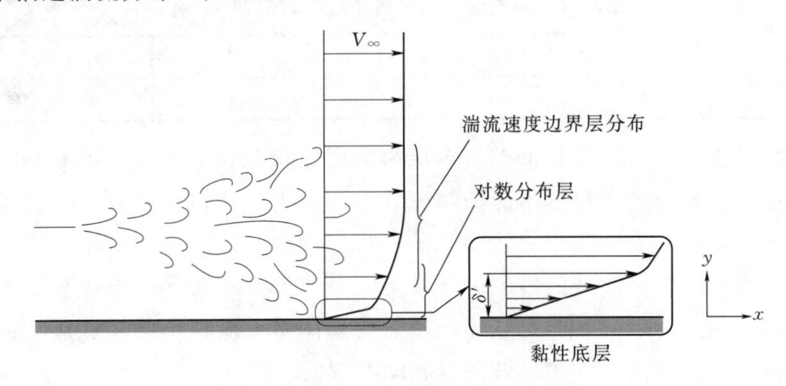

图 2-11　湍流边界层速度剖面图

湍流边界层内速度剖面可分为三个部分，每个部分可由独立的方程进行表述。紧贴固体表面的部分为黏性底层，厚度为δ'，其中流体呈层流状态，剪切力稳定并

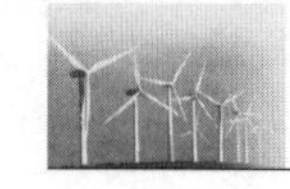

与壁面黏性力一致；黏性底层之外为湍流层，其速度剖面图可由对数函数描述，也被称为对数分布层；在这两个区域之间为过渡层，主要由经验公式描述。图2-12描述了湍流边界层的结构特征和各自的速度函数分布。

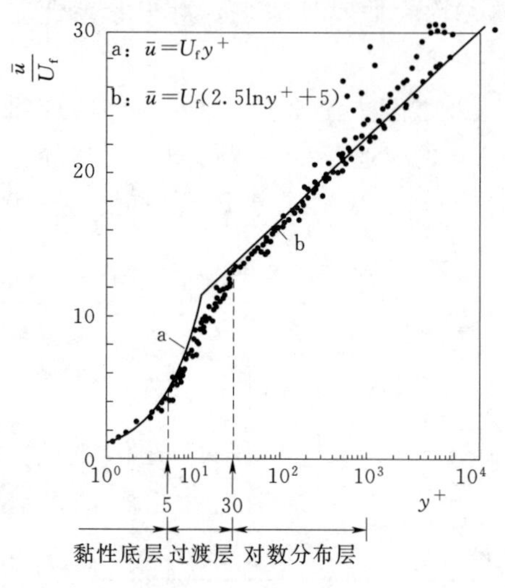

(a) 湍流边界层内速度函数分布

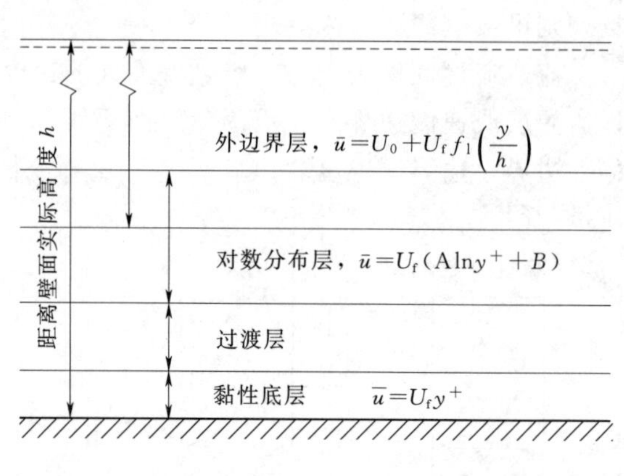

(b) 湍流边界层内各流动区域结构特征

图2-12　湍流边界层结构图

图2-12中，y^+为壁面无量纲距离，其表达式为

$$y^+=\frac{yU_f}{\nu} \tag{2-13}$$

其中
$$U_f=\sqrt{\frac{\tau_0}{\rho}}$$

式中　U_f——摩擦速度。

湍流边界层内各个区域对应的壁面无量纲距离见表2-1。

表2-1　湍流边界层内各个区域对应的 y^+ 值

壁面无量纲距离	黏性底层	过渡层	对数分布层
y^+	0～5	5～30	30～1000

流体沿平板移动时，平板前部边界层内呈层流状态，随着流程的增加，层流厚度不断膨胀，以至于动力黏度不能抑制流动中的扰动。当流动达到一定程度时，扰动的幅度不断增大，流体的质点运动变得不规则，湍流流动便出现了，这一现象被称为转捩。研究表明，转捩的发生需要具备两个条件，即漩涡的形成和漩涡脱离原来的层流进入相邻的层流。只有这样，才能使流体质点做规则的层状运动的层流失稳转变为流体内充满漩涡、质点做高频脉动的湍流。

1. 漩涡的形成

在轻微波动的层流周围，会形成压力增减区域，构成横向压差力偶。在黏性流体中，具有不同速度的两相邻层流之间形成纵向剪切力偶。当压差力偶和剪切力偶

足够大时，层流最终在横向压力差和纵向剪切力的双重作用下形成漩涡。漩涡在层流中的形成机理如图 2-13 所示。

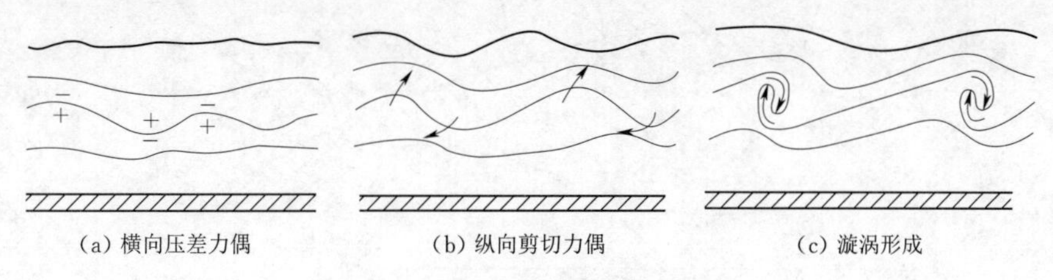

图 2-13　层流中漩涡形成机理图

2. *漩涡的迁移*

假定漩涡附近的流体自左向右流动，所产生的漩涡沿顺时针方向旋转。漩涡顶上层流的运动方向和漩涡的旋转方向相同，流体的黏性将使该层流体被漩涡加速，导致该区域的压力降低。漩涡底下层流由于运动方向和漩涡旋转方向相反而被减速，导致该区域的压力增加。存在于漩涡顶部和底部间的这种压力差等于给漩涡施加了一个垂直向上的力，即儒可夫斯基升力。此升力与漩涡的旋转强度成正比。漩涡所受到的升力达到足以克服漩涡启动和加速上升时的惯性力以及漩涡上升过程中所受到的形体阻力和摩擦阻力时，漩涡才有可能脱离原流层。根据连续性原理，各流层间必然会有漩涡的交换，这种交换的不断进行就形成湍流。

对于具有流线型的翼型而言，其转捩过程与其外界压力梯度密切相关。压力梯度由于影响速度剖面而影响临界雷诺数。根据壁面速度为 0，其二维流动状态为

$$\frac{\partial^2 U}{\partial y^2}=\frac{1}{\mu}\frac{\partial p}{\partial x} \tag{2-14}$$

因此，壁面处速度分量 U 的曲率可由压力梯度 p 表示。可推出，在顺向压力梯度时，即 $\frac{\partial p}{\partial x}<0$，整个边界层就附在翼型上，直至最小压力点；进入逆向压力梯度区域，即 $\frac{\partial p}{\partial x}>0$，其速度分布 U 的轮廓为 S 形，层流逐渐向湍流转变，其发展过程如图 2-14 所示。其中，BC 段为减压增速带，CD 段为增压减速带，S 点为层流分离点，SE 段为湍流生成区。

曲面绕流与平板绕流不同，在逆压区域内，处于逆压区中边界层内的流速剖面会顺流变得越来越窄，紧贴壁面的流体粒子越走越慢，壁面的切应力越来越小，直至分离点，壁面切应力降为 0，即 $\left.\frac{\partial U_x}{\partial y}\right|_{y=0}=0$，边界层内的流体质点开始脱离壁面，此后便发生流体沿着壁面“回流”的现象。这样，边界层中从上游流来的流体在到达分离点时，受到堆积和回流的影响，只能挤向主流，离开壁面，这就是边界层分离。

边界层内层流状态只能维持极少量的压力提升，因此，在实际翼型中适于在吸力面开发湍流边界层来提升翼型升力。同时为了减少翼型表面的摩擦效应，转捩区域需尽可能向流程下游移动。

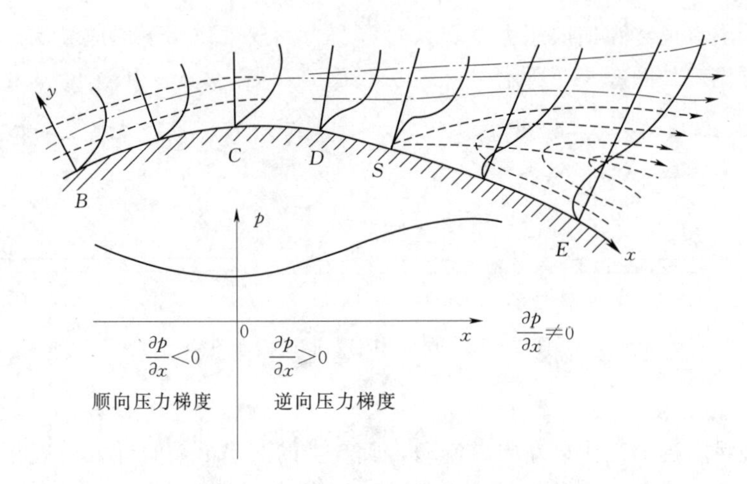

图2-14 压力梯度与流动状态示意图

在物体后面形成的漩涡随流带走，由于液体的黏滞性，漩涡经过一段距离后，逐渐衰减，乃至消失。漩涡在产生与衰减的过程中损失的能量转化为热能，这种能量损失称为漩涡损失。与此相应的阻力称为漩涡阻力。由边界层理论可知，液体对所绕流物体的阻力由两部分组成，即固体表面的摩擦阻力及漩涡阻力。摩擦阻力与物体表面积大小有关，压差阻力与物体的形状有关。

翼型环流及气动力特征（来自网络）

2.3.4 翼型环流及气动力特征

旋转流体可通过漩涡强度和环量来定义。若任一流体微团在旋转，其角速度可通过涡量强度 ζ 来表示，即

$$\zeta=\frac{\partial u}{\partial y}-\frac{\partial v}{\partial x} \tag{2-15}$$

式中 u——流体运动切向速度；

v——流体运动法向速度。

涡量强度也等于流体单元角速度两倍。

环量可定义为在流场中任取一封闭曲线 L，将速度沿该封闭曲线的线积分定义为绕曲线 L 的速度环量 Γ，即

$$\Gamma=\iint\left(\frac{\partial u}{\partial y}-\frac{\partial v}{\partial x}\right)\mathrm{d}x\,\mathrm{d}y \tag{2-16}$$

式（2-16）也可以认为，通过某一开曲面的涡通量 $\iint_A \zeta \mathrm{d}A$ 等于沿该曲面周界的速度环量 Γ。这样，可以通过分析速度环量来研究漩涡的运动，当 $\Gamma=0$ 时，表示平面为无旋运动；$\Gamma\neq 0$ 时则为有旋运动。

在翼型环流方面，德国数学家库塔（Martin Wilhelm Kutta，1867—1944）于1902年提出了翼型绕流的环量条件；俄国物理学家儒科夫斯基（Nikolay Yegorovich Zhukovsky，1847—1921）在1906年独立提出了该条件。

根据库塔-儒科夫斯基定理，对于定常、理想和不可压缩的流体在绕过任意形

状柱体有环量的流动中，在垂直于来流方向上，流体作用于单位长度柱体上的升力大小等于流体密度 ρ、来流速度 V_∞ 和速度环量 Γ 三者的乘积，即

$$L=\rho V_\infty \Gamma \tag{2-17}$$

需要说明的是，不管物体的形状如何，只要环量为 0，绕流物体产生的升力即为 0。当不同的环量值绕过翼型时，其后驻点（流体绕流物体时，在迎流方向速度为 0 的点）可能位于上翼面、下翼面和后缘点三个位置。当后驻点位于上、下翼面时，气流要绕过尖后缘，由势流理论，在该处将出现无穷大的速度和负压，这在物理上是不可能的。因此，流体可能的流动状况是从上下翼面平顺地流过翼型后缘。

根据马格努斯效应，当一个旋转物体的旋转角速度矢量与物体飞行速度矢量不重合时，在与旋转角速度矢量和移动速度矢量组成的平面相垂直的方向上将产生一个横向力。在这个横向力作用下物体飞行轨迹发生偏转。物体之所以能在横向产生力的作用，从物理角度分析，是由于物体旋转带动周围流体旋转，使物体一侧的流体速度增加，另一侧流体速度减小。再由伯努利定律，流体速度增加将导致压强减小，反之使压强增加，这样就导致旋转物体在横向存在压力差，形成横向力。在翼型中，这个横向力即为升力。下面将阐述翼型如何由库塔-儒科夫斯基定理生成环流。

静止流场中有一翼型，翼型起动前，整个流场无旋；翼型起动并达到图示速度，如图 2-15（a）所示。此时后缘点处速度达到很大的值，压力很低，机翼下侧面流体绕过后缘点流向驻点，流体从低压流向高压，流动产生分离，产生逆时针漩涡随流体向尾部移动，在尾部脱落；由于总环量为 0，在翼型上同时产生一个脱落涡强度相同而方向相反的涡，这个涡的作用使驻点向后缘点移动，在达到后缘点时，不断有逆时针漩涡产生并脱落，而在翼型上涡的强度也将继续加强，如图 2-15（b）所示。不断脱落流向下游的涡称为起动涡，附在翼型上的涡称为附着涡；驻点移至后缘点后，上下两股流动在后缘汇合，不再有涡脱落，附着涡的强度也不再变化，机翼环量值对应均匀直线来流情况下翼型绕流的环量值，如图 2-15（c）所示。

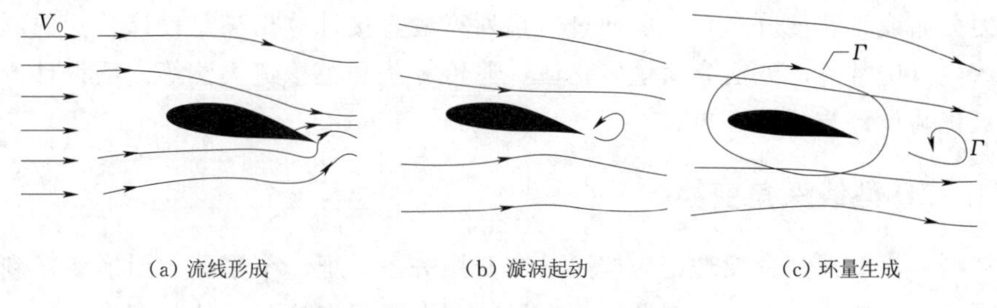

(a) 流线形成　　(b) 漩涡起动　　(c) 环量生成

图 2-15　翼型环量生成示意图

利用库塔-儒科夫斯基定理对翼型后缘条件和环量总结如下：

(1) 流体的黏性和翼型的尖后缘是产生启动涡的物理原因。绕翼型的速度环量始终与起动涡环量大小相等、方向相反。

(2) 对于一定形状的翼型，只要给定绕流速度和迎角，就有一个固定的速度环量与之对应，确定的条件是库塔条件。

(3) 如果速度和迎角发生变化，将重新调整速度环量，以保证气流绕过翼型时，从后缘平滑汇合流出。

(4) 代表绕翼型环量的漩涡，始终附着于翼型上，称之为附着涡。根据升力环量定律，直匀流加上一定强度的附着涡所产生的升力与直匀流中一个有环量的翼型绕流完全一致。

2.4　翼型设计与优化方法

长期以来，翼型的设计一直离不开风洞试验的帮助。风洞试验是进行空气动力实验，进而获取气动性能数据最常用、最有效的工具。在飞机诞生以来相当长的一段时间内，风洞试验都是翼型设计最主要的手段。在这段时间内的翼型设计，首先靠经验丰富的设计师给出基础翼型，做成模型以便在风洞中进行升阻力试验，得到相关的气动性能数据。如果得到的数据不满足预定目标，就重新修改翼型，重复风洞实验，最终获得满足要求的翼型。

随着计算方法和计算机技术的不断进步，利用电子计算机和离散化的数值方法来模拟流体运动的计算流体力学（computational fluid dynamics，CFD）得到了很大的发展。CFD技术的应用，减少了风洞以及其他一些实验的使用，降低了气动设计成本，缩短了计算周期，提高了设计质量。

在上述技术的辅助下，翼型设计及优化方法逐渐被归纳为两大类：

第一类为最优化方法，给定一个初始翼型，使用优化方法，对其进行修改，提高其气动性能。优化方法又分为两种：①梯度下降类算法，这种方法搜索速度快，但常常收敛到局部解。②对全局最优解进行搜索，包括粒子群算法、模拟退火法、遗传算法等。尽管第二种方法可以收敛到全局最优解，但运用在翼型设计中时，需要配合以大量的流体力学计算，尤其当设计空间较大时，其计算量十分庞大。

第二类为反设计方法，反设计方法通常先给出特定的飞行状态下理想的翼型表面压力分布或者速度分布，然后通过一系列算法直接计算出满足设计目标的翼型外形参数。其中常见的方法有余量修正法、遗传算法和模拟退火法等。反设计方法往往比最优化设计方法效率更高。

2.4.1　2D型线保角变换

翼型的流型保角变换理论为按照某个变换关系，把一个平面的图形变换到另一个平面上去，成为另外一个图形。变换后的图形不仅取决于具体的变换公式，还决定于原来的图形尺寸分布。

设复平面 z 上的一个圆 z_c，通过改变圆心的位置，利用儒可夫斯基变换公式，即

$$\zeta=f(z_c)=z_c+\frac{a^2}{z_c} \tag{2-18}$$

就能变换成另一复平面 ζ 上的一个翼型，如图2-16所示，$\varepsilon=M/a$。同时，

为了保证翼型后缘存在尖角，z 平面上的圆需要通过$x=a$。其中，a 为翼型的 1/4 弦长。这样就将具有复杂形状的翼型流型转变成了简单的典型流型。

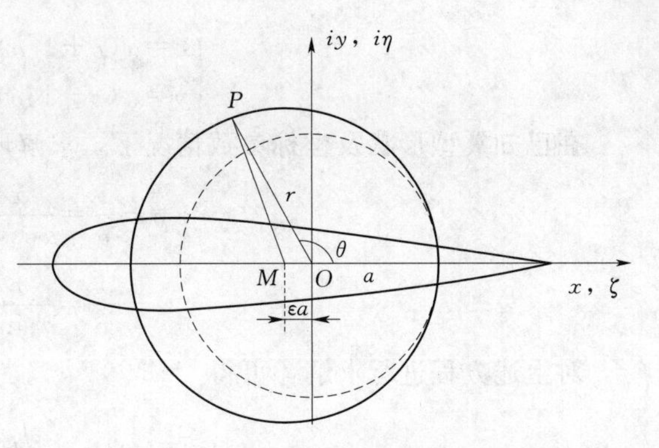

图 2-16　儒可夫斯基翼型变换示意图

用笛卡儿直角坐标系对 ζ 平面上的翼型坐标进行表达，即

$$\begin{cases} x=(r+a^2/r)\cos\theta \\ y=(r-a^2/r)\sin\theta \end{cases} \tag{2-19}$$

式中　x——翼型横坐标；

y——翼型纵坐标；

r——翼型在复平面 ζ 中的矢径长度；

θ——幅角。

2.4.2　形状函数控制方法

尽管儒可夫斯基翼型及在此基础上发展的卡门-特瑞夫兹翼型和实用翼型接近，但无严格的坐标对应关系。美国学者西奥多尔森（Hill Dawson）解决了这个问题，思路是：既然一个圆通过儒氏变换得到的翼型很像低速翼型，反之，用同一个变换式将一个已有的实用翼型变换回去，所得的图形即使不是一个标准圆，但离圆也不会太远（即为拟圆），如图 2-17 所示。

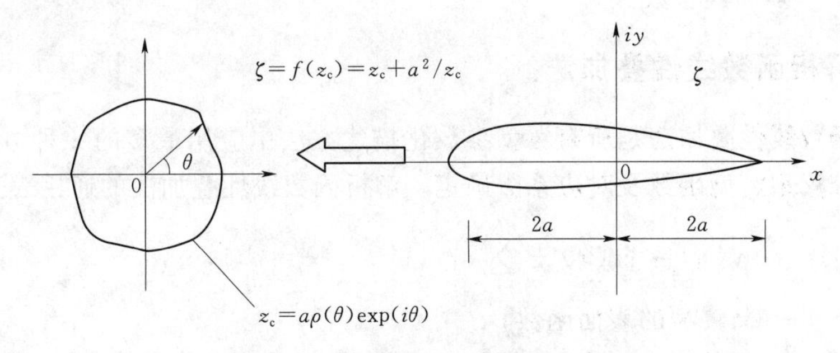

图 2-17　一般翼型的转换变化示意图

基于西奥多尔森表达法的思想，简单且通用的拟圆表达式为

$$z_c=a\rho(\theta)\exp(i\theta) \tag{2-20}$$

式中　θ——幅角；

$a\rho(\theta)$——拟圆的矢径，接近于一个常数，但局部位置与完整圆略有差异，通过选取不同的 $\rho(\theta)$，就可以变换出无穷多种不同厚度、弯度、前缘半径及后缘夹角的翼型。

将式（2-20）代入式（2-19）中，可得到

$$\begin{cases} x = a(\rho + 1/\rho)\cos\theta \\ y = a(\rho - 1/\rho)\sin\theta \end{cases} \tag{2-21}$$

在已知翼型形状及坐标参数情况下，求解形状函数 ρ 和幅角 θ 之间的关系为

$$\rho + \frac{1}{\rho} = \frac{x}{a\cos\theta} \tag{2-22}$$

$$\rho - \frac{1}{\rho} = \frac{x}{a\sin\theta} \tag{2-23}$$

对上述方程进行求解，可得

$$\sin^2\theta = \frac{1}{2}\left[h + \sqrt{h^2 + \frac{y^2}{a^2}}\right] \tag{2-24}$$

$$\rho = \frac{1}{2a}\left(\frac{x}{\cos\theta} + \frac{y}{\sin\theta}\right) \tag{2-25}$$

$$h = \frac{-x^2 - y^2 + 4a^2}{4a^2}$$

由式（2-24）和式（2-25）即可求得翼型坐标（x，y）所对应的形状函数 ρ 及幅角 θ 之间的关系。

根据泰勒级数对等思想，任意函数曲线的数学表达式都可以将其展开为级数形式，反之可通过级数来表征任意函数曲线，其几何形状及解析特性可通过级数系数的调整和优化加以控制。通过对大量翼型的集成研究发现，可以用一个简单的高阶多项式来表示 $\rho(\theta)$，即

$$\rho(\theta) = C_0 + C_1\theta + C_2\theta^2 + C_3\theta^3 + \cdots + C_k\theta^k + \cdots \tag{2-26}$$

式中 C_k——多项式系数。

2.4.3 解析函数线性叠加法

解析函数线性叠加法是所有翼型参数化描述方法中应用最多的一种方法。翼型形状由基准翼型、型函数及对应系数确定。解析函数线性叠加法的通用表达式为

$$y(x) = y_0(x) + \sum_{k=1}^{N} c_k f_k(x) \quad (k = 0, 1, \cdots, N) \tag{2-27}$$

式中 $y(x)$——新翼型的表面函数；

$y_0(x)$——基准翼型的表面函数；

$f_k(x)$——型函数项；

N、c_k——控制翼型形状的型函数参数个数及相应系数。

解析函数线性叠加法根据式（2-27）中型函数项的不同，又可分为多种参数化方法。

1. 多项式型函数

$$f_k(x) = \begin{cases} 1 - \left(1 - \dfrac{x}{x_k}\right)^2 \left[1 + \dfrac{Ax}{x_k(1 - x_k)^2}\right] & 0 < x \leqslant x_k \\ 1 - \left(\dfrac{x - x_k}{1 - x_k}\right)^2 \left[1 + \dfrac{B(1 - x)}{x_k^2(1 - x_k)}\right] & x_k < x \leqslant 1 \end{cases} \tag{2-28}$$

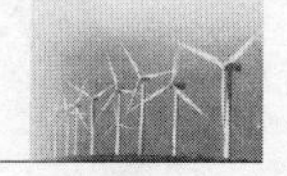

$$A=\max(0,1-2x_k)$$
$$B=\max(0,2x_k-1)$$

式（2-28）的型函数以 x_k 为分界点，将两端曲线光滑地连接起来，且其二阶导数在 x_k 点处连续。

2. Wagner 型函数

$$f_k(x)=\begin{cases}\dfrac{\theta+\sin\theta}{\pi}-\sin^2\left(\dfrac{\theta}{2}\right) & k=1\\[2ex] \dfrac{\sin(k\theta)}{k\pi}+\dfrac{\sin(k-1)\theta}{\pi} & k>1\end{cases}\tag{2-29}$$

其中 $$\theta=2\sin^{-1}\sqrt{x}$$

2.4.4 CST 参数化方法

CST 参数化方法是近年来出现的一种基于分类函数/形状函数变换（class function/shape function transformation）的参数化表示方法。由于具有设计变量少、可调节、设计空间广等优点，被广泛应用于翼型设计研究中。

CST 参数化方法下的通用翼型可以表示为

$$\begin{aligned}A(V)&=A[x,v_0^u,v_1^u,\cdots,v_{n_{BP}^u}^u,z_{TE}^u,v_0^l,v_1^l,\cdots,v_{n_{BP}^l}^l,z_{TE}^l]\\&=[z^u(x,v_0^u,v_1^u,\cdots,v_{n_{BP}^u}^u,z_{TE}^u),z^l(x,v_0^l,v_1^l,\cdots,v_{n_{BP}^l}^l,z_{TE}^l)]\end{aligned}\tag{2-30}$$

式中 z^u，z^l——翼型上下表面曲线；

$x,v_0^u,v_1^u,\cdots,v_{n_{BP}^u}^u,z_{TE}^u,v_0^l,v_1^l,\cdots,v_{n_{BP}^l}^l,z_{TE}^l$——设计变量。

其中，z^u，z^l 可表示为

$$\frac{z}{c}\left(\frac{x}{c}\right)=\sqrt{\frac{x}{c}}\left(1-\frac{x}{c}\right)\sum_{i=0}^{N}\left[A_i\left(\frac{x}{c}\right)^i\right]+\frac{x}{c}\frac{z_{TE}}{c}\tag{2-31}$$

式中 c——翼型弦长。

式（2-31）中的$\sqrt{\dfrac{x}{c}}$用来确保得到一个圆鼻翼型；项$\left(1-\dfrac{x}{c}\right)$为确保得到一个尖的翼型后缘；项$\dfrac{z_{TE}}{c}$为翼型的后缘厚度；项 $\sum\limits_{i=0}^{N}\left[A_i\left(\dfrac{x}{c}\right)^i\right]$ 控制了翼型前缘到后缘之间的曲线形状，将其用 $S\left(\dfrac{x}{c}\right)$来代替，则可导出

$$S\left(\frac{x}{c}\right)=\frac{\dfrac{z}{c}-\dfrac{x}{c}\dfrac{z_{TE}}{c}}{\sqrt{\dfrac{x}{c}}\left(1-\dfrac{x}{c}\right)}\tag{2-32}$$

此处的 $S\left(\dfrac{x}{c}\right)$为形状函数，具有多种形式。在翼型前缘和后缘的值分别为

$$S(0)=\sqrt{\frac{2R_{LE}}{c}}\tag{2-33}$$

$$S(1)=\tan\tau+\frac{z_{\mathrm{TE}}}{c} \tag{2-34}$$

式中 R_{LE}——翼型前缘半径；

τ——后缘角，具有很直观的几何意义。

式（2-32）中的$\sqrt{\frac{x}{c}}\left(1-\frac{x}{c}\right)$被称为类函数，记为$C(x/c)$，其一般形式为

$$C\left(\frac{x}{c}\right)=\left(\frac{x}{c}\right)^{N_1}\left(1-\frac{x}{c}\right)^{N_2} \tag{2-35}$$

N_1、N_2 的取值控制了所选取翼型的种类。当 $N_1=0.5$、$N_2=1.0$ 时，所表示的翼型种类为圆鼻翼型。

将式（2-32）和式（2-35）代入式（2-31）可得

$$\frac{z}{c}\left(\frac{x}{c}\right)=C\left(\frac{x}{c}\right)S\left(\frac{x}{c}\right)+\frac{x}{c}\frac{z_{\mathrm{TE}}}{c} \tag{2-36}$$

风力机叶片翼型新发展

2.5 叶片专用翼型设计理论及发展

风力机的运行效率和可靠性与翼型气动性能密切相关。早期风力机叶片设计时首选的是比较成熟、升阻特性较好的传统航空翼型，但实践表明这些翼型并不能很好地满足设计和使用要求。风力机专用翼型与传统航空翼型有以下不同：

（1）风力机叶片是在低雷诺数下运行，这时翼型边界层的特性发生变化。

（2）航空翼型主要要求在失速攻角附近具有和缓失速特性，而风力机翼型则必须在失速后的所有攻角下都具有和缓的升力变化。

（3）风力机作偏航运动时，叶片各剖面处的攻角呈周期性变化，需要考虑翼型的动态失速特性。

（4）航空翼型按光滑表面设计，而风力机叶片在大气近地层运行，沙尘、昆虫、雨滴和油污等会使叶片表面的粗糙度增加，影响翼型空气动力特性，因此风力机翼型设计必须考虑粗糙度的影响，要求所有设计翼型的性能对粗糙度不敏感，图2-18为翼型NACA 63-425和DU 91-W2-250的粗糙度对气动力影响的分析图。

（5）航空翼型是尖后缘翼型，而风力机翼型后缘一般做加厚处理。

（6）航空翼型的相对厚度一般为4%～18%，风力机从结构强度和刚度考虑，翼型的相对厚度较大，一般为15%～53%。

在风力机翼型选用过程中，翼型的升阻比（升力系数 C_{l} 和阻力系数 C_{d} 在不同攻角下的比值）是重要的参考因素。由图2-18中可知，风力机专用翼型升力系数在粗糙表面的情况下下降为14.28%左右，而翼型NACA 63-425升力系数在粗糙表面情况时下降约为53.54%。

2.5.1 发展现状

自20世纪80年代起，美国和欧洲的丹麦、瑞典、荷兰、德国等风电产业发达

的国家陆续进行了风力机先进翼型的研究。为了设计出具有更大风能捕获能力和低气动载荷的高性能叶片，先后出现了失速型风力机/变桨距型风力机和变速型风力机。这些风力机由于运行方式不同，对功率峰值控制的要求截然不同，因此，对于叶尖翼型的最大升力和最大升阻比具有多种不同的需求。

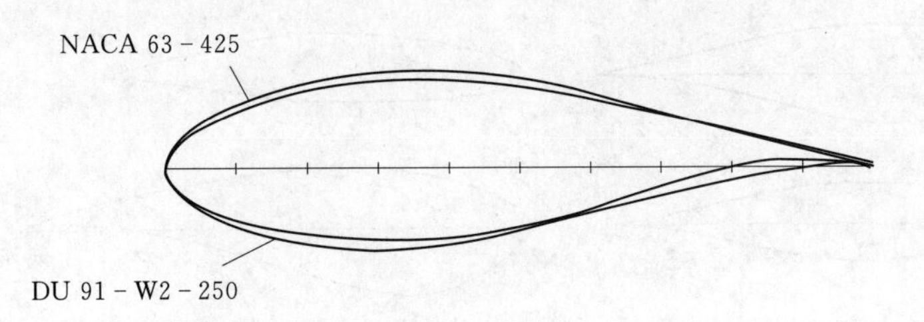

(a) 风力机专用翼型DU91-W2-250和普通翼型NACA63-425型线图

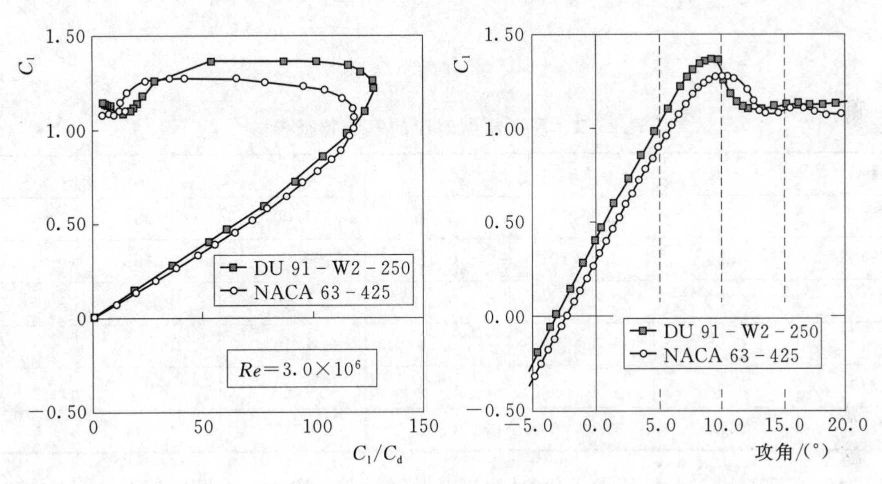

(b) 两翼型光滑表面升力及升阻比变化图

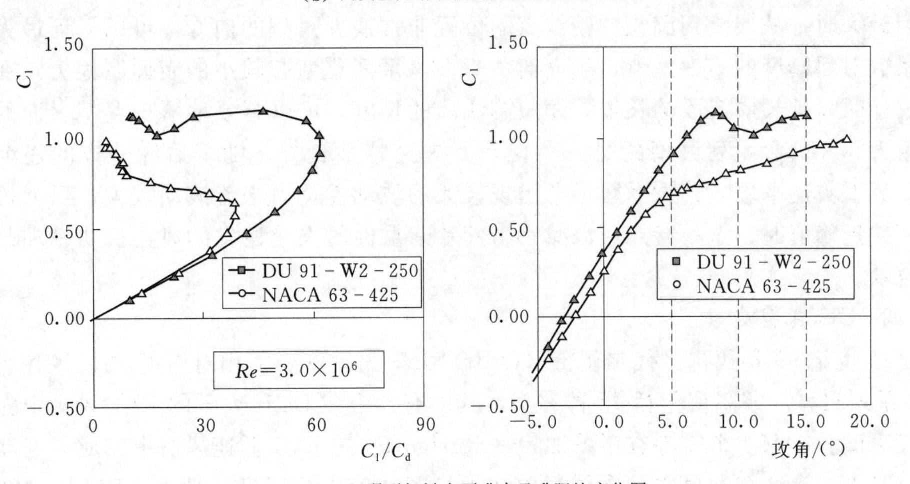

(c) 两翼型粗糙表面升力及升阻比变化图

图 2-18 翼型粗糙度敏感性分析图

1. NREL S 翼型族

从1984年开始，美国可再生能源实验室（National Renewable Energy Laboratory，NREL）针对不同大小的风力机先后设计了9个S翼型族共计25个翼型，部分翼型族型线图如图2-19所示，其特征参数见表2-2。

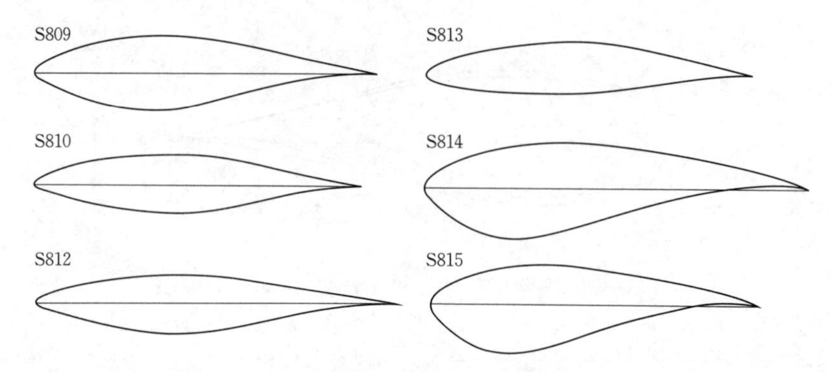

图2-19　部分翼型族型线图

表2-2　翼型族型对应的气动特征参数

翼型	r/R	Re	t/c	$C_{l,max}$	$C_{d,min}$	C_m
S809	0.75	2.0×10^6	0.21	1.00	0.007	−0.05
S810	0.95	2.0×10^6	0.18	0.90	0.006	−0.05
S812	0.75	2.0×10^6	0.21	1.20	0.008	−0.07
S813	0.95	2.0×10^6	0.16	1.10	0.007	−0.07
S814	0.40	1.5×10^6	0.24	1.30	0.012	−0.15
S815	0.30	1.2×10^6	0.26	1.10	0.014	−0.15

NREL翼型具有最大升力系数对粗糙度不敏感的特点。翼型的升力系数接近或达到最大时，从层流到湍流的转捩点的位置非常接近翼型的前缘，可以保证最大升力系数对粗糙度的不敏感性。表面清洁时，该系列翼型有较小的表面摩擦力。在翼型设计时，延长层流段的长度，缩短湍流段的长度，可以有效地减少翼型表面的摩擦阻力。NREL系列翼型的另一个优点是失速特性良好。随着后缘分离的逐渐加剧，翼型失速平缓，升力系数不会出现较大的波动性。当来流波动较大，风力机的功率接近峰值时，这一特点可以减小由叶片间歇性的失速诱发的风力机功率和载荷的波动。

2. DU 翼型族

20世纪90年代初，代尔伏特（Delft）大学先后发展了相对厚度15%～40%的DU系列翼型。该系列包括15种翼型，其中有5个在Delft大学的LST风洞中完成了气动试验；有4个翼型在斯图加特（Stuttgart）的IAG低速风洞中完成了气动试验。其中，有2个翼型在2个风洞中都进行了试验以验证设计性能。DU翼型族使用范围广泛，风轮直径从29m到100m以上、在功率350kW～3.5MW的风力机上均有使用。部分DU翼型的型线如图2-20所示。

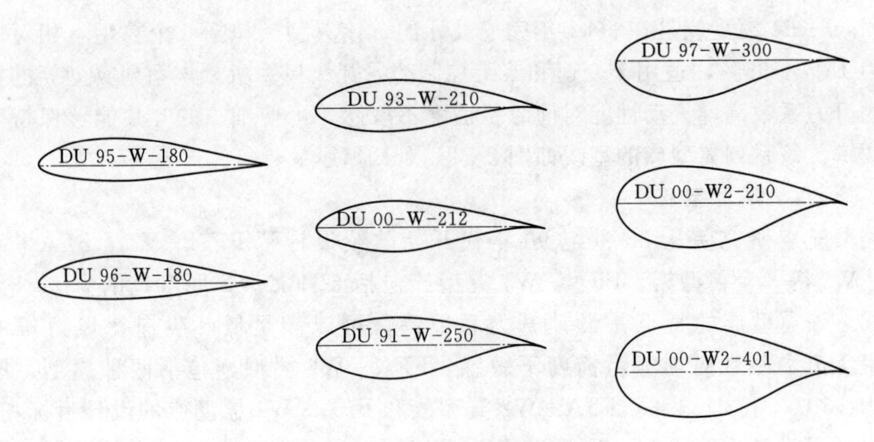

图 2-20 部分 DU 系列翼型图

3. RisØ 翼型族

从 20 世纪 90 年代后期开始，丹麦 RisØ 国家实验室陆续设计了 RisØ-A1、RisØ-P 和 RisØ-B1 3 个风力机专用翼型族。RisØ-A1 翼型族定型于 1998 年，整个翼型族包括 6 个翼型，相对厚度范围在 15%～33%，适用于定转速、失速或变桨控制、功率在 600kW 以上的风力机，该翼型族的型线如图 2-21（a）所示。

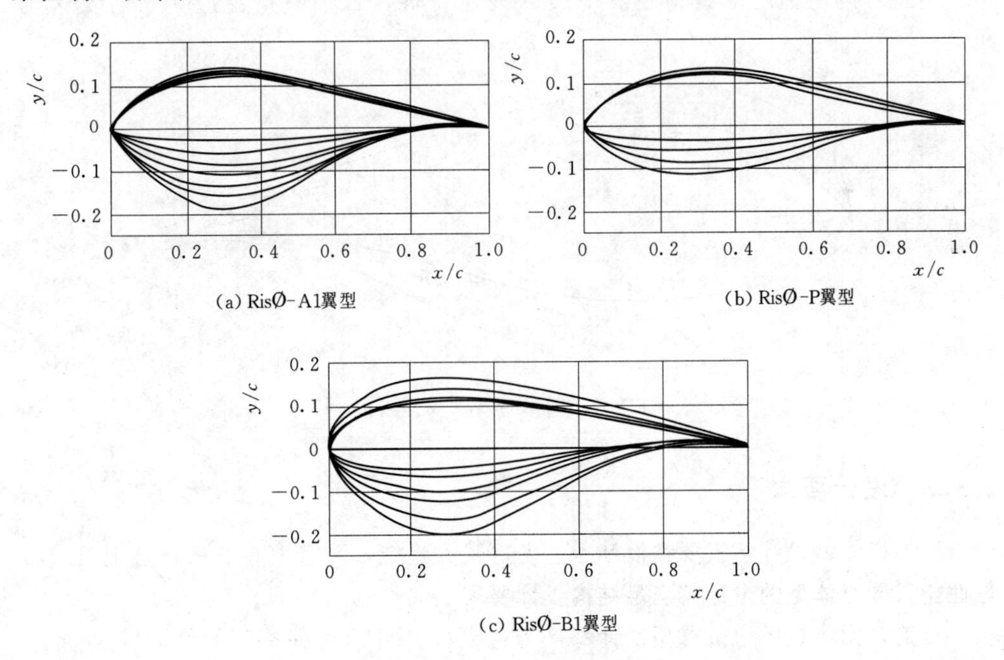

图 2-21 RisØ 翼型族图

RisØ-P 翼型族定型于 2001 年，共有 4 个翼型，厚度分别为 15%、18%、21%和 24%。该系列翼型被用于取代对应厚度的 RisØ-A1 翼型，有效地克服了 RisØ-A1 翼型族最大升力系数对前缘粗糙度较敏感的缺点，适用于定速或变速的桨距控制的兆瓦级风力机，该系列翼型族的型线如图 2-21（b）所示。

RisØ-B1 翼型族是在 2001 年完成设计的，该翼型族包括 6 个翼型，相对厚度范围为 15%～36%，适用于变速和桨距控制的兆瓦级风力机。该系列翼型族的特点是最大升力系数高，气动性能对前缘粗糙度不敏感，可使细长的叶片能够保持高的气动效率。该系列翼型族的型线如图 2-21（c）所示。

4. FFA-W 翼型族

瑞典航空研究院从 20 世纪 90 年代开始陆续设计了 FFA-W1、FFA-W2、FFA-W3 等 3 个翼型族。FFA-W1 翼型族包括 6 种翼型，厚度范围为 12.8%～27.1%。该翼型族的特点是设计升力系数高，可以满足低叶尖速比风力机的要求；最大升力系数对前缘粗糙度不敏感。FFA-W2 翼型族包括两种翼型，厚度分别为 15.2%和 21.1%。FFA-W2 翼型族和 FFA-W1 翼型族的设计目标相同，只是降低了设计升力系数，这是为了像 NACA6 系列层流翼型族一样具有多种设计升力系数的翼型，可以满足不同的要求。FFA-W3翼型族包括 7 种翼型，厚度范围为 19.5%～36%，适用于定桨距失速型风力机，该系列翼型的型线如图 2-22 所示。FFA-W3 翼型族有良好的气动性能，有效克服了 NACA6 翼型族随着厚度增加，最大升力系数对前缘粗糙度较敏感的缺点。总之，FFA-W 翼型族是非常有代表性的风力机专用翼型，气动特性良好，有着较高的最大升力系数和升阻比，良好的粗糙度不敏感性及平缓的失速特性，目前被广泛应用于各类风力机上。

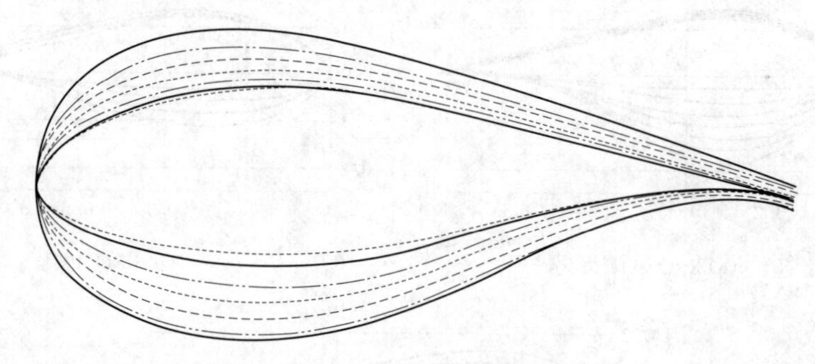

图 2-22 FFA-W3 翼型族图

2.5.2 设计要求

风力机体型设计不仅要在设计点上发挥最大性能，并且要在非设计点上具有良好性能，同时体型的设计需满足结构设计要求。

目前，大多数风力机翼型设计都是为达到叶片外沿处保持高的气动转矩输出，而在叶片靠近根部处截面承载较大的弯矩，这需设置较大的刚度和强度。同时翼型的设计也需满足较大的弯矩承载能力，往往该处翼型具有大的相对厚度，并且采用平脊后缘。

叶片根部翼型不仅要有较高的升力系数，同时需满足良好的失速特性。因为在正常工作状态下，叶根部翼型运行在大攻角下。高升力系数和良好的失速特性不仅有助于维系整根叶片良好的功率输出，且对于结构失效问题的发生有抑制作用，风

力机叶片各个截面翼型布置要求如图 2-23 所示，某商业化 3MW-48m 风力机叶片翼型布置见表 2-3。

表 2-3 某商业化 3MW-48m 风力机叶片翼型布置

序号	翼型	展向位置 r/m	桨距轴线/%	扭转轴线/%
1	DU 00-W-401	8.83	35	25
2	DU 00-W-350	14.79	35	25
3	DU 97-W-300	19.95	—	25
4	DU 91-W2-250	24.80	—	25
5	DU 93-W-210	28.50	—	25
6	NACA 64618	31.50	33	25

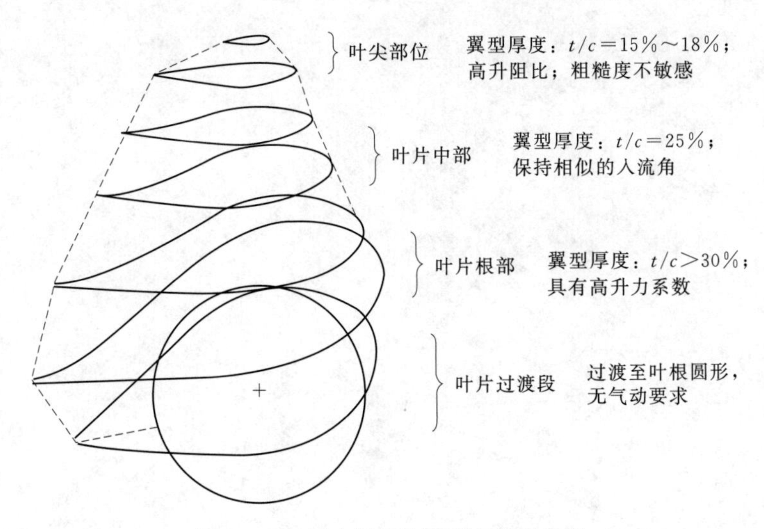

图 2-23 风力机叶片翼型布置要求图

叶片翼型选择的另一考虑因素即处理“阵风”的能力。由于在阵风作用下，翼型攻角快速变化，因此必须设计出一个介于正常运转攻角和失速攻角间的安全运转攻角，以避免叶片由于失速而产生疲劳破坏等问题。

对叶根处翼型的设计需在满足良好气动力输出的前提下，保证足够的结构抗弯矩性能，然而两者往往不能兼得。事实上，优良的气动性能需要足够薄的翼型，而良好的抗弯矩能力由较大的相对厚度完成；较高的最大升力与前缘粗糙程度不敏感相矛盾，所以设计过程就是在这些矛盾的要求之间找到一种最佳的折中。目前，叶根处翼型设计由两者线性权重分配公式控制，即

$$F=k(L/D)+(1-k)I_{xx} \tag{2-37}$$

式中 k——权重系数，取值在 0～1 之间。

思 考 题

1. 影响翼型升阻力的因素有哪些？
2. 翼型优化目标、约束条件有哪些？
3. 风力机叶片翼型与航空翼型有哪些区别？
4. 翼型在叶片上有什么分布特点？
5. 什么是翼型的失速特性？

第3章　风力机空气动力学

风力机的功率输出取决于来流风与风轮的交互作用。叶片优良的气动性能是风力机组获取风能的关键。风力机在运行过程中涉及复杂的空气流动问题，其效率直接取决于叶片气动设计的质量。空气动力学是风力机设计技术中最关键的问题，已成为一个广泛关注的独立研究领域。

本章概述风力机空气动力学的几种基本理论、现代风力机叶片外形的设计趋势与面临的挑战，并介绍 CFD 方法在叶片设计中的应用。

3.1　一维动量理论和 Betz 极限

一维动量模型是基于线性动量理论推导得出，由朗肯（Rankine）首先提出，主要的优化和推导工作由贝兹（Betz）完成。该模型最早被用于船用螺旋桨的性能分析，采用流管分析方法来预测理想化的水平轴风力机功率输出、轴向推力和提出风力机调控方式。该理论将叶片有效扫掠面积看作一个圆盘，称作“制动桨盘”，桨盘两侧的压力不连续，如图 3－1 所示。该模型基于如下基本假设：

（1）风轮没有偏航角、倾斜角和锥度角，可简化成一个平面桨盘。

（2）风轮叶片旋转时不受到摩擦阻力。

（3）风轮流动模型可简化成无数个单元流管。

（4）风轮前未受扰动的气流静压和风轮后的气流静压相等，即 $p_{\infty}=p_{w}$。

（5）作用在风轮上的推力是均匀的。

（6）不考虑风轮后的尾流旋转。

一维动量理论可用来描述作用在风轮上的力与来流速度之间的关系。

盘面下风向的流管截面积扩张是因为在整个过程中气体质量流率要保持一致，

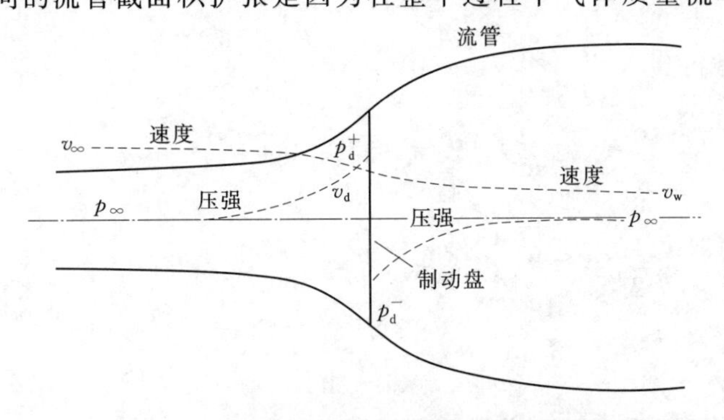

图 3－1　能量吸收制动桨盘和气流管状图

单位时间内流管的气体质量为ρAv。其中，ρ为空气密度，A为管状截面积，v为流速。由质量流率相等，可得

$$\rho A_{\infty} v_{\infty} = \rho A_{\mathrm{d}} v_{\mathrm{d}} = \rho A_{\mathrm{w}} v_{\mathrm{w}} \tag{3-1}$$

式中 下角符号∞——上游无穷远处；

下角符号 d——圆盘面处；

下角符号 w——尾流区域。

可以认为制动桨盘引入一个变化流速作用在自由的空气上，用$-av_{\infty}$来表示，a称为轴流诱导因子，在盘面处，气体流速为

$$v_{\mathrm{d}} = v_{\infty}(1-a) \tag{3-2}$$

而流经转动盘面的整个气体流速的变化乘以质量流率，即是整个气体流动量的改变

$$\text{动量变化率} = (v_{\infty} - v_{\mathrm{w}})\rho A_{\mathrm{d}} v_{\mathrm{d}} \tag{3-3}$$

动量的变化完全来自制动桨盘的静压改变，而且整个流管周围都被大气包围，上下静压差为0，因此有

$$(p_{\mathrm{d}}^{+} - p_{\mathrm{d}}^{-})A_{\mathrm{d}} = (v_{\infty} - v_{\mathrm{w}})\rho A_{\mathrm{d}} v_{\infty}(1-a) \tag{3-4}$$

通过伯努利方程可以获得此压力差$p_{\mathrm{d}}^{+} - p_{\mathrm{d}}^{-}$，因为上风向和下风向的能量不同，伯努利方程表示在稳定条件下，流体中的整个能量由动能、静压能和位能组成。不对流体做功或流体不对外做功的情况下，总能量守恒，因此对单位气流有

$$\frac{1}{2}\rho v^{2} + p + \rho g h = \text{constant} \tag{3-5}$$

上风向气流有

$$\frac{1}{2}\rho_{\infty} v_{\infty}^{2} + \rho_{\infty} g h_{\infty} + p_{\infty} = \frac{1}{2}\rho_{\mathrm{d}} v_{\mathrm{d}}^{2} + p_{\mathrm{d}}^{+} + \rho_{\mathrm{d}} g h_{\mathrm{d}} \tag{3-6}$$

假设气体未压缩$\rho_{\infty} = \rho_{\mathrm{d}}$，并且在水平方向$h_{\infty} = h_{\mathrm{d}}$，则

$$\frac{1}{2}\rho v_{\infty}^{2} + p_{\infty} = \frac{1}{2}\rho v_{\mathrm{d}}^{2} + p_{\mathrm{d}}^{+} \tag{3-7a}$$

同样下风向气流有

$$\frac{1}{2}\rho v_{\mathrm{w}}^{2} + p_{\infty} = \frac{1}{2}\rho v_{\mathrm{d}}^{2} + p_{\mathrm{d}}^{-} \tag{3-7b}$$

两方程相减得到

$$p_{\mathrm{d}}^{+} - p_{\mathrm{d}}^{-} = \frac{1}{2}\rho(v_{\infty}^{2} - v_{\mathrm{w}}^{2}) \tag{3-8}$$

代入式（3-4）得

$$\frac{1}{2}\rho(v_{\infty}^{2} - v_{\mathrm{w}}^{2})A_{\mathrm{d}} = (v_{\infty} - v_{\mathrm{w}})\rho A_{\mathrm{d}} v_{\infty}(1-a) \tag{3-9}$$

从而可导出

$$v_{\mathrm{w}} = (1-2a)v_{\infty} \tag{3-10}$$

由以上各式可以看出，一半的轴向气流损失发生在制动盘上游剖面，另一半在下游剖面。风轮尾流速度是自由流和诱导流的合成，随着轴向诱导因子a的逐渐增

大，尾流速度越来越小，当 $a \geqslant \frac{1}{2}$ 时，尾流速度变成 0，甚至出现负数。在该情况下，动量理论将不再适用，需进行修正。

风力机对来流风的风能利用系数取决于叶片的空气动力特性。

风轮反作用在气流上的力，由式（3-4）可导出

$$F=(p_d^+ - p_d^-)A_d = 2\rho A_d v_\infty^2 a(1-a) \tag{3-11}$$

力作用的面积为 v_d，因此风轮从气流中吸收的能量可表示为

$$P=Fv_d=2\rho A_d v_\infty^3 a(1-a)^2 \tag{3-12}$$

风能利用系数的定义为

$$C_P=\frac{P}{\frac{1}{2}\rho v_\infty^2 A_d} \tag{3-13}$$

式（3-13）中的分母为没有经过阻挡的气流动能。最后可以得到

$$C_P=4a(1-a)^2 \tag{3-14}$$

由式（3-14）可知，若要求出 C_P 的最大值，对式（3-14）求导

$$\frac{dC_P}{da}=4(1-a)(1-3a)=0 \tag{3-15}$$

得到 $a=\frac{1}{3}$，$a=1$。$a=1$ 为增根，舍去。代入式（3-14）得

$$C_{Pmax}=\frac{16}{27}=0.593 \tag{3-16}$$

这个值是风力机风能利用所能达到的最大值，称为贝兹极限，由德国气动学家阿尔伯特·贝兹（Albert Betz）提出。到目前为止，还没有能设计出超过该极限的风力机。根据式(3-1)，当风力机处于最大风能利用系数时，可以得出制动盘面积为风轮扫风面的 2/3，且在尾流区域制动盘扩张为 2 倍。另外，若制动盘处风速为来流风速的 2/3 时，则风力机处于风能利用率最大点。

由式（3-10）和式（3-11）可得轴向推力为

$$T=\frac{1}{2}\rho A v^2[4a(1-a)] \tag{3-17}$$

类似风能利用系数，推力系数为

$$C_T=\frac{T}{1/2\rho v^2 A}=4a(1-a) \tag{3-18}$$

对式（3-18）求导，当 a 为 0.5 时，推力系数最大，为 1，然而此时，尾流流速为 0。而当风能利用率最大时（$a=1/3$），推力系数 C_T 为 8/9。图 3-2 为风能利用系数和轴向推力系数随轴向诱导因子变化曲

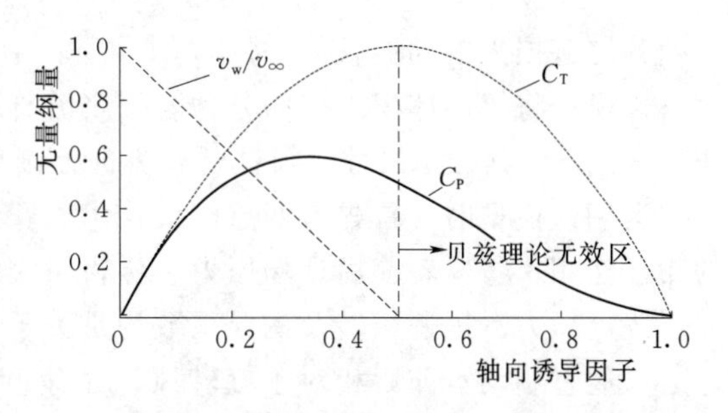

图 3-2　C_P 和 C_T 随轴向诱导因子变化曲线图

线图。

图3-2中，当轴向诱导因子$a>0.5$时，该一维动量理论将不再适用。而在实际中，根据Wilson理论，当a过大时，制动盘区域出现复杂的流场状态，并且轴向推力系数可能攀升至2.0。

水平轴风力机最大风能利用系数理论值为$C_{\mathrm{Pmax}}=16/27$，风力机实际运转过程中有些不可避免的因素降低了风力机风能转换，进而降低了理论最大风能利用系数。这些不可避免的因素有：①风轮下游旋转尾流；②有限的叶片数量以及附着的叶尖损失；③气动阻力。

基于此，风力机实际风能利用系数是关于风能利用系数和机械效率的函数，即

$$P_{\mathrm{out}}=\frac{1}{2}\rho Av^3(\eta C_{\mathrm{P}}) \tag{3-19}$$

式中 P_{out}——风力机实际功率输出；

η——机械效率。

3.2 理想水平轴风力机旋转尾迹模型

一维动量理论假定通过制动桨盘的流场自由轴向流动，没有考虑圆盘下游尾迹的旋转效应。实际上风轮下游风呈现与风轮转动方向相反的旋转，运转叶片叶尖烟迹线如图3-3所示，这是由于风驱动风轮转动产生力矩而桨叶对气流的反转矩作用。反转矩作用的结果会使尾流中空气微粒在旋转面的切线方向和轴向方向都获得了速度分量。

图3-3 运转叶片叶尖烟迹线图
［美国国家航空航天局（NASA）NREL风机风洞试验］

由于旋转需要能量，若考虑尾迹的旋转影响，风力机实际所得功率比一维动量理论计算值要低。

通常情况下，风力机叶片产生的转矩大，其叶尖旋转尾迹动能也较大。因此对于低转速大转矩的风机而言，伴随其尾迹损失的动能就偏大。

该模型将控制体积沿径向分为若干个流管，每个流管厚度为$\mathrm{d}r$，即流管截面面积为$2\pi r\mathrm{d}r$。其径向尺寸沿流体运行方向逐渐变大，如图3-4所示。

运用该模型时，首先有两点假设：①流管之间的流动没有摩擦，也不考虑之间的相互作用；②风轮前后远场压力一样，与大气压力相等。

假定压力、尾迹旋转及诱导系数均是关于半径的函数。

风通过制动盘前后相对于旋转风轮角速度发生跃迁（$\Omega\rightarrow\Omega+\omega$）。对风轮前后分别应用伯努利（Bernoulli）方程，用u和v分别表示流体的轴向和径向速度，可得

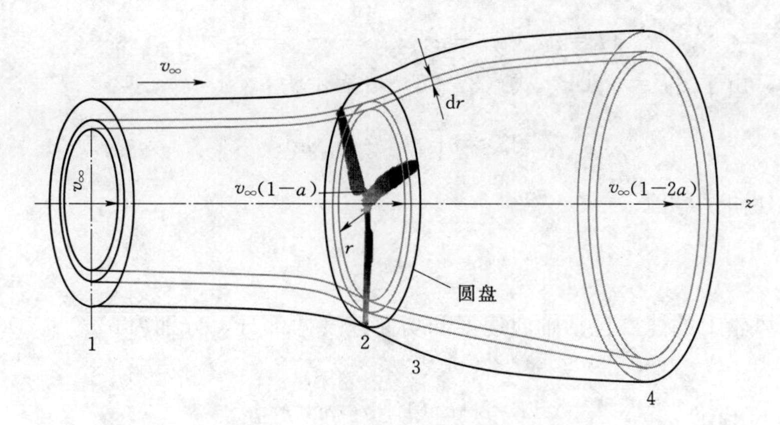

图 3-4 随风轮旋转的控制体图

$$H_{up}=p_\infty+\frac{1}{2}\rho v_\infty^2=p_2+\frac{1}{2}\rho(u_2^2+v_2^2) \tag{3-20}$$

$$H_{down}=p_3+\frac{1}{2}\rho(u_3^2+v_3^2+\omega^2r_3^2)=p_4+\frac{1}{2}\rho(u_4^2+v_4^2+\omega_4^2r_4^2) \tag{3-21}$$

式中 H_{up}、H_{down}——风轮前、后总压。

根据各流管内流体的连续性和角动量守恒原理，由以上两式可得

$$H_{up}-H_{down}=p_2-p_3-\frac{1}{2}\rho\omega^2r_3^2=p'-\frac{1}{2}\rho\omega^2r_3^2 \tag{3-22}$$

式中 p'——流经风轮的压差。

式（3-22）表示来流经过风轮的压差小于 p'，并且，$\frac{1}{2}\rho\omega_3^2r_3^2$ 这一项是风轮转矩由于旋转效应传递给流体的能量，因此，总压可以表示为

$$\begin{aligned}p_\infty-p_4&=\frac{1}{2}\rho(u_4^2-v_\infty^2)+\frac{1}{2}\rho\omega_4^2r_4^2+(H_{up}-H_{down})\\&=\frac{1}{2}\rho(u_4^2-v_\infty^2)+\frac{1}{2}\rho(\omega_4^2r_4^2-\omega^2r_3^2)+p'\end{aligned} \tag{3-23}$$

同样对制动桨盘上下游处应用伯努利（Bernoulli）方程得到压差表达式为

$$p'=p_3-p_2=\frac{1}{2}\rho[(\Omega+\omega)^2-\Omega^2]r^2=\rho\left(\Omega+\frac{\omega}{2}\right)\omega r^2 \tag{3-24}$$

将式（3-22）代入式（3-23）可得

$$p_\infty-p_4=\frac{1}{2}\rho(u_4^2-v_\infty^2)+\rho\left(\Omega+\frac{\omega}{2}\right)r_4^2\omega_4 \tag{3-25}$$

在远场尾流中，即区域 4 内，将压强对半径求导得

$$\frac{dp_4}{dr_4}=\rho r_4\omega_4^2 \tag{3-26}$$

将式（3-25）关于 r_4 求导并联列式（3-26）可得

$$\frac{1}{2}\frac{d}{dr_4}(v_\infty^2-u_4^2)=(\Omega+\omega_4)\frac{d}{dr_4}(r_4^2\omega_4) \tag{3-27}$$

任一流管圆环面积，产生的轴向力为

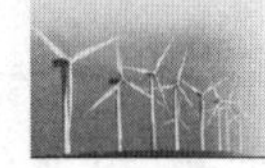

$$dT=\rho u_4(v_\infty-u_4)dA_4+(p_\infty-p_4)dA_4 \tag{3-28}$$

同时，由于 $dT=p'dA$，式（3-28）可表示为

$$dT=\rho\left(\Omega+\frac{\omega}{2}\right)r_3^2\omega dA \tag{3-29}$$

引入切向诱导因子

$$a'=\frac{\omega}{2\Omega} \tag{3-30}$$

由此风轮上的速度包括轴向速度和切向速度两部分，分别为 av_∞ 和 $r\Omega a'$。轴向力可表示为

$$dT=4\pi a'(1+a')\rho\Omega^2r^3dr \tag{3-31}$$

根据式（3-17），理想动量理论轴向推力微分形式为

$$dT=4\pi\rho v_\infty^2a(1-a)rdr \tag{3-32}$$

引入叶尖速比 $\lambda=\frac{\Omega R}{v_\infty}$，并定义局部叶尖速比 $\lambda_r=\frac{\Omega r}{v_\infty}$ 为叶片任意半径处的叶片切向速度与来流速度之比。联立式（3-31）和式（3-32），可得

$$\frac{a(1-a)}{a'(1+a')}=\frac{\Omega^2r^2}{v_\infty^2}=\lambda_r^2 \tag{3-33}$$

作用在流管圆环上的转矩等于通过此环形区空气的角动量变化率，因此可得

$$dQ=d\dot{m}\omega r^2=\rho u_2\omega r^2 2\pi rdr \tag{3-34}$$

根据一维动量理论，$u_2=v_\infty(1-a)$，且 $a'=\frac{\omega}{2\Omega}$，则式（3-34）可改为

$$dQ=4\pi\rho v_\infty\Omega a'(1-a)r^3dr \tag{3-35}$$

任一流管产生的功率为

$$dP=\Omega dQ=\frac{1}{2}\rho Av_\infty^3\frac{8}{\lambda^2}a'(1-a)\lambda_r^3d\lambda_r \tag{3-36}$$

因此，任意流管产生的功率与轴向、切向诱导系数以及叶尖速比有关，诱导速度也决定了制动盘附近的流场强度与方向。

对任意流管区域，风能利用系数可表示为

$$dC_P=\frac{dP}{\frac{1}{2}\rho Av_\infty^3} \tag{3-37}$$

对整个制动圆盘积分可得

$$C_P=\frac{8}{\lambda^2}\int_0^\lambda a'(1-a)\lambda_r^3d\lambda_r \tag{3-38}$$

求解该微分方程，需定义 a、a' 和 λ_r 之间关系。求解式（3-33），并取其中正值

$$a'=-\frac{1}{2}+\sqrt{\frac{1}{4}+\frac{a(1-a)}{\lambda_r^2}} \tag{3-39}$$

当式（3-38）中 $a'(1-a)$ 取最大值时，C_P 也将达到最大值。将 a' 代入 $a'(1-a)$

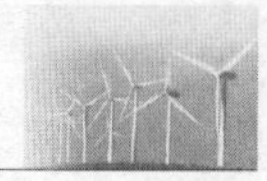

中，将所得式对 a 求导，令导数为 0，提取 λ_r 可得

$$\lambda_r^2=\frac{(1-a)(4a-1)^2}{1-3a} \tag{3-40}$$

该式定义了当各流管风能利用系数最大时，局部叶尖速比与轴向诱导因子的关系。将该式代入式（3-33）可得到风能利用系数最大时，各流管中轴向与切向诱导因子的关系式为

$$a'=\frac{1-3a}{4a-1} \tag{3-41}$$

将式（3-40）进行微分，可得到在风能利用系数最大时，$d\lambda_r$ 和 da 之间的关系表达式为

$$2\lambda_r d\lambda_r=\frac{6(4a-1)(1-2a)^2}{(1-3a)^2}da \tag{3-42}$$

将式（3-40）～式（3-42）代入式（3-38）求极值可得

$$C_{P\max}=\frac{24}{\lambda^2}\int_{a_1}^{a_2}\left[\frac{(1-a)(1-2a)(1-4a)}{1-3a}\right]^2 da \tag{3-43}$$

式（3-43）中，a_1 对应于当 $\lambda_r=0$ 时的值；a_2 对应于当 $\lambda_r=\lambda$ 时的值。

由式（3-40），当 $a_1=0.25$ 时，对应的局部叶尖速比 $\lambda_r=0$。

根据式（3-40），a_2 与风力机运行叶尖速比关系为

$$\lambda^2=\frac{(1-a_2)(4a_2-1)^2}{1-3a_2} \tag{3-44}$$

式（3-44）中，$\frac{1}{3}$为 a_2 的上限值。

图 3-5 显示了上述分析结果，图中虚线为考虑尾迹旋转后的理想水平轴风力机最大风能利用系数随叶尖速比变化图，实线为贝兹极限。由图中可见，随着风力机叶尖速比的增加，风能利用系数逐渐增大，趋于贝兹极限。

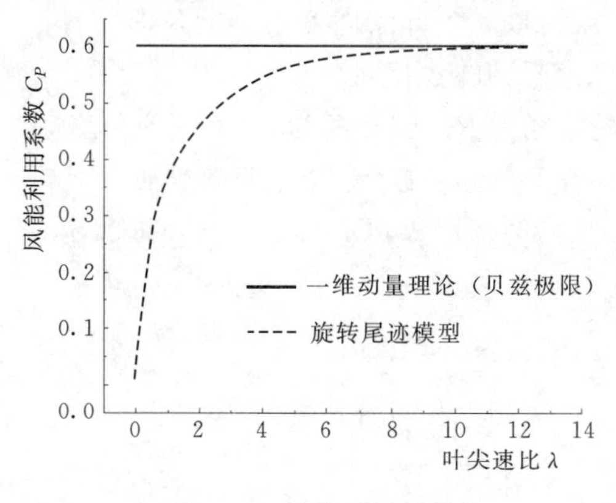

图 3-5 风能利用系数与叶尖速比关系图

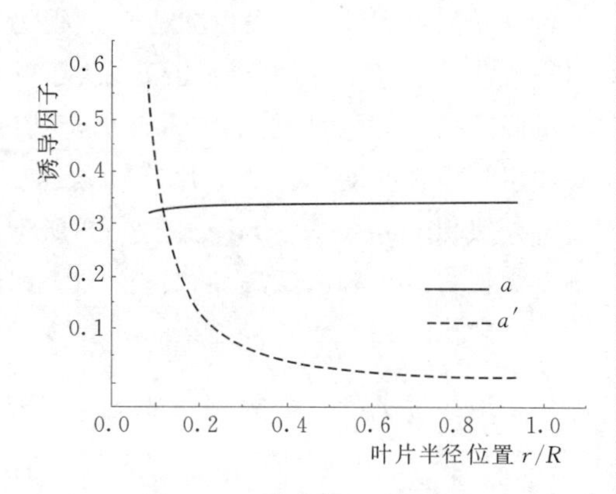

图 3-6 轴向及切向诱导因子随叶片半径位置分布图

图 3-6 为理想风力机在叶尖速比为 7.5 时，轴向和切向诱导因子在叶片不同径向位置处分布图。由图可见轴向诱导因子 a 逐渐接近上限 1/3。而切向诱导因子 a'

在叶片根部有较强的影响，而靠近叶片尖部，其影响效果逐渐趋于0。

3.3 动量叶素理论

在上述章节中，通过轴向动量和角动量守恒定义的制动桨盘可以描述风力机风轮周围流场。在该流场中，风能的获取和轴向推力可以定义为以轴向和切向诱导因子为变量的函数。风力机叶片为各种翼型按不同角度沿气动中心排布而成，若已知各翼型的气动特性，则可根据已定义的风轮流场特性来设计理想的风力机叶片气动外形。同样，若已知风力机叶片气动外形，则可计算出其在不同运转工况下产生的功率以及轴向推力。

3.3.1 叶素理论

叶素理论将叶片分割 N 等份，如图 3－7 所示。假定每一份叶素 $\mathrm{d}r$ 翼型一致，由于其旋转速度 Ωr、弦长 c 和扭角 λ 的不同，叶片径向各处气动特性存在差异，各叶素翼型的气动特性可由航空翼型分析技术手段得到其各工况下气动特性，较之于整根叶片，叶素理论为其气动分析提供很好的技术手段。

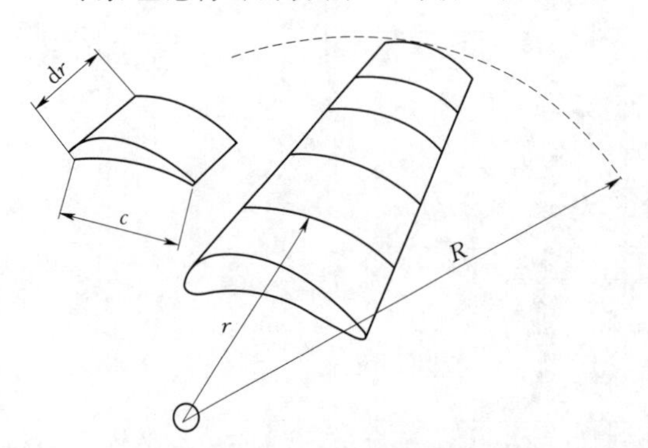

图 3－7 风力机叶片叶素示意图

该理论以叶素为研究对象，分析叶素上所受的力和力矩，然后沿翼展方向积分，即可求得叶片上所受的力和力矩。然而若要有效地运用该理论，需做两点假设：①各叶素上气流视为二维流动，各叶素间互不影响，即没有径向气流流动；②叶片的气动力仅取决于叶素翼型的升阻力系数。

假定任一 N 叶片水平轴风力机，其风轮半径为 R，桨距角为 β，叶片各截面弦长和扭角沿轴线变化。令叶片旋转角速度为 Ω，来流风速为 v_∞。距离转轴 r 处叶素有效风速为 $v_\infty(1-a)$，如图 3－8 所示。旋转角速度为风力机运转角速度与按角动量守恒计算得到的诱导角速度之和，即线速度表示为

$$\Omega r+(\omega/2)r=\Omega r+\Omega a'r=\Omega r(1+a') \tag{3-45}$$

提取半径 r 处叶素翼型，如图 3－9 所示，翼型上相对合速度为

$$W=\sqrt{v_\infty^2(1-a)^2+\Omega^2 r^2\ (1+a')^2} \tag{3-46}$$

图 3－9 中，θ 为叶素翼型局部桨距角，即翼型弦线与风轮旋转平面夹角。ϕ 为叶素相对速度 W 与风轮旋转平面的夹角，即入流角，有

$$\tan\phi=\frac{(1-a)v_\infty}{(1+a')\omega r} \tag{3-47}$$

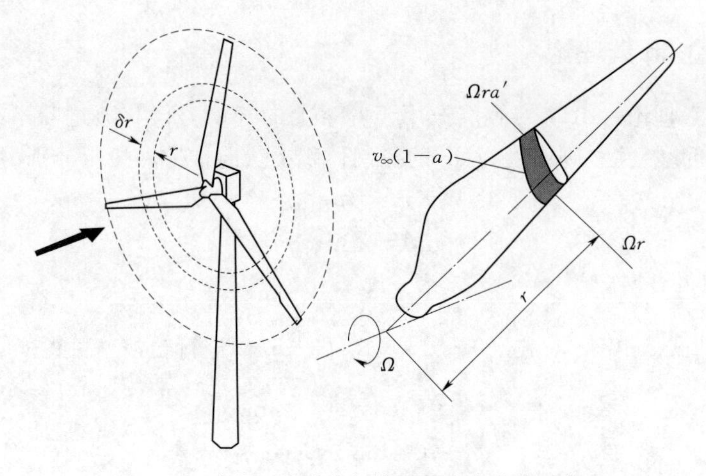

图 3-8 半径 r 处叶素扫掠环及速度分量示意图

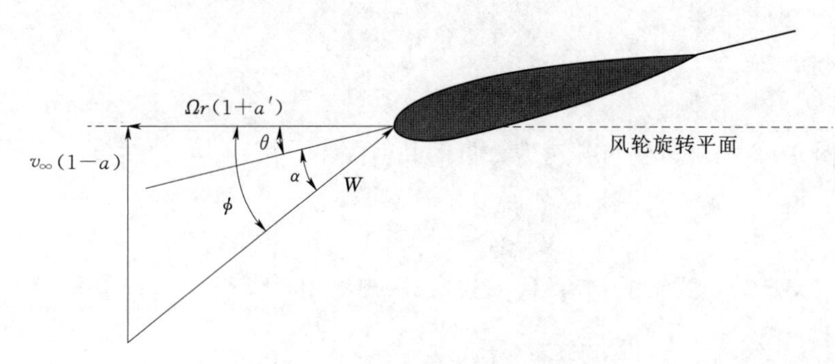

图 3-9 叶素翼型平面内速度图

叶素翼型的局部攻角为 α，即

$$\alpha=\phi-\theta \tag{3-48}$$

由翼型空气动力学可知，翼型的升力垂直于合成速度 W 方向，阻力平行于 W 方向。若翼型升力系数 C_l 和阻力系数 C_d 已知，则叶素单位长度上升力 L 和阻力 D 如图 3-10 所示，具体计算为

$$L=\frac{1}{2}\rho W^2 cC_l \tag{3-49}$$

$$D=\frac{1}{2}\rho W^2 cC_d \tag{3-50}$$

对于旋转状态下的风力机叶片而言，叶素气动力只考虑与风轮旋转面平行的牵引力 p_T 和与风轮旋转面垂直的推力 p_N，因此需将升力和阻力向这两个方向投影，即

$$p_N=L\cos\phi+D\sin\phi \tag{3-51}$$

$$p_T=L\sin\phi-D\cos\phi \tag{3-52}$$

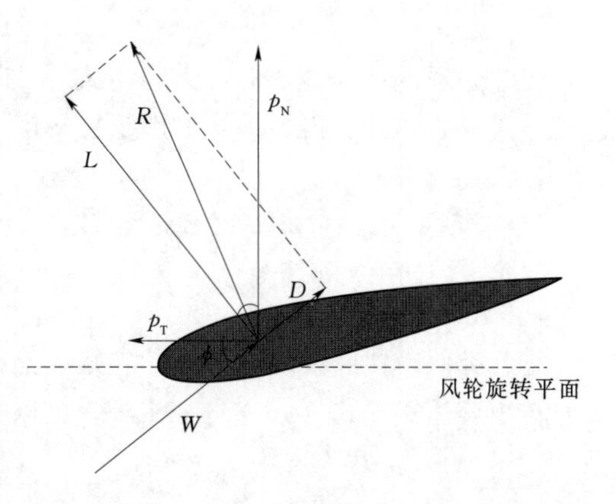

图 3-10 叶素翼型平面内气动力图

3.3.2 动量-叶素理论

动量-叶素理论（BEM）假定作用于叶素上的气动力仅与通过叶素扫掠的圆环中气体动量变化有关。则厚度为 dr 的控制体积上法向推力和扭矩分别为

$$\mathrm{d}T = Bp_{\mathrm{N}}\mathrm{d}r \tag{3-53}$$

$$\mathrm{d}M = rBp_{\mathrm{T}}\mathrm{d}r \tag{3-54}$$

式中 B——叶片数。

使用表达式$\frac{1}{2}\rho W^2 c$ 对式（3-51）、式（3-52）进行转换，可得

$$C_{\mathrm{n}} = C_{\mathrm{l}}\cos\phi + C_{\mathrm{d}}\sin\phi \tag{3-55}$$

$$C_{\mathrm{t}} = C_{\mathrm{l}}\sin\phi - C_{\mathrm{d}}\cos\phi \tag{3-56}$$

$$C_{\mathrm{n}} = \frac{p_{\mathrm{N}}}{0.5\rho W^2 c}$$

$$C_{\mathrm{t}} = \frac{p_{\mathrm{T}}}{0.5\rho W^2 c}$$

根据图 3-9 相对速度与各速度分量的几何关系，可得

$$W\sin\phi = v_{\infty}(1-a) \tag{3-57}$$

$$W\cos\phi = \omega r(1+a') \tag{3-58}$$

将式（3-55）、式（3-57）代入式（3-53）中，可得

$$\mathrm{d}T = \frac{1}{2}\rho BcC_{\mathrm{n}}\frac{v_{\infty}^2(1-a)^2}{\sin^2\phi}\mathrm{d}r \tag{3-59}$$

与此类似，将式（3-56）、式（3-58）代入式（3-54）中，可得

$$\mathrm{d}M = \frac{1}{2}\rho BcC_{\mathrm{t}}\frac{v_{\infty}^2(1-a)\omega r(1+a')}{\sin^2\phi\cos\phi}r\mathrm{d}r \tag{3-60}$$

定义叶片实度 σ 为叶片总的投影面积与叶轮旋转面面积之比。叶素弦长实度 σ_{r} 为给定半径下总叶片弦长与该半径处周长之比，即

$$\sigma_{\mathrm{r}} = \frac{c(r)B}{2\pi r} \tag{3-61}$$

使叶素理论计算的法向推力表达式［式（3-59）］与动量理论推导出的推力表达式［式（3-32）］相等，并引用弦长实度［式（3-61）］，可以推出轴向诱导因子 a，即

$$a = \frac{1}{\frac{4\sin^2\phi}{\sigma_{\mathrm{r}}C_{\mathrm{n}}}+1} \tag{3-62}$$

与此类似，使叶素理论计算的转矩表达式［式（3-60）］与动量理论推导出的推力转矩表达式［式（3-35）］相等，可以推出切向诱导因子 a'为

$$a' = \frac{1}{\frac{4\sin\phi\cos\phi}{\sigma_{\mathrm{r}}C_{\mathrm{t}}}-1} \tag{3-63}$$

至此，关于动量-叶素理论模型所有必要的公式都已列出。若给出风力机叶片具体技术参数，如叶片数、叶片长度、翼型特征，则可以根据翼型实验数据计算出该类型风力机在不同工况下功率输出和其他气动特性。另外，动量叶素理论为初步设计不同功率级别的大型风力机叶片气动外形提供了较好的理论依据。

下面对动量-叶素理论具体实施步骤做简要说明。

（1）将长度为 R 的叶片分割成 N 等份，形成 N 份相互独立的叶素，并确定每份叶素所代表的翼型。

（2）独立处理每一份窄长的叶素，对轴向和切向诱导因子 a 和 a' 初始化，通常取 $a=\lambda^2/2000+0.027\lambda-0.038$，$a'=10/\lambda\cdot e^{12r/R}$。

（3）按式（3-47）确定各叶素翼型入流角 ϕ。

（4）按式（3-48）确定各叶素翼型局部攻角。若是设计风力机叶片，叶素翼型攻角可按照该翼型所在叶素在额定工况下达到的最大升阻比时对应的攻角 α 进行确定，进而可利用式（3-48）确定叶素翼型扭角 θ。

（5）从实验数据表格中读取各翼型升阻力系数关于攻角的变化关系，即 $C_l(\alpha)$ 和 $C_d(\alpha)$。

（6）按式（3-55）、式（3-56）计算推力和切向牵引力系数 C_t 和 C_n。

（7）利用式（3-62）、式（3-63）计算轴向和切向诱导因子 a 和 a'。

（8）检验诱导因子 a 和 a' 的变化是否大于容许偏差，否则返回步骤（3）重新计算。

（9）根据上述步骤确定的轴向和切向诱导因子 a 和 a' 计算叶片各叶素局部载荷。

然而为了获得较为准确的计算结果，需对该算法进行两项修正。第一项称为普朗特叶尖轮毂损失因子修正，其改进动量叶素理论中关于叶片长度无穷尽的假设。第二项称为葛劳渥特（Glauert）修正，当轴向诱导因子 $a>0.4$ 时，该修正方法提出了推力系数 C_t 与 a 之间的经验关系式，此时从一维动量理论导出的关系式不再适用。

3.3.3 普朗特损失因子

如前所述，普朗特损失因子修正了翼型气动分析中关于叶片长度无穷尽的假设。有限长度的风力机叶片尾流中漩涡系与无穷长度叶片尾流中漩涡系不同。普朗特为动量理论推导的推力 dT，转矩 dQ 添加了修正因子 F，即

$$dT=4F\pi\rho v_\infty^2 a(1-a)r\,dr \tag{3-64}$$

$$dQ=4F\pi\rho v_\infty \Omega a'(1-a)r^3\,dr \tag{3-65}$$

F 的表达式为

$$\begin{aligned} F&=F_{tip}F_{hub}\\ F_{hub}&=\frac{2}{\pi}\arccos\left(e^{-\frac{B}{2}\frac{r-R_k}{R_k\sin\phi}}\right)\\ F_{tip}&=\frac{2}{\pi}\arccos\left(e^{-\frac{B}{2}\frac{R-r}{R\sin\phi}}\right)\end{aligned} \tag{3-66}$$

进而动量叶素理论中推导的轴向和切向诱导因子更新为

$$a=\frac{1}{\dfrac{4F\sin^2\phi}{\sigma_r C_n}+1} \tag{3-67}$$

$$a'=\frac{1}{\dfrac{4F\sin\phi\cos\phi}{\sigma_r C_t}-1} \tag{3-68}$$

3.3.4 葛劳渥特损失因子

当轴向诱导因子 $a>0.4$ 时，动量理论就不再适用。可使用推力系数 C_T 和轴向诱导因子 a 之间存在的经验关系式来拟合测量结果，即

$$C_T=\begin{cases}4a(1-a)F & a\leqslant\dfrac{1}{3}\\ 4a\left[1-\dfrac{1}{4}(5-3a)a\right]F & a>\dfrac{1}{3}\end{cases} \tag{3-69}$$

式中 F——普朗特损失因子。

Spera 提出了一个新的表达式，即

$$C_T=\begin{cases}4a(1-a)F & a\leqslant a_c\\ 4[a_c^2+(1-2a_c)a]F & a>a_c\end{cases} \tag{3-70}$$

式（3-70）中，$a_c\approx0.2$。

由动量叶素理论可知，叶素环形扫掠面积上推力 dT 由式（3-59）给出。对该环形控制体积，C_T 的定义为

$$C_T=\frac{dT}{\dfrac{1}{2}\rho v_\infty^2 2\pi r dr} \tag{3-71}$$

将式（3-59）代入，C_T 表达式转换为

$$C_T=\frac{(1-a)^2\sigma_r C_n}{\sin^2\phi} \tag{3-72}$$

将式（3-72）代入式（3-70）中，轴向诱导因子表达式转换为

$$a=\begin{cases}\dfrac{1}{\dfrac{4F\sin^2\phi}{\sigma_r C_n}+1} & a\leqslant a_c\\ \dfrac{1}{2}\left\{2+K(1-2a_c)-\sqrt{[K(1-2a_c)+2]^2+4(Ka_c^2-1)}\right\} & a>a_c\end{cases} \tag{3-73}$$

$$K=\frac{4F\sin^2\phi}{\sigma_r C_n}$$

图3-11、图3-12为利用上述动量叶素理论模型设计的3MW海上风力机叶片轴向和切向诱导因子沿叶片径向分布图，叶片长度为47.5m。

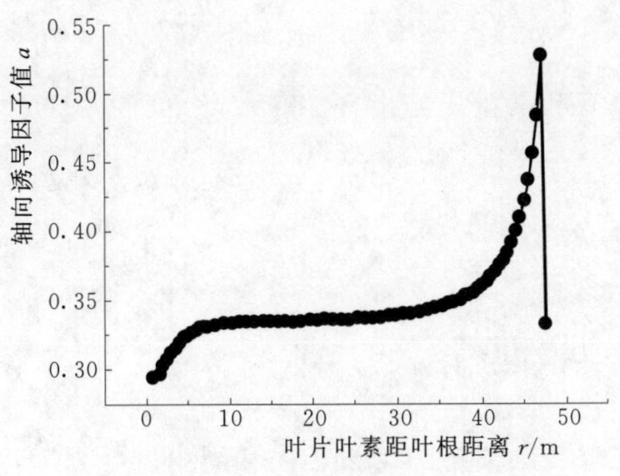

图 3-11　叶片轴向诱导因子分布图

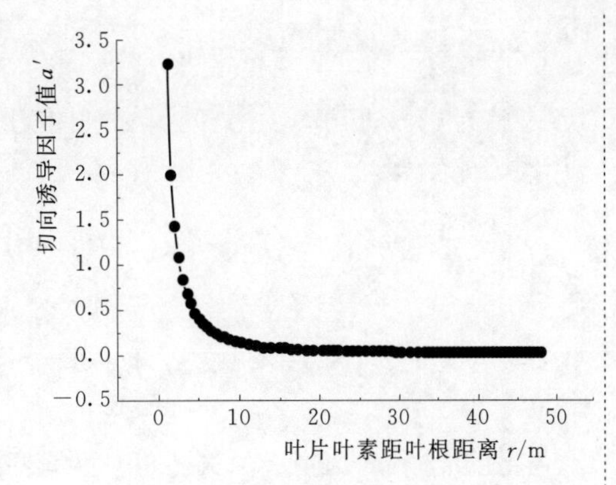

图 3-12　叶片切向诱导因子分布图

3.3.5　功率计算

对叶片 N 份叶素进行动量叶素理论计算，可获取每份叶素中所代表的叶形轴向和切向载荷分布，经过适当假定也能计算叶片机械功率、推力和叶根弯矩等气动性能。

假定叶片半径 $r_i \sim r_{i+1}$ 间叶素上切向力 $p_{T,i}$ 为线性分布，如图 3-13 所示，则 $p_{T,i}$ 为

$$p_T = A_i r + B_i \tag{3-74}$$

$$A_i = \frac{p_{T,i+1} - p_{T,i}}{r_{i+1} - r_i}$$

$$B_i = \frac{p_{T,i} r_{i+1} - p_{T,i+1} r_i}{r_{i+1} - r_i}$$

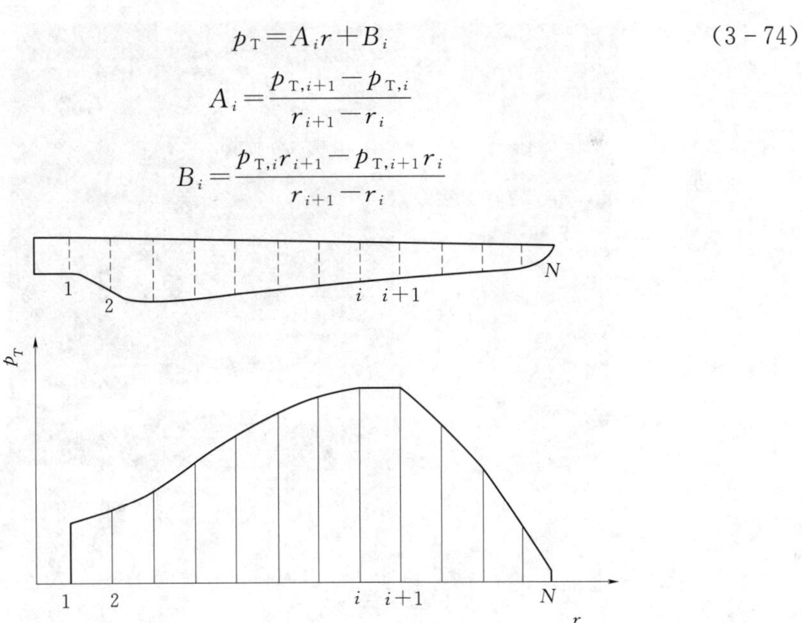

图 3-13　叶素间载荷线性分布图

长度为 $\mathrm{d}r$ 的叶片微元上转矩 $\mathrm{d}Q$ 为

$$\mathrm{d}Q = r p_T \mathrm{d}r = (A_i r^2 + B_i r)\mathrm{d}r \tag{3-75}$$

对叶片半径 $r_i \sim r_{i+1}$ 之间部分转矩进行积分，即 $Q_{i,i+1}$ 为

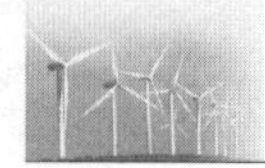

$$Q_{i,i+1}=\int_{r_i}^{r_{i+1}}(A_i r^2+B_i r)\mathrm{d}r=\frac{1}{3}A_i(r_{i+1}^3-r_i^3)+\frac{1}{2}B_i(r_{i+1}^2-r_i^2) \tag{3-76}$$

整台风力机功率输出即为单根叶片上所有叶素扭矩输出叠加并乘以角速度和叶片数，即

$$P=B\omega\sum_{1}^{N-1}Q_{i,i+1} \tag{3-77}$$

3.4 叶片涡理论

动量叶素理论定义风力机叶片风能的获取和轴向推力为以轴向和周向诱导因子为自变量的函数。风力机叶片长度有限，在假设叶片气动模型中使用二维翼型数据时，需要考虑叶片两端产生的气流漩涡和气流在展向存在的轻微扰动，即利用轴向和周向诱导速度对相应叶素翼型攻角进行修正。

3.4.1 有限翼展机翼的漩涡系统

在无限翼展机翼中，垂直于机翼横轴所有剖面上的流动都是一样的。然而，在运行的有限翼展机翼中，气流流动存在明显的三维效应，图3-14为有限翼展机翼三维流动效应图。

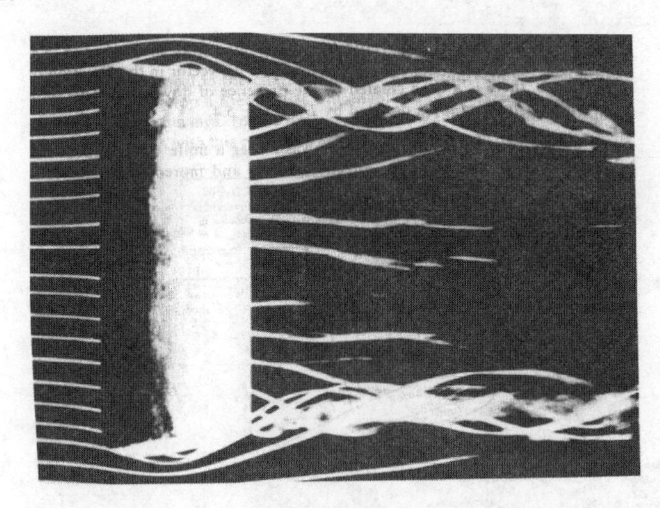

图3-14 有限翼展机翼三维流动效应图

由于展现气流扰动的存在，机翼上各断面气压存在差异，单位展长升力向机翼端部递减，如图3-15所示。

由于有限翼展的机翼表面气流三维流动，机翼上下表面的压力差在翼梢处自行调整，即产生翼梢绕流。这种绕流使机翼上部的流线向内偏斜，机翼下部流线向外偏斜，如图3-16（a）所示。在机翼后汇合的流线方向是不同的。这些流线形成一个在机翼上表面向内流动，机翼下表面向外流动的所谓分离面，如图3-16（b）所示。

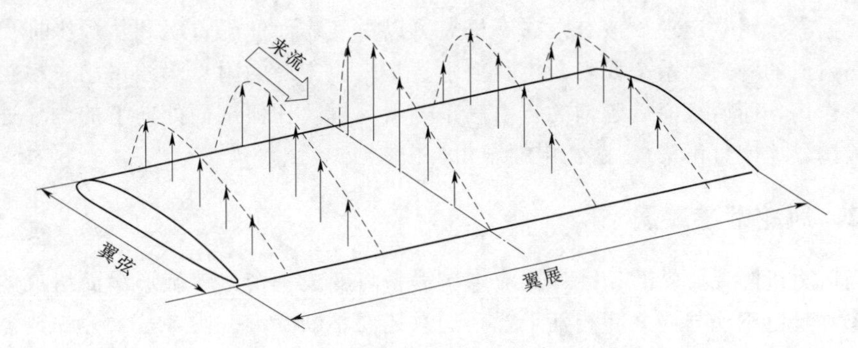

图 3-15　有限翼展机翼表面升力分布图

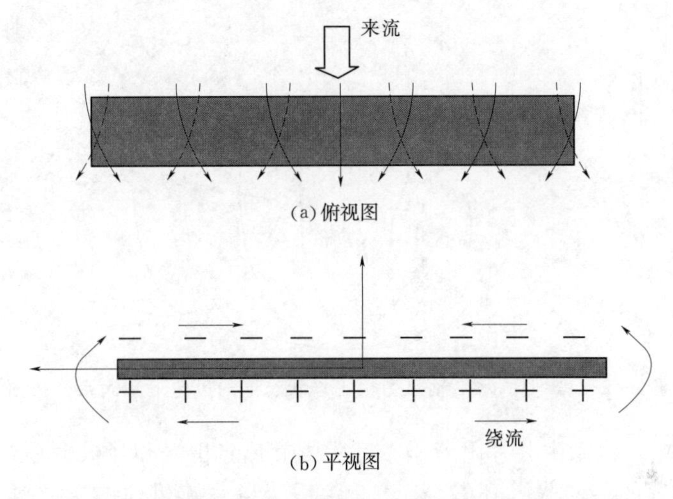

图 3-16　流经机翼上下表面流线图

分离面在后缘处卷起许多沿展向分布的流向涡，在端部卷起两个向内部旋转，方向相反的分离漩涡，其转轴与迎面气流方向几乎重合。这两个漩涡具有相同的环量强度 Γ，这样，在机翼后便产生两个由翼梢发出的所谓自由涡。它们同附着涡一起形成“马蹄涡系”，如图 3-17 所示。

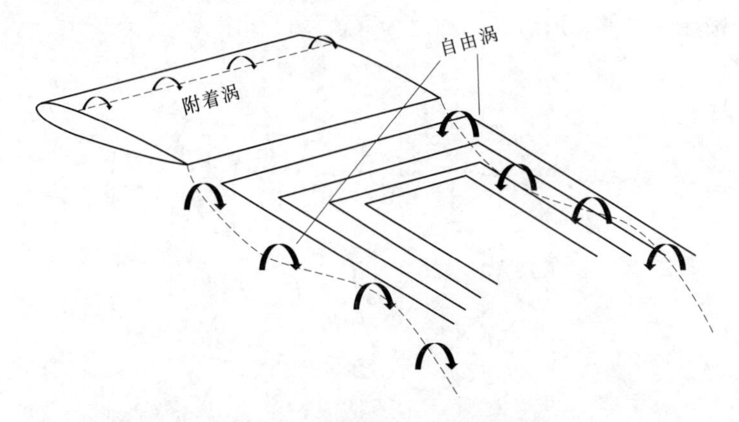

图 3-17　有限翼展上涡系简化图

根据赫姆霍兹定理，该有限翼展机翼可以由其表面的附着涡和从后缘拖曳出来的尾涡组成的马蹄涡系来代替。机翼上垂直于来流方向的附着涡线可用来模拟机翼的升力作用，而后缘向后延伸的自由涡系可引起机翼任何剖面处向下的诱导速度分量。该诱导速度可由毕奥-萨瓦定律求得。

风轮下游旋涡系

3.4.2　风轮下游旋涡系

当风力机叶片旋转时，叶片尾流中漩涡系将变成一个由螺旋形涡面组成的复杂涡系，并且由于涡与涡之间相互干扰，涡系还要不断变形。图 3－18 为一典型的水平轴风力机工作状态下的风轮下游涡系分布图。

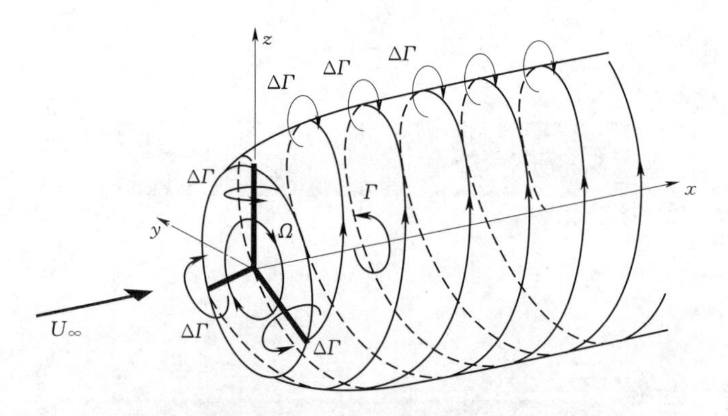

图 3－18　典型的水平轴风力机工作状态下的风轮下游涡系分布图

图 3－18 中，涡系由叶片附着涡、叶尖螺旋形自由涡和叶根中心涡三部分组成。每个叶片有相同的径向附着环量 $\Delta\Gamma$。叶尖后缘以来流风速向下游延伸强度为 $\Delta\Gamma$ 尾涡，形成叶片数个螺旋形涡线。如果风轮叶片数无限多，但是实度一定时，则叶片尖部延伸的尾涡将形成一个管状的螺旋形涡面。另外，每个叶片根部（与转轴交合），强度为 $\Delta\Gamma$ 的线涡沿着转轴向下游发展，形成根部漩涡。根据动量理论，当流管内的尾流沿轴向速度下降时，这个涡管会在径向发生膨胀。

为了简化计算，可以近似假设管状涡面直径不变，即从叶片尖部后缘延伸的尾涡形成一个圆柱状的螺旋形涡面，称之为涡流柱，如图 3－19 所示。

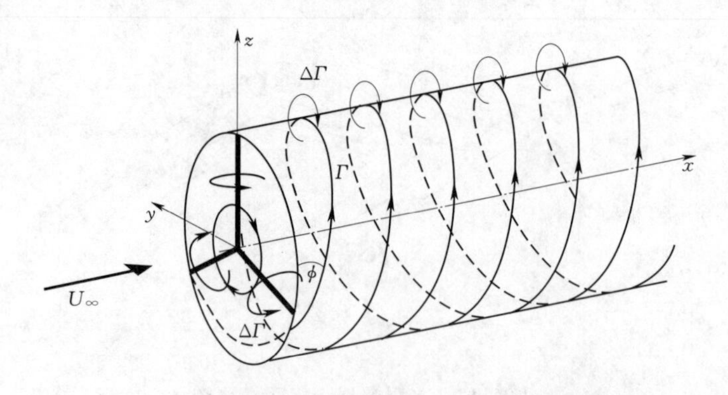

图 3－19　忽略尾流膨胀的简化螺旋涡流模型图

图中漩涡集中在涡流柱表面，并按螺旋状路线以螺旋角 ϕ 向下游延伸，该螺旋角与叶片叶尖处入流角 ϕ_t 一致。单位长度上螺旋形涡线的强度为

$$g=\frac{\mathrm{d}\Gamma}{\mathrm{d}n} \tag{3-78}$$

式中 n——涡流柱表面 $\Delta\Gamma$ 的法线方向。

平行于风轮旋转平面的分量为

$$g_\theta=g\cos\phi_t \tag{3-79}$$

根据式（3-79），风轮旋转平面上轴向诱导速度是均匀的，则由毕奥-萨瓦定律（Biot-Savart）求得其表达式为

$$v_a=-\frac{g_\theta}{2}=-av_\infty \tag{3-80}$$

在涡流柱的远尾处，轴向诱导速度也是均匀的，其表达式为

$$v_w=-g_\theta=-2av_\infty \tag{3-81}$$

两处诱导速度表达式与采用一维动量理论推导式一致，证明了该涡流柱理论的有效性。

所有叶片上总的环量为 Γ，当风轮旋转一周后，该环量以均匀速率流入尾流中，则

$$g=\frac{\Gamma}{2\pi R\sin\phi_t} \tag{3-82}$$

将式（3-82）代入式（3-79），可得

$$g_\theta=\frac{\Gamma\cos\phi_t}{2\pi R\sin\phi_t}=\frac{\Gamma\Omega R(1+a_t')}{2\pi Rv_\infty(1-a)} \tag{3-83}$$

由式（3-83）和式（3-79）可推出总环量 Γ 与诱导速度关系为

$$\Gamma=\frac{4\pi v_\infty^2 a(1-a)}{\Omega(1+a_t')} \tag{3-84}$$

与叶尖漩涡一样，叶片根部同样存在漩涡流，每个根漩涡是从风轮旋转中心向下游延伸的线涡。所有的根漩涡旋转方向相同，由此形成拥有一个核心，总强度为 Γ 的涡流。尾流区的圆周向诱导速度，特别是风轮圆盘处的周向速度是由根漩涡引起的。在风轮圆盘处，根据毕奥-萨瓦定律，周向诱导速度为

$$a'=\frac{\Gamma}{4\pi r^2\Omega} \tag{3-85}$$

该表达式也可以由动量理论推出。根据动量矩方程：穿过半径 r 处，径向宽度为 $\mathrm{d}r$ 的环形面的气流角动量变化率等于作用在该环形域上转矩增量，见式（3-35）。根据库塔-儒科夫斯基原理，每单位径向宽度上的升力为

$$L=\rho(W\times\Gamma) \tag{3-86}$$

其中，$W\times\Gamma$ 为矢量积。等量关系为

$$\frac{\mathrm{d}}{\mathrm{d}r}Q=\rho W\times\Gamma r\sin\phi=\rho\Gamma rv_\infty(1-a) \tag{3-87}$$

将式（3-85）代入，可得

$$a'=\frac{\Gamma}{4\pi r^2\Omega} \tag{3-88}$$

进而

$$a'_t=\frac{v_\infty^2 a(1-a)}{\Omega^2 R^2(1+a'_t)}=\frac{a(1-a)}{\lambda^2(1+a'_t)} \tag{3-89}$$

该式与由一维动量理论推出的式（3-83）相比较不完全相同，主要原因是该涡流柱模型忽略了尾流膨胀效应。

由式（3-87）和式（3-84）可得

$$\frac{dQ}{dr}=\frac{1}{2}\rho v_\infty^3 2\pi r\,\frac{4a(1-a)^2}{\Omega(1+a'_t)} \tag{3-90}$$

则转矩可表示为

$$Q=\int_0^R\frac{dM}{dr}dr=\frac{1}{2}\rho v_\infty^3\pi R^2\,\frac{4a(1-a)^2}{\Omega(1+a'_t)} \tag{3-91}$$

功率表达式为

$$P=\Omega Q=\frac{1}{2}\rho v_\infty^3\pi R^2\,\frac{4a(1-a)^2}{1+a'_t} \tag{3-92}$$

风能利用系数可表示为

$$C_P=\frac{4a(1-a)^2}{1+a'_t}=4a'_t(1-a)^2 \tag{3-93}$$

三风轮风力机叶片

与由一维动量理论推出的风能利用系数 $C_P=4a(1-a)^2$ 相比，这里的风能利用系数有所损失。主要原因是当考虑风能尾流旋转时，需要消耗一部分能量，用以平衡旋转流动时产生的离心力所引起的压力梯度而造成的静压损失。

双风轮风力机叶片

3.5　现代风力机叶片外形设计

风力机叶片设计的目标是尽可能获取最大风能，保证叶片在有效的使用寿命内抵抗疲劳载荷和各种静态载荷，同时降低材料、制作和运输成本。

3.5.1　风力机运行环境

通常叶片设计的出发点是基于风力机上游恒定的轴向风速和稳定的运转状态。根据风力机转速和来流风速关系，翼型的二维气动数据便可以用来进行风力机叶片设计和气动性能分析。例如，某一主流的陆上 1.5MW 风力机，叶片长度为 37.5m，其设计出发点，即额定风速为 11.5m/s，额定转速为 19r/min。然而实际工作状态下的风力机通常运行在其他工况，如非设计工况、非均匀流场和非稳定流场。由于风速突变和控制系统对风力机的调整，风力机常按不同叶尖速比运行，如 5m/s 来流风速和 15r/min 的转速，或是 25m/s 风速和 20r/min 的转速等非设计工况。旋转风轮也有可能引起叶片上气流的径向流动，使叶片周围流体相对流动呈现明显的三维特征，尤其是轮毂部分；非均匀流场是指近地风速轮廓线导致风力机风轮上存在明显的风剪切效应。风力机也有可能运行在偏航状态下。另外，风力机前方山丘、

建筑物和其他风力机也会影响流场的均匀性；非稳定流场是指风力机在千变万化的自然环境中工作，叶片上的气动效用受到大气紊流、大气边界层效应的影响。同时，处于风电场中的风力机还受到上游风力机尾流以及自身塔架的干扰。

3.5.2　风力机叶片设计趋势

水平轴风力机具有一到多个叶片，每根叶片由一系列翼型沿扭转中心分布。翼型类型、弦长和扭角分布决定了风力机叶片在特定情况下的气动性能。现代大型风力机叶片在这三方面的改进历经数十年。在20世纪80年代，风力机叶片设计的主要目标是在给定若干翼型情况下，设计出具有在额定工况下高功率输出的风力机叶片。设计的理论依据是动量叶素理论。然而风力机大部分时间运行在非设计工况下，其功率输出也偏低。在20世纪90年代，风力机叶片设计具有地域特性。在给定风场风速分布的前提下，设计者将风力机调控策略加进了叶片设计中，因此一系列变桨距的风力机在各运行工况下都具有了较高的风能输出。而最近，风力机叶片设计目标是在维持较高风能输出前提下尽可能降低叶片成本投入。各种多目标设计方法被提出。这些方法都综合引入了叶片空气动力学模型、结构动力学模型以及成本模型等，因此现在最新设计的风力机相比于早期风力机虽牺牲了少量的风能最大输出，但是气动载荷降低了接近10%，并且总的设计成本也大大降低。图3-20对比了20世纪80年代风力机叶片与现代风力机叶片的结构差异。

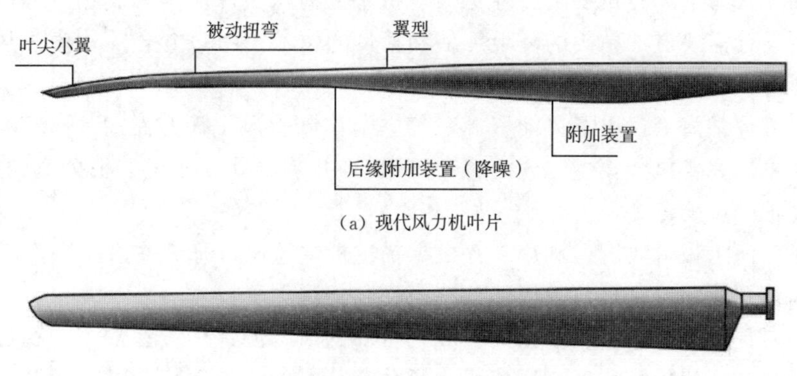

(a) 现代风力机叶片

(b) 20世纪80年代风力机叶片

图3-20　20世纪80年代至今的风力机叶片创新图

3.5.3　海上风力机叶片设计新挑战

海上风力机叶片遭遇强对流天气

作为最具有发展前景的新能源，风力发电能在提供源源不断电能的同时能极大地降低环境污染。但一座风力机的建立面临高昂的运输、安装费用，并且占据土地资源和对人类赖以生存的陆地环境造成一定影响。相比于陆上风力机，海上风力机具有许多得天独厚的优势。

世界上第一座海上风力机于1991年在丹麦组装成功，随后各国商业化的海上风力机组陆续在浅海区域建立并网发电。随着海上风电桩基技术的发展，最新的深

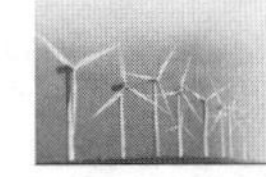

海风力机组必将投入使用，成为风力发电研究热点。

对于风力机而言，风能的获取取决于空气密度、风速和风轮扫掠面积，即

$$P(W)=\frac{1}{2}\rho\pi R^2 v_\infty^3 \tag{3-94}$$

式（3-94）中，空气密度与风能呈线性关系。对海上风力机而言，由于正处于海平面上，气压相对于陆地或是山上较大，因此海上风力机周围空气密度略大于陆上空气密度。

叶片长度与蕴含风能呈二次方关系。欧美正进行着海上风力机叶片巨型化竞赛。德国西门子公司正在研发75m长的碳纤维巨型叶片，投入运行后，单机就能满足欧洲6000个家庭电力消耗。开发大功率、大直径风力机是海上风力机发展趋势。

由式（3-88）可看出，风速和风能获取呈三次方关系，风速的大小对风能的获取至关重要。海上风况优于陆上，风流过粗糙的地表或障碍物时，风速的大小和风的方向都会发生变化，而海面粗糙度较小，距离海岸10km的海上风速通常比沿岸陆上高出25%。同时海上风湍流强度小，具有稳定的主导风向，机组承受的疲劳载荷较小，并且偏航运行的时间较之陆上要少。海上风切变较小，因此塔架可以设计得较短。

风力机叶片是有效捕获风能最直接、最关键的部件。已经成功运营的海上风场证明现代风力发电技术能够在恶劣的海上环境将大量的风能转变为人类需求的电能。然而新一代海上风力机要求尺寸更大、桩基处海水更深。未来成熟可靠的海上风力机叶片设计需要更加精确的环境评估和精良的技术。1999年，英国海上风能协会对海上风力机组设计提出了若干建议：

（1）详细评估海上风电场风能资源。确立沿岸陆上风资源与距海岸30km处风资源影响关系，完善风能模型（含湍流和阵风），并确定其日变化与长久变化图谱。分析风对海浪的影响。

（2）预测海上极端风况。利用现存数据描述极端风速与海浪关系。

（3）风能预测。改进现行的风能预测模型和预测手段。

（4）针对局部风能资源难以预测区域，可靠的风资源评估方法如下：精准预测竖直方向风速和湍流轮廓线；对风资源和风载荷分析，从长远角度需转嫁到对风力机经济效益和寿命的评估，从短期角度要用分析结果来改进预报模型；未来风能预报需结合气象信息，做到对数日后的风能输出做出准确预测。

（5）评估和预测海上风场中尾流效应对风力机风能输出和载荷的影响。

3.6 CFD法在叶片设计中的应用

CFD技术在风力机叶片中的应用

风力机运行环境复杂多变，其气动性能受到各种自然因素的影响。基于稳态均匀流场的动量叶素理论在叶片设计初期发挥了重要作用。然而随着风力机单机容量的增大，许多根据动量叶素理论开发的软件和程序不能有效地预测风力机叶片性能，更不能对叶片气动外形进行修正。这里介绍水平轴风力机气动性能计算中存在

的若干动量叶素理论不能有效解决的关键问题。

3.6.1 风力机气动性能计算中存在的关键问题

1. 静态失速和三维旋转效应

静态失速是翼型分析中典型的气动现象。当攻角大于临界攻角时，层流发生分离，翼型升力系数骤然下降，即发生了失速现象。由于是在稳态状况下发生，故称静态失速。目前大型风力机转速比较低，当存在大风或者偏航情况时，失速现象就会发生。特别是失速控制型风力机，经常会运行在失速区，因此失速后叶片性能分析就尤为重要。由于叶片设计的基础是对翼型气动性能的准确计算，而实际上风力机叶片运行于三维旋转状况下，从而出现了一种被称为失速延迟的现象，即叶片表面的流动分离点向叶片后缘处移动，造成了翼型的气动性能与二维情况不同，甚至在二维情况下出现的失速现象在旋转状态下并未出现。图3-21（a）为某翼型在攻角为26.9°，相同入流速度下，在旋转状态和平流状态时平面内速度流线分布。图中旋转效应稳固了漩涡剥落，并且失速点向后缘偏移。图3-21（b）为两个状态下翼型压力系数分布，叶片压力面和吸力面间系数包围面积即为翼型单位长度升力。

早期水平轴风力机设计和性能预估方法是以二元风洞翼型实验数据和动量叶素

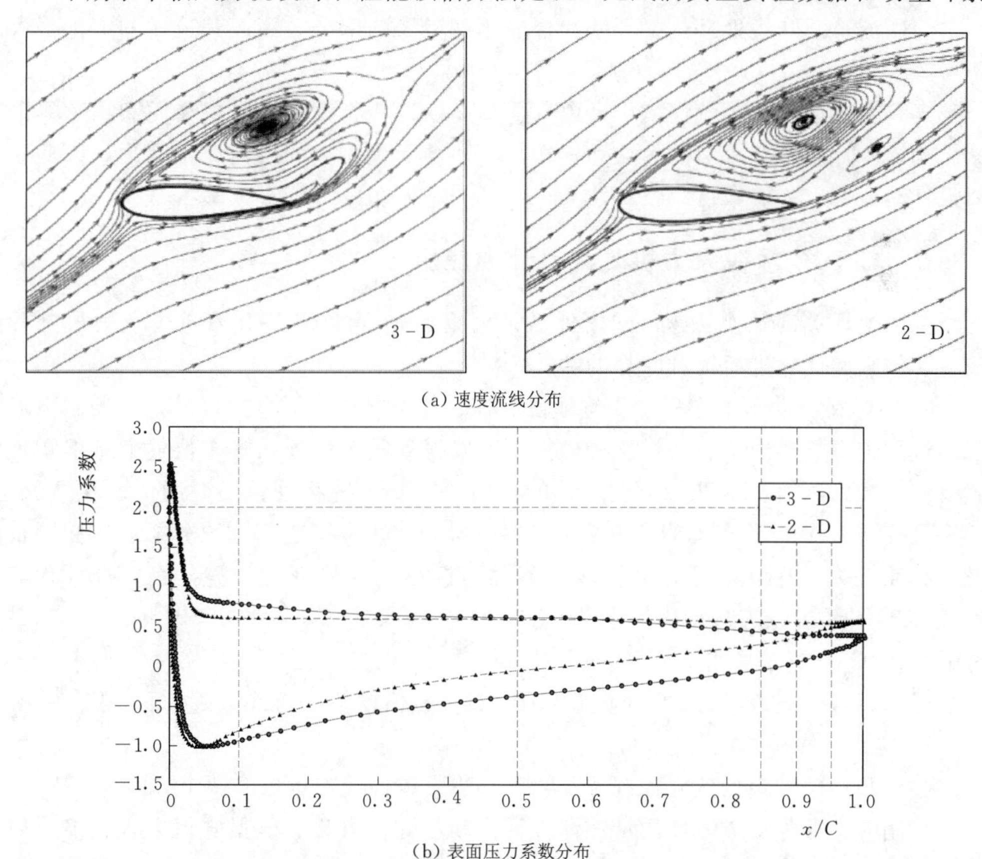

(a) 速度流线分布

(b) 表面压力系数分布

图3-21　旋转和平流状态速度流线分布和翼型压力系数分布对比

理论为基础。然而二元风洞实验得到的翼型气动性能与实际的运行结果并不一致。在低风速下这种差别并不明显，但在高风速下风力机输出功率的实测值要比设计值高很多。即采用早期的方法通常低估了实际风力机的电能输出。美国国家可再生能源实验室曾设计出的风力机其功率设计值与实测值之间存在15%～20%的偏差。

2. 动态失速

动态失速属于非定常空气动力学问题，是指在来流攻角快速变化的过程中，翼型所表现出的与风洞实验完全不同的气动特性，其产生的气动力远远超过了稳态时的值。其产生机理要比静态失速复杂得多，动态失速时翼型表面流动分离点的位置与稳态时完全不一致。动态失速呈现明显的非线性，流动分离十分严重，其对风力机的影响是多方面的。美国国家可再生能源实验室组织的盲比试验结果显示，当风力机运行在失速状态下时，大部分用于计算功率输出的模型都有不足之处，与实验相比相差50%～200%。

3. 其他方面

除了静态失速和动态失速外，叶片尖部能量损失和叶片表面粗糙度也是影响水平轴风力机运行性能的两个因素。由涡流理论可知，旋转的风力机叶轮在下游形成了两个主要的涡流区：一个在轮毂附近；一个在叶片尖部。气流掠过叶尖时会形成一定的回流，而叶尖处又是整个叶片合成速度最大的部分，因此其造成的能量损失不可忽视。

当风力机运行在自然环境中，由于受到腐蚀、沙石撞击、昆虫粪便和结冰等因素影响，叶片表面有较多的污垢和损伤。叶片会受到过大的气流摩擦阻力，因此会降低气动效率。

3.6.2　CFD技术在风力机叶片设计中应用

鉴于上述关键气动问题，国内外已采用更加先进的CFD技术进行风力机叶片设计、仿真和优化进而提升叶片的功效。

CFD是在流动基本方程（质量守恒方程、动量方程、能量守恒方程）控制下对流动过程进行数值模拟。通过这种模拟，可以得到复杂流场内各个位置上基本物理量（如速度、压力、温度、浓度等）的分布，以及这些物理量随时间的变化情况。CFD是除理论分析和实验测量方法之外又一种技术手段，它与理论分析、实验测量三者相互补充，相互促进，共同构成流动、换热问题研究的完整体系。此外，与CAD结合，还可以进行结构优化设计。

3.6.2.1　CFD方法应用步骤

采用CFD方法对风力机周围流体流动进行数值模拟，通常包括如下步骤。

1. 建立数学模型

建立数学模型包括建立控制方程和确立边界条件及初始条件两个方面。

控制方程分为流体域内质量守恒方程、动量守恒方程、能量守恒方程、组分质量守恒方程以及湍流控制方程。

边界条件是在求解区域的边界上所求解的变量或其导数随地点和事件的变化规

律，对任何问题都需要给定边界条件。

初始条件是所研究风力机和其周围流场计算域在过程开始时刻各个求解变量的空间分布情况。对瞬态问题，必须给定初始条件；对稳态问题，则不需要初始条件。

2. 确定离散化方法

确定离散化方法包括划分计算网格、建立离散方程和离散边界条件及初始条件三个方面。

采用数值方法求解控制方程时，首先将控制方程在空间区域上进行离散，然后对得到的离散方程组进行求解。在空间域上离散控制方程，必须使用网格技术。不同问题采用不同数值解法时，所需网格形式有一定的区别。网格划分分为结构网格和非结构网格两大类。

由于所引入的应变量之间的分布假设及推导离散化方程的方法不同，形成了有限差分法、有限元法、有限体积法等相同类型的离散化方法。图3-22为某一水平轴风力机叶片的结构化网格划分效果图。

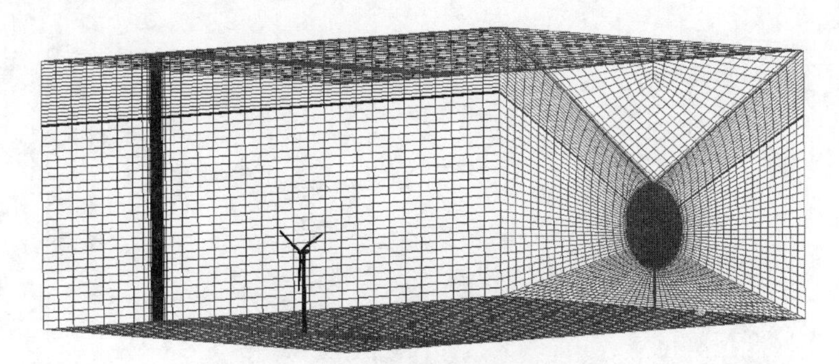

(a) 风力机流场域网格

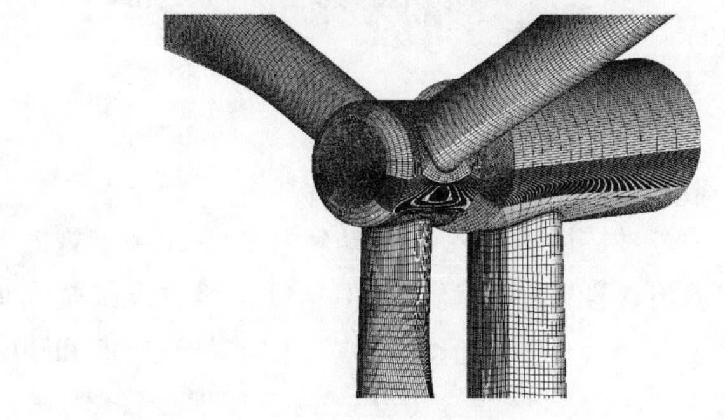

(b) 风力机机身网格

(c) 叶片网格

图3-22　某一水平轴风力机叶片的结构化网格划分效果图

3. 对流场进行求解计算

流场计算包括给定求解控制参数、求解离散方程和判断解的收敛性三个方面。

在离散空间上建立离散化的代数方程组，并施加离散化的初始条件和边界条件后，还需要给定流体的物理参数和湍流模型经验系数等。此外，还要给定迭代计算的控制精度、瞬态问题的时间步长和输出频率等。

对于稳态问题的解，或瞬态问题在某个特定时间步长的解，往往要通过多次迭代才能得到。有时因为网格形式或网格大小、对流项的离散插值格式等原因，可能导致解的发散。对于瞬态问题，若采用显示格式进行时间域上的积分，当时间步长过大时，也可能造成解的振荡或发散。因此，在迭代过程中，要对解的收敛性随时进行监视，并在系统达到指定精度后结束迭代。

4. 显示计算结果

通过上述求解得出各计算节点上的数值解后，需要通过适当的方式将整个计算域上的结果表示出来。具体可采用线值图、矢量图、等值线图、流线图、云图等方式对计算结果进行表示。图 3－23 为某一风力机尾流速度等值面图。

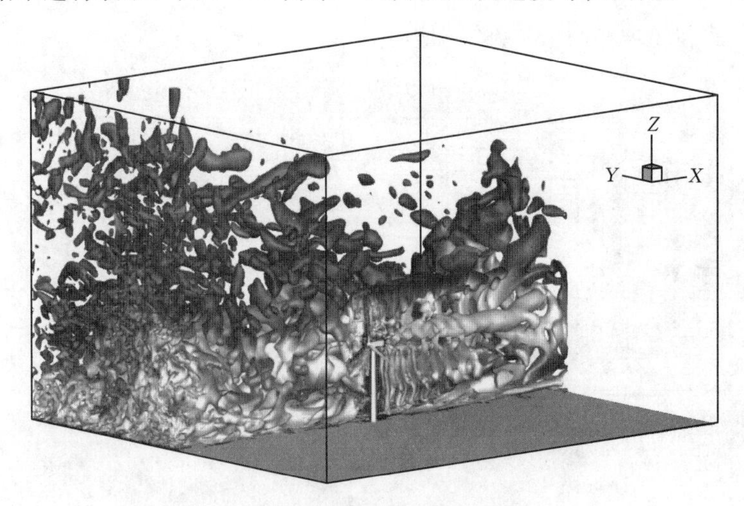

图 3－23　某一风力机尾流速度等值面图

3.6.2.2　CFD 在翼型气动性能中的研究

在风力机叶片设计中，准确掌握翼型的气动特性对设计者而言非常重要，错误的气动力系数分布导致风力机性能的错误预测。然而，很难准确全面地获得全部实验数据，这时必须依赖于数值计算。数值计算方法从早期的势流和边界层耦合方法发展到现在求解 N－S 方程的全湍流计算方法。目前依然是需要深入研究的领域，还没有一种模型能够真实反映各种翼型气动特性。

目前关于采用求解 N－S 方程的 CFD 方法研究翼型气动性能的主要工作集中在翼型边界层转捩、动态失速方面。但在这两方面 CFD 计算值与实验值还存在差距，具体表现在流体未分离时大部分的气动计算结果和实验测试值吻合良好。而当流动分离时，模拟结果就不理想。针对这一点，研究者进行了大量分析计算，但大部分都在影响流动分离的湍流模型上进行研究工作。

3.6.2.3　CFD 在风力机气动性能中的研究

随着计算机技术和空气动力数值方法的不断发展，CFD 方法在风力机气动性能

分析和优化设计中发挥着日益重要的作用，并正成为国内外风电领头企业整机产品研发中不可或缺的工具。同时，CFD方法还可以用于包含整机的复杂地形风资源模拟及风场的模拟。但就目前的计算机水平而言，仍达不到准确预测的效果。而且在风切变、塔影及偏航等非定常流动现象的模拟时对计算资源需求量大，另外流场区域的网格划分质量仍存在一定的随机性，且现在还没有能比较准确模拟旋转机械运动时出现的动态失速湍流模型。

总结CFD方法中风力机叶片数值模型的研究现状，主要包括湍流和转捩模型、计算域尺度、网格尺寸和风轮计算模型等。

1. *湍流和转捩模型*

大量文献研究表明，风力机上应用最为广泛、结果最可靠的湍流模型是Baldwin-Barth模型、S-A模型和$k-\omega$SST模型。然而当流动发生失速后，大部分湍流模型均不能很好地对气动性能进行预测。对此，较为先进的直接数值模拟（direct numerical simulation，DNS）可获得对流场精确的描述，但需要很小的时间和空间步长，对计算机的运算速度和内存容量要求很高，目前DNS的计算只能应用于层流和较低雷诺数的湍流流动的求解，尚不能模拟高雷诺数的流动。

叶片运行环境复杂，叶片边界层时刻发生转捩。结合几种类型转捩发生条件，可知自然转捩、Bypsaa转捩、分离流动转捩和再层流转捩是风力机叶片上可能发生的主要转捩形式。由于转捩能够显著影响边界层增长和流动作用力，忽略转捩作用，失速前通常会低估升力系数、高估阻力系数，并计算出错误的失速攻角。对于分离型转捩，甚至会忽略整个流动分离的过程。因此，在风力机气动性能计算中准确预估转捩，对于计算精度的提高至关重要。

2. *计算域尺度、网格尺寸*

目前，人们对于CFD结果可信性的评估常常采用验证和确认的方法。验证是评估计算模拟是否精确地表示了概念模型，或者确定是否正确地求解了数学模型。常用的方法是检测当网格尺寸趋于0时，由求解离散方程的程序所得到的解是否与微分方程所得到的解一致，即把数值计算值与解析解对比。确认是检测计算模拟是否描述了真实的物理问题，或者检测是否求解了合适的方程组，常用的方法是与实验数据进行比较。

对于CFD技术的运用，除了要了解数值解的离散误差、收敛误差、截断误差和编程错误外，还要熟知所采用的软件中数学模型是否与所研究的物理模型一致。例如有黏/无黏、定常/非定常、湍流模型、多相流动、化学反应。特别是由于计算机的限制，人们在进行数值计算时常常对所研究的问题进行简化，例如几何模型的简化（如忽略间隙、迷宫、蜗壳等流动域）、物理模型简化（如理想气体假设、轴对称假设、无黏假设、边界层假设、定常假设、忽略边界层转捩和冷却、放气等）以及边界条件近似（如均匀进出口流动、忽略壁面热传导等）都会带来模型误差。实验数据往往是在一台模型机或实验机器上得到的，原则上，其计算域要尽可能与实际机器一致。对风力机进行CFD数值模拟时，工程师们往往对整机的一部分，如用一只叶片来模拟整个风轮。这样的简化会减少计算网格数目和计算时间，但是在做这些简化时必须慎重地选取和设计计算域，清楚这些简化所带来的影响。

3. 风轮计算模型

目前，大部分的叶片气动性能计算和分析是在忽略了机舱的完全叶片模型基础上进行的。这是因为风力机叶片根部通常采用圆柱段向翼型部分过渡的型式。尽管已经出现了由轮毂直接连接翼型部分的叶片设计，但由于连接尺寸和刚度的限制，目前这一设计还没有得到广泛应用。这样，来流风在绕流圆柱段时产生大尺度的流动分离，使得根部对风轮功率的贡献很小。同时，通常认为风力机机舱主要影响叶片根部流动，因而对于气动功率和载荷计算的影响可以忽略。事实上，机舱的存在不仅影响根部流动，根部流动分离的发展和向上传递可能对整个叶片的流场和气动载荷产生影响。

3.6.3 常用CFD软件

CFD的应用与计算机技术的发展紧密相关。CFD软件早在20世纪70年代就在美国诞生，但在我国真正得到广泛应用则是在最近几年。目前，CFD软件已成为解决各种流体流动与传热问题的强有力工具，成功应用于能源动力、石油化工、汽车设计、建筑暖通、航空航天及电子散热等各种科技领域。过去只能依靠实验手段才能获取的某些结果，现在已经可以完全借助于CFD软件的模拟计算来准确获得。

CFD的实际求解过程比较复杂，为方便用户使用CFD软件处理不同类型的工程问题，软件通常将复杂的CFD过程集成，通过一定的接口，让用户快速地输入问题的有关参数。所有的CFD软件均包括前处理、求解和后处理三个基本环节。

为了完成CFD计算，过去用户多是自己编写计算程序，但是由于CFD的复杂性及计算机软硬件的多样性，用户各自的应用程序往往缺乏通用性，而CFD本身又有其鲜明的系统性和规律性，因此比较适合于被制成通用的商业软件。自1981年以来，出现了如PHOENICS、CFX、STAR-CD、FIDAP、FLUENT、FloEFD等多个商用CFD软件。

1. PHOENICS

PHOENICS是世界上第一套计算流体动力学与传热学的商用软件，它是Parabolic Hyperbolic or Elliptic Numerical Integration Code Series的缩写，由研究CFD的著名学者D. B. Spalding和S. V. Patankar等提出，PHOENICS最大限度地向用户开放了程序，用户可以根据需要任意修改添加用户程序、用户模型。第一个正式版本于1981年开发完成。目前PHOENICS主要有Concentration Heat and Momentum Limited（CHAM）公司开发。

2. CFX

CFX是全球第一个通过ISO 9001质量认证的大型商业CFD软件，是英国AEA Technology公司为解决其在科技咨询服务中遇到的工业实际问题而开发的，诞生在工业应用背景中的CFX一直将精确的计算结果、丰富的物理模型、强大的用户扩展性作为其发展的基本要求，并以其在这些方面的卓越成就，作为世界上唯一采用全隐式耦合算法的大型商业软件。算法上的先进性、丰富的物理模型和前后

处理的完善性使ANSYS CFX在结果精确性、计算稳定性、计算速度和灵活性上都有优异的表现，引领着CFD技术的不断发展。目前，CFX已经遍及航空航天、旋转机械、能源、石油化工、机械制造、汽车、生物技术、水处理、火灾安全、冶金、环保等领域，为其在全球6000多个用户解决了大量的实际问题。

3. STAR-CD

STAR-CD是由英国帝国学院提出的通用流体分析软件，由1987年成立于英国的CD-adapco公司开发。STAR-CD这一名称的前半段来自任意区域湍流模拟（simulation of turbulent flow in arbitrary region）。该软件基于有限体积法，适用于不可压缩流和可压缩流（包括跨音速流和超音速流）的计算、热力学的计算及非牛顿流的计算。它具有前处理器、求解器、后处理器三大模块。以良好的可视化用户界面把建模、求解及后处理与全部的物理模型和算法结合在一个软件包中。

4. FIDAP

FIDAP是由英国国际流体动力学（Fluid Dynamics International，FDI）公司开发的计算流体力学与数值传热学软件。1996年，FDI被FLUENT公司收购，目前FIDAP软件属于FLUENT公司的一个CFD软件。

与其他CFD软件不同的是，该软件完全基于有限元方法。FIDAP可用于求解聚合物、薄膜涂镀、生物医学、半导体晶体生长、冶金、玻璃加工及其他领域中出现的各种层流与湍流的问题。它对涉及流体流动、传热、传质、离散相流动自由表面、液固相交、流固耦合等的问题都提供了精确而有效的解决方案。在采用完全非结构网格时，全耦合、非耦合及迭代数值算法都可选择。FIDAP提供了广泛的物理模型，不仅可以模拟非牛顿流体、辐射传热、多孔介质中的流动，而且对于质量源项、化学反应及其他复杂现象都可以精确模拟。

5. FLUENT

FLUENT是由美国FLUENT公司于1983年推出的CFD软件，它是继PHOENICS软件之后的第二个投放市场的基于有限体积法的软件。FLUENT是目前功能最全面、适用性最广、国内使用最广泛的CFD软件之一。

FLUENT提供了非常灵活的网格特性。让用户可以使用非结构网格，包括三角形、四边形、四面体、六面体、金字塔形网格来解决具有复杂外形的流动，甚至可以用混合型非结构网格，允许用户根据解的具体情况对网格进行修改（细化或极化）。

6. FloEFD

FloEFD是由1988年成立于英国的Flomerics公司开发的流动与传热分析软件，属于新一代的CFD软件。

FloEFD能帮助工程师直接采用三维CAD模型进行流动与换热分析，不需对原始CAD模型进行格式转换。FloEFD和传统的CFD软件一样基于流体动力学方程求解。但其关键技术使得FloEFD不同于传统CFD软件，使用FloEFD分析问题更快，鲁棒性更好，结果更准确，并且更容易掌握。

CFD也存在一定的局限性。其最终结果不能提供任何形式的解析表达式，只是

有限个离散点上的数值解，且有一定的计算误差。程序的编制及资料的收集、整理与正确利用，在很大程度上依赖于经验和技巧。由于涉及大量的数值计算，常需要较高的计算机软硬件配置。

数值计算与理论分析、实验观测相互联系、相互促进但不能完全代替。在利用CFD进行风力机分析时，应该注意三者的有机结合，以做到取长补短。

思　考　题

1. 研究风力机气动性能有哪些方法，有什么优缺点？
2. 为什么要对叶素动量理论进行修正，进行了哪些修正？
3. 叶片上的涡是如何产生的？
4. 叶片外形设计的挑战有哪些？

第4章　风力机叶片载荷

在叶片设计中，为了对叶片进行强度分析、结构动力特性分析以及寿命预测，必须对其所受外载荷进行计算。载荷计算是风力机叶片设计中最为关键的基础工作，也是后续风力机组设计、分析的基础。

本章主要探讨风力机叶片所受载荷的分类、来源以及计算方法，并介绍叶片的设计与认证标准。

4.1　载　荷　分　类

各类载荷作用下的风力机事故

根据国际电工委员会（International Electrotechnical Commission，IEC）标准，一台风力机需要在复杂环境下维持20年的有效寿命。对风力机叶片而言，除了由于自身旋转产生的周期性惯性载荷，阵风、风剪切和风速风向变化都会导致叶片载荷的变化。早期的风力机叶片设计，由于叶片尺寸偏小和对风的模拟不完善，并不将载荷对结构的影响放在叶片设计的重要位置，而是将叶片气动效率放在了设计的首位。20世纪80年代以来，随着风力机叶片尺寸的增大和取代金属原料的复合材料叶片广泛使用，风力机叶片的制作和维护成本大大增加，促进了对风电机组部件以载荷为引导的设计研究的发展。在90年代中叶，风力机组的结构动力特性成为研究重点。各种计算软件能较好地分析湍流模型、计算气动载荷、模拟风力机叶片基本动力特征。与此同时，风力机组控制技术，如变桨距、偏航和刹车等也逐渐融入叶片设计之中。

本章中，“载荷”是指叶片在实际运转过程中所承受的力和力矩。风力机叶片载荷主要有以下五大类型。

4.1.1　稳态载荷

稳态载荷是指在相当长的一段时间内载荷不发生明显变化，包括风轮静止和旋转状态。风轮静止时，均匀风速和重力作用在叶片上会产生静态载荷。当风轮旋转时，均匀风速与叶片的作用不仅会产生电机驱动力也会使叶片或其他部件产生稳态载荷。

4.1.2　循环载荷

将风速在风力机风轮扫掠面内的变化而产生的叶片上周期性载荷称为循环载荷，它可以由一些特定参数确定，如轮毂高度、风速、转速和风剪切力等。

4.1.3　瞬态载荷

瞬态载荷是指由于外部突发情况引起的瞬间作用，风力机组做出的即时响应，响应中叶片和其他部件产生振动，但振动不会持续太久。例如风轮刹车，叶片在惯

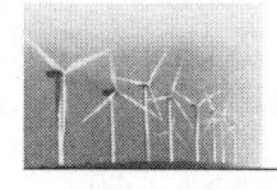

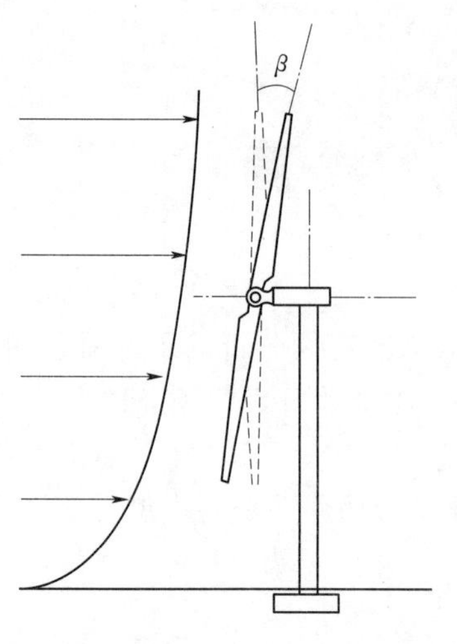

图 4-1　具有“翘翘板”特性的双叶片水平轴风力机示意图

性力作用下产生的应力变化。

冲击载荷也属瞬态载荷，它在载荷时变历程中有显著的峰值。某一典型的冲击载荷为当运转中的下风向风力机叶片经过塔筒时，由于塔影效应，叶片周围流场快速变化，气动力紊乱而产生叶片的大幅抖动。为限制这种风力机部件上载荷波动，轮毂具有“翘翘板”的特性，呈 180°的双叶片链接在轮毂上，允许叶片在旋转平面内向后或向前倾斜几度。叶片的摆动运动可在每周旋转中明显减少瞬态载荷。图 4-1 为具有“翘翘板”特性的双叶片水平轴风力机示意图。在剪切风作用下，叶片受力不匀称，轮毂处柔性铰链自动调整风轮倾角 β。

4.1.4　随机载荷

由于短时间内风速波动而引起的风力机叶片产生随机载荷，常见的引起随机载荷原因是空气湍流，随机载荷只能通过概率分布来进行预测。由于叶片不是完全刚性的，所以随机的风力载荷会引起叶片以某种固有频率振动。

4.1.5　共振激励载荷

风力机组易受到某些动态载荷激励，当这些动态载荷与叶片某一阶（甚至某几阶）固有频率一致或比较接近时，叶片结构将发生共振，这时一定的激励将会产生更大的响应，使叶片产生振动疲劳问题。

风力机载荷来源示意

4.2　载　荷　来　源

根据风力机叶片自身特征和运行环境，其所受载荷来源分为空气动力载荷、重力和惯性载荷、操作载荷和动态交互作用。图 4-2 为水平轴风力机叶片在自然风和机械操作作用下所受的各种载荷示意图。

下面将对各种载荷源对风力机叶片产生的应力加以分析和讨论。

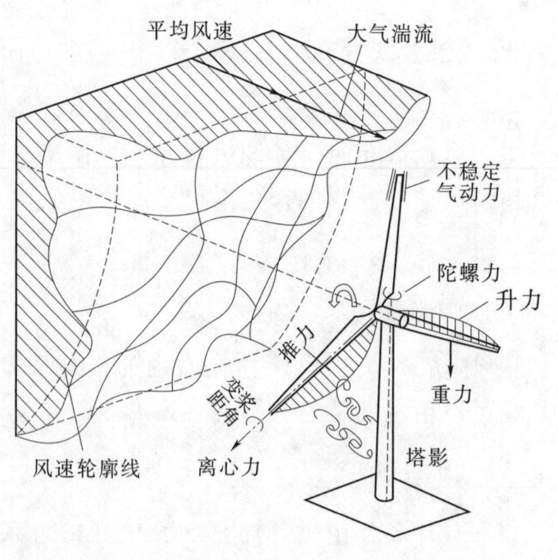

图 4-2　水平轴风力机叶片所受载荷示意图

4.2.1　均匀稳定气流

早期的风力机叶片设计基于稳定均匀流场假设，最典型的例子是

动量叶素理论。虽然大气环境中不存在这样的流场，但是该假设为计算叶片在长期运转期间产生的平均应力提供最为便捷的手段。在稳定均匀流场假设中，叶片的气动载荷取决于风轮转速和风速，根据动量叶素理论，转速和风速的合成速度 W 和局部攻角 α 沿叶片径向位置变化。

图 4-3 为某一风力机叶片在稳定均匀流场内切向（平行于风轮旋转平面）载荷分布，图 4-4 为该风力机叶片法向（垂直于风轮旋转平面）载荷分布。图中，叶片在额定风速（12.2m/s）和额定转速（21r/min）时，叶片切向力分布均匀。而在切出风速时（24m/s），叶片在叶肩处（弦长最大位置）切向力达到峰值，同时叶片大部分翼型进入失速状态，法向力向叶尖处逐渐减小，甚至出现相反的力，但是叶肩处法向力值也较大。因此在极端风况时，叶肩处应力应变值较大，易出现开裂和破坏。

当来流风速在额定风速或低于额定风速时，叶片尖部出现了较大的法向力，易

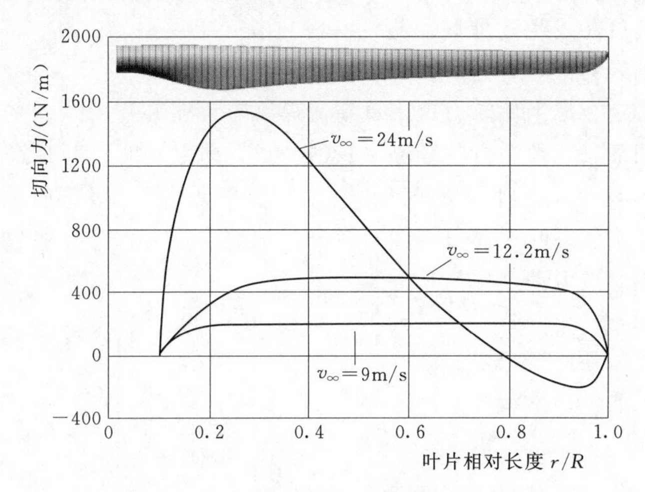

图 4-3　风力机叶片切向载荷分布图

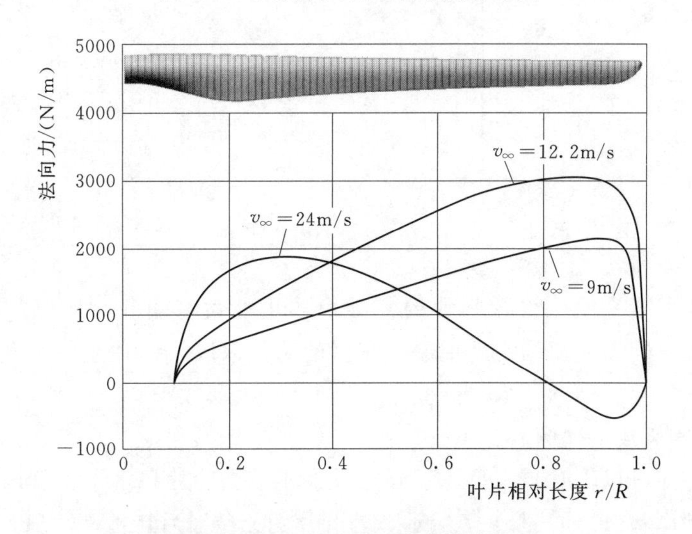

图 4-4　风力机叶片法向载荷分布图

造成叶片屈曲失稳，因此在叶片结构设计时，应加强该部位结构设计。对上述切向和法向载荷沿叶片径向积分可分别得到叶片转动力矩和法向力矩。

4.2.2　风切变与偏航误差

自然界各种复杂风况中，对风力机偏航载荷产生影响的以风轮附近水平方向分量为主。如横风、垂直风或主轴倾斜、垂直剪切风、水平剪切风等其他因素。计算中主要考虑了叶片迎风和顺风效应。图 4-5 显示了叶片顺风和迎风的定义。

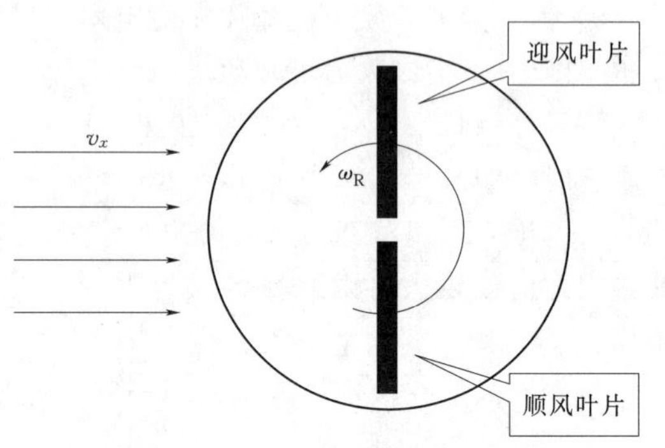

图 4-5　叶片迎风与顺风定义图

4.2.2.1　横风

偏航载荷最可能发生的原因是近场风矢量与转轴未对准。在这种交叉流动的情况下必定会产生偏航力矩来重新使得风轮对准来流风向。在一个沿 y 轴方向的侧向风作用下，叶片在方位角 $\psi=180°$（竖直向上）时，叶片迎风运动，如图 4-6 所示，叶片各个位置叶素攻角减小；在方位角 $\psi=0°$（竖直向下）时，叶片顺风运动，叶片各个位置叶素攻角增加。在横风偏航作用下，叶片的攻角变化会使叶片旋转一周发生一次振动（1P）。

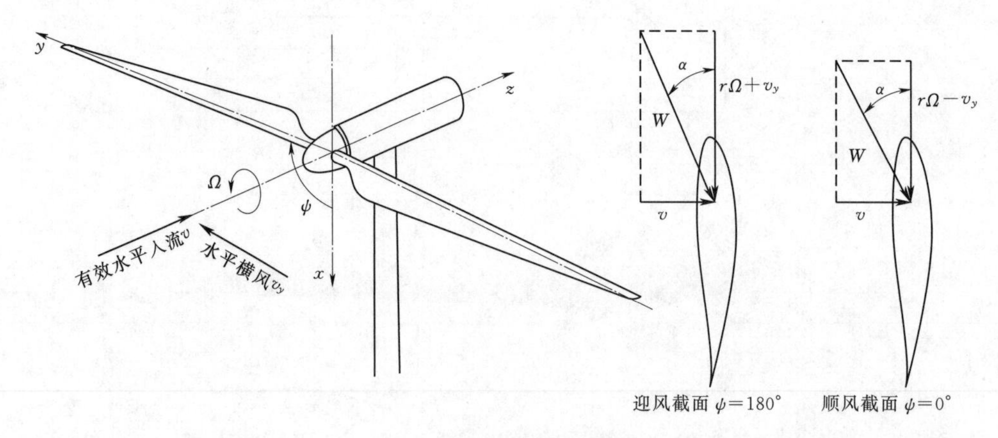

图 4-6　横风偏航示意图

由于叶片的非完全刚性，叶片的气动力作用最大时间和响应（如叶片根部弯矩）发生最大时间存在相位滞后现象，滞后的时长取决于叶片刚度、气动力和叶片机械阻尼。

4.2.2.2　垂直风或主轴倾斜

垂直风在穿过风轮时与水平风不同之处在于，当叶片在水平位置时，会使叶片处于迎风或顺风状态，如图 4-7 所示。若叶片的相位滞后特性不明显，则在该位置风轮所增加的载荷将直接转化为偏航力矩。若在其他载荷相等情况下，与水平风强

度相同的垂直风将产生更大的偏航力矩。

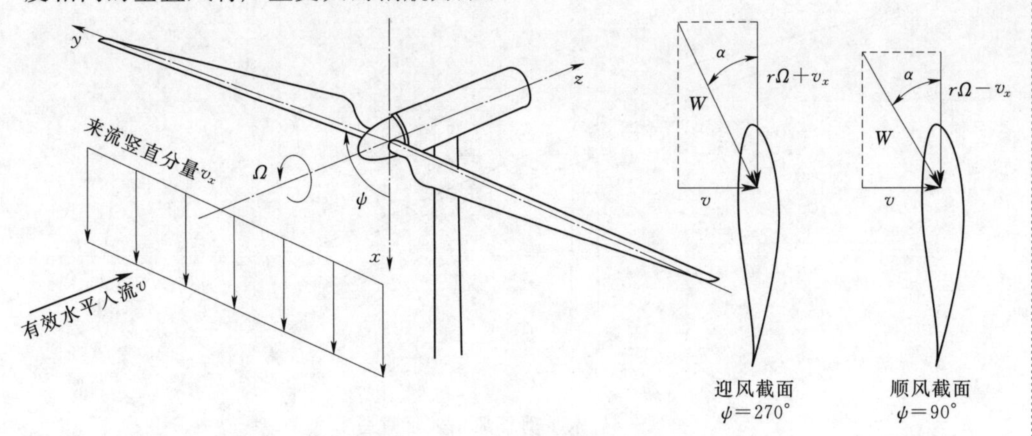

图 4-7　垂直风偏航示意图

主轴倾斜的效果与垂直风偏斜效果一致。水平风在吹拂风轮时，可分解沿风轮轴向方向和切向方向的分量。切向方向分量作用效果与垂直风一致。

4.2.2.3　垂直剪切风

垂直剪切风是指来流风速从风轮顶部至底部的变化。通常风轮完全处于地表边界层。但垂直剪切风也可能是由风场上游风力机和塔筒造成的。垂直剪切风可以产生周期性的1P攻角变化。典型情况下，风轮顶部叶片的攻角与载荷要比底部的大，这样的载荷不平衡会产生较大的偏航力矩，但是较为明显的相位滞后（由于叶片柔性）可减缓上述偏航力矩。

4.2.2.4　水平剪切风

由于风场上游风力机和复杂地形的影响，风力机风轮会从一边到另一边产生持续、强劲的风速变化。湍流效应也会造成这种水平的剪切风速在一小段时间内随机地出现。水平剪切风作用效果与垂直剪切风类似，但有一点不同：水平剪切风使叶片在水平位置时产生较大的挥舞载荷。因此在水平位置叶片易产生偏航力矩，其作用效果如图 4-8 所示。

4.2.2.5　质量不平衡

由于风力机风轮中各叶片质量不完全相等，在旋转过程中会造成1P的偏航力矩。典型例子是将叶片沿垂直其转轴方向偏置放置，随风轮一起转动的不平衡质量所造成的离心力形成平面内载荷。

美国太阳能研究所（Solar Energy Research Institute，SERI）在联合实验中证实，在均匀非偏航流场中，质量不平衡是造成周期偏航力矩的主要原因。

4.2.2.6　桨距角不平衡

若在消除质量不平衡影响的情况下，1P的叶片偏航位移或载荷仍存在，其发生原因可能是气动不平衡。风轮中叶片的桨距角或扭角分布的差异都可能造成气动不平衡。如在旋转风轮中，若某一叶片的桨距角与其他叶片的桨距角不同，则风轮转轴将承受明显的偏航力矩。

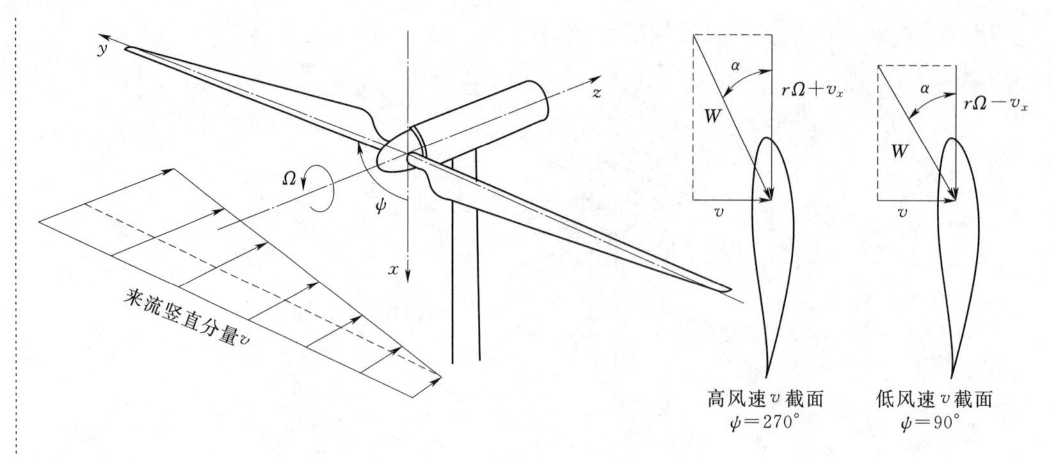

图4-8　水平剪切风偏航示意图

4.2.2.7　周期变桨距角

偏航载荷的另一来源是风轮周期变桨距角系统的不完善性。变桨距角叶片或“翘翘板”风轮，如图4-1所示。在旋转过程中存在明显的变桨与挥舞弯曲的耦合效应，该效应导致超出预期设计的偏航载荷的产生。

在直升机旋翼设计中，周期性的变桨距用来调整直升机的飞行方向，这会导致在旋转风轮中产生一个平均的偏航力矩。变桨距风力机同样存在这样的偏航力矩，然而重力和气动力的叠加效应更促进了偏航载荷的产生。

风速随高度的增加而增加被称为垂直风切变。在设计风力机组时，通常将风速轮廓线理论上的对数分布 $v(z)\propto\ln(z/z_0)$ 近似为 $v(z)\propto(z/z_{\text{ref}})^a$。公式中指数 a 值与地面粗糙度有关。《建筑结构荷载规范》(GB 50009—2012) 将地貌分为A、B、C、D四类：A类指近海海面、海岛、海岸、湖岸及沙漠地区，取 $a_A=0.12$；B类指田野、乡村、丛林、丘陵及房屋比较稀疏的中小城镇和大城市郊区，取 $a_B=0.16$；C类指有密集建筑群的城市市区，取 $a_C=0.20$；D类指有密集建筑群且建筑物较高的城市市区，取 $a_D=0.30$。

将动量理论应用于这种情况，与旋转平面成适当角度时，来流速度为

$$v=v_\infty(1+r\cos\psi/z_{\text{hub}})^\alpha(1-a) \tag{4-1}$$

式中　ψ——叶片方位角，rad；

z_{hub}——轮毂高度，m。

考虑垂直风切变效应时，叶片根部弯矩随方位角变化如图4-9所示，参考风力机风轮直径为40m，取轮廓线指数 $\alpha=0.20$。当轮毂高度处风速为10m/s时，叶片根部弯矩呈正弦变化；当风速为15m/s时，叶片处于失速状态，根部弯矩近似为恒定值。

当风的总体方向不与风轮旋转平面垂直时，导致风力机叶片在旋转面内各个位置相对流场不一致，产生动态应力，即出现偏航误差现象。

当风力机出现偏航现象时，不仅产生较大的噪声，也会加剧叶片根部位置振动幅值。根据调查资料，大型风力机在偏航状态下运转时，相关部件振动幅值增加超

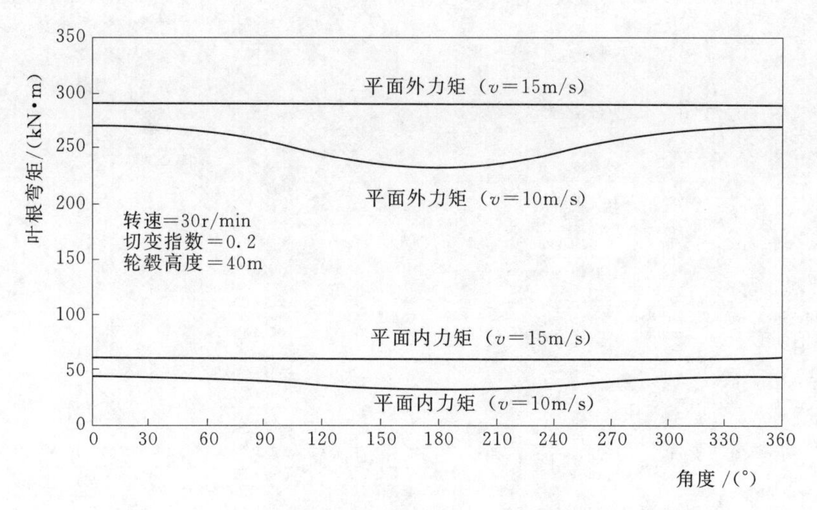

图 4-9 风切变时叶根弯矩随叶片方位角的变化关系图

过 35 倍，噪声增加 10dB。偏航停止后，振动立即减小。另外，振动剧增时，塔架未出现剧烈的横向振动，主要表现为扭转振动。图 4-10 为某 550kW 风力机承力底盘偏航和不偏航时水平振动加速度图。

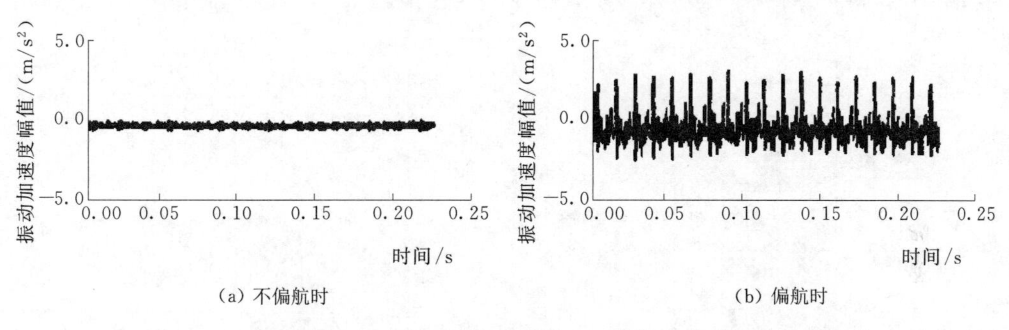

图 4-10 某 550kW 风力机承力底盘偏航和不偏航时水平振动加速度图

为避免叶片在运转过程中与塔筒撞击，风轮主轴通常向上倾斜几度，即为主轴倾斜。倾斜角为 θ，如图 4-11（a）所示，风轮旋转角速度为 ω_R，以叶片上某点初始位置为（r，φ），如图 4-11（b）所示，则该点在不考虑偏航时风速变化 Δv_{rp} 为

$$\Delta v_{rp}=-v_{\infty}\sin\theta\sin(\omega_R t+\varphi) \tag{4-2}$$

在偏航情况下，如图 4-11（c）所示，风向与风轮旋转平面偏角为 $\gamma\left(\gamma\neq\frac{\pi}{2}\right)$，则该点在竖直面风速变化为

$$\Delta v_{rp}=v_{\infty}\cos\gamma\cos(\omega_R t+\varphi) \tag{4-3}$$

在风轮旋转平面内，该点风速随时间变化为

$$\Delta v_{rp}(t)=v_{\infty}[\cos\gamma\cos(\omega_R t+\varphi)-\sin\theta\sin(\omega_R t+\varphi)] \tag{4-4}$$

而风力机轮毂处风速恒定，即

$$U_0=v_{\infty}\cos\theta\sin\gamma \tag{4-5}$$

风力机在偏航工况下运转时，主要引起图 4-11 中局部坐标 x 方向上的速度

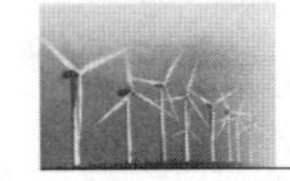

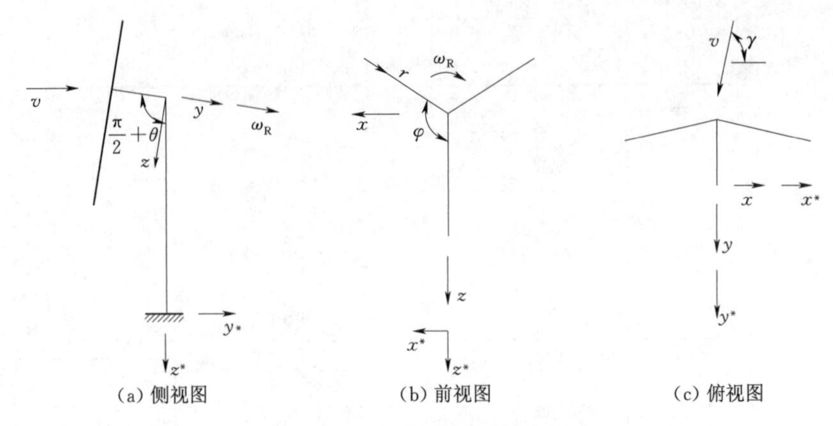

图 4-11　风力机视角简化图

波动。

偏航入流会产生倾斜的尾涡结构，而风切变使来流速度分布不均匀，导致旋转平面内产生不对称的诱导速度分布，使作用于叶片的周期性波动载荷增大。偏航误差及风切变均可导致切向风速的周期性变化。图 4-12 为某试验水平轴风力机叶片在偏航 30°和 45°时各个截面升力系数随攻角变化图。

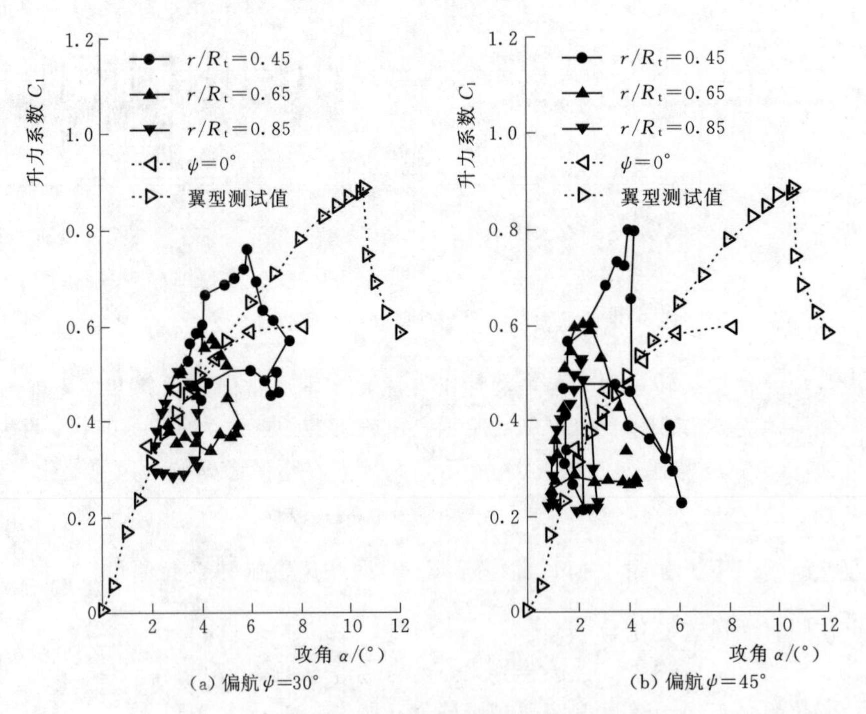

图 4-12　叶片各截面在偏航情况下升力系数分布图

由图 4-12 可知，叶片中部翼型在零偏航时升力系数峰值为 0.9。其他截面翼型在偏航时升力系数偏差很大，因此会对气动转矩会产生一定范围内的波动，这必然会对低速轴承造成反复冲击，增加疲劳载荷，影响使用寿命。

4.2.3 塔影效应

在真实风场中，风力机周围的风流动是非定常的。造成这一现象的原因不仅包括来流风的湍流、切变和阵风特性，以及风向实时变化造成的风力机不对风的偏航和俯仰运动，同时，塔架与叶片间的流动干涉也是非定常流动的重要来源。

由于塔架对气流的堵塞作用，塔架上游和下游处来流风速的大小和方向均发生了变化，这一现象称为塔影效应（tower shadow effect）。这种塔架周围风速的剧烈变化直接影响着叶片绕流流场，同时，叶片的旋转和绕流又影响着塔架周围的流动，从而引起叶片与塔架周期性非定常相互作用下气动载荷的周期性波动。该周期性气动载荷的波动易激励叶片在某一固有频率下的振动，导致疲劳载荷的增加，影响疲劳寿命。此外，塔影效应也是气动噪声的重要组成部分。

目前，风力机塔架大多采用圆柱形塔筒，因此本章仅讨论圆柱体塔筒塔影效应。

1. 上风向风力机塔影效应

塔架的阻碍作用将使塔前风速的大小和方向发生改变。同时，叶片的旋转将使塔前的流场沿转向被挤压和推移。上风向风力机气流的塔影效应如图 4-13 所示。当气流临近塔筒时发生了侧向偏移，同时轴向速度减弱。塔筒二维截面周围气流速度分布为

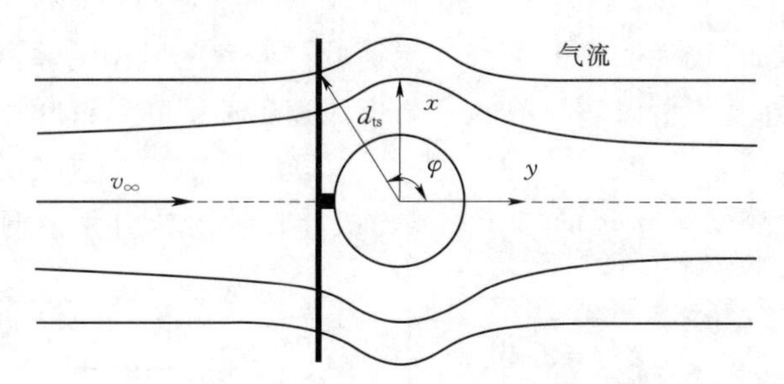

图 4-13 风力机气流塔影效应影响图

$$v_x=\begin{cases} v\left(\dfrac{r_t^2}{d_{ts}^2}\right)\sin(2\varphi) & \varphi\in\left[\dfrac{\pi}{2},-\dfrac{\pi}{2}\right] \\ 0 & \varphi\in\left[-\dfrac{\pi}{2},\dfrac{\pi}{2}\right] \end{cases} \tag{4-6}$$

$$v_y=\begin{cases} v\left[1-\dfrac{r_t^2}{d_{ts}^2}\cos(2\varphi)\right] & \varphi\in\left[\dfrac{\pi}{2},-\dfrac{\pi}{2}\right] \\ v & \varphi\in\left[-\dfrac{\pi}{2},\dfrac{\pi}{2}\right] \end{cases} \tag{4-7}$$

式中 r_t——截面处塔筒半径，m；

d_{ts}——风轮处某点到塔筒中心的距离，m；

φ——俯视方位角，rad。

该公式只适用于风轮下半部。

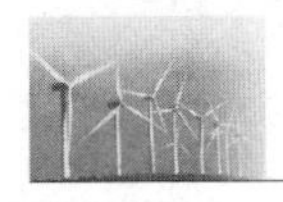

电网吸纳风场输入电量的标准是看其风力机是否满足持续、稳定的转矩输出。然而，在实际运转过程中，风力机转矩的波动性非常明显，包括频率和幅度。其中，塔影和湍流是影响水平轴风力机转矩输出品质的重要因素。各个叶片在旋转一周时均会遭遇塔影，引起叶片气动力突变，因此整个风轮会产生3P的载荷脉动。

图4-14为某上风向水平轴风力机叶根挥舞弯矩和转矩随方位角的分布图。

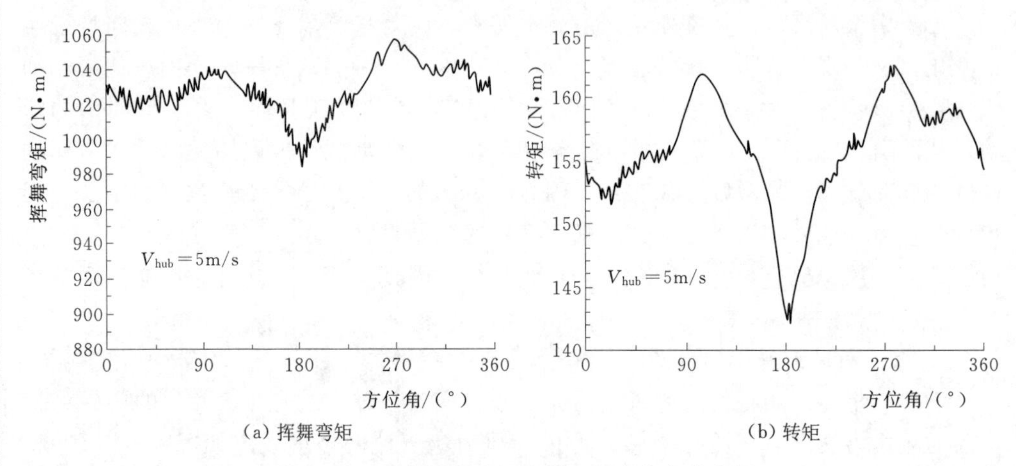

图4-14 叶根挥舞弯矩和转矩随方位角分布图

可见，当叶片经过塔影区域时（叶片在竖直向下，与塔筒平行，$\psi=180°$时），挥舞弯矩和转矩都有较为明显的下降。然而叶片叶素的升阻力系数取决于图4-13中y方向的气流速度。所以塔筒前的y方向风速迅速下降导致叶片的转矩下降最为剧烈。

图4-15为某5MW上风向三叶片风力机叶片轴向推力无量纲值随方位角变化

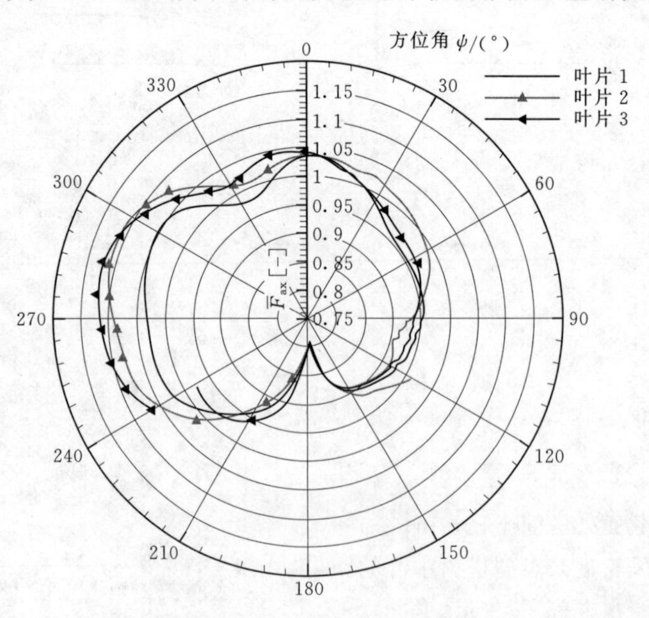

图4-15 风力机叶片轴向推力无量纲值随方位角变化实验测试图

实验测试图。其中，叶片在塔影区域时，推力迅速减弱。并且在大气湍流作用下，叶片推力呈现非稳定特征。在 $\psi=90^{\circ}\sim120^{\circ}$时，叶片振动较为明显。

2. 下风向风力机塔影效应

圆柱塔筒后流场特征取决于雷诺数 Re。随着 Re 值逐渐增大，圆柱后湍流区面积也随着增大，并形成卡门涡街，其示意图如图 4-16 所示。

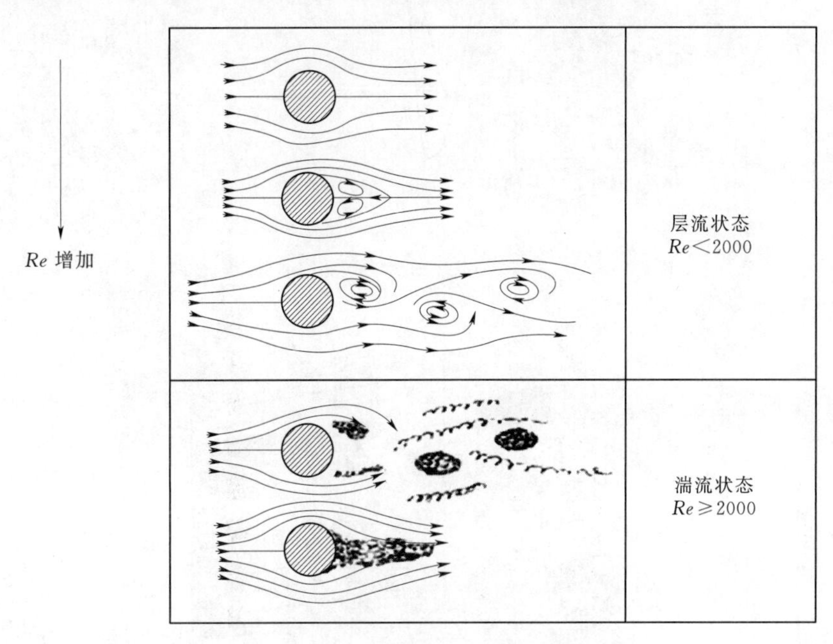

图 4-16　雷诺数与层流分离图

当雷诺数 $Re<5$ 时，流线绕过塔筒，依然保持原有方向和速度，对下风向叶片不产生影响；当 $5\leqslant Re<70$ 时，流线在圆柱两侧对称分离，在分离区后缘，流线依旧依附圆柱表面；当 $70\leqslant Re<2000$ 时，分离区后缘附着于圆柱的流线形成漩涡，并从圆柱两侧交替向下游分离；当 $Re\geqslant2000$ 时，圆柱下游形成湍流，气流在塔影区域速度和方向随机变化。

美国可再生能源实验室（NREL）于 1992 年在埃姆斯（Ames）的 24.4m×36.6m 的低速风洞中进行下风向全尺寸双叶片风力机实验。图 4-17 为叶片 $r/R=0.80$ 处叶素在风速为 6.7m/s 时轴向推力系数和表面压强系数随方位角的分布图。

根据实验结果，叶片在塔影区域，推力和切向牵引力下降接近 40%。非定常气动效应和三维旋转效应影响叶片的响应过程。由图 4-17（b）可看出，上游塔筒剥落的气流漩涡严重降低了塔影区叶片的表面压强分布。

必须指出的是，下风向风力机会产生较高的低频率噪声（范围为 20～100Hz）会影响附近居民生活。下风向叶片与塔影区内非定常的涡流撞击是噪声产生的主要来源。而在上风向风力机中，塔影噪声的影响可基本消除。

4.2.4 尾流效应

由于能量的转移，风经过旋转的风力机之后，流动情况发生了很大的变化：风

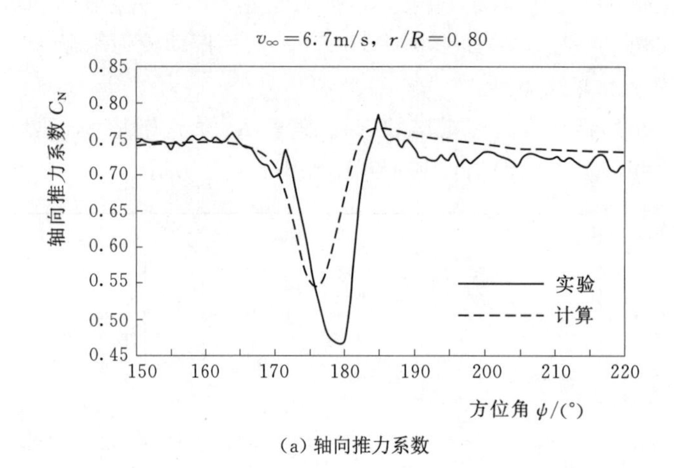

(a) 轴向推力系数

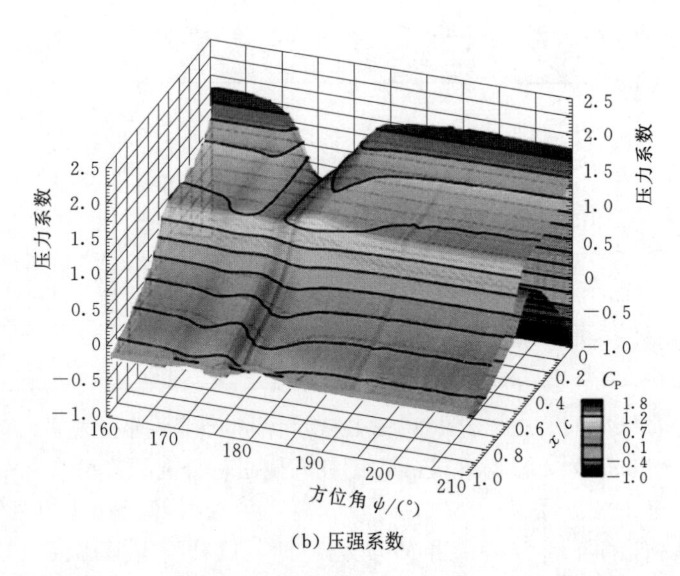

(b) 压强系数

图 4-17　下风向叶片截面气动力与压强随方位角分布图

速减小、湍流强度增加、出现了明显的风剪切层等。风速的减小会使下游风力机的输出功率降低，尾迹附加的风剪切和强湍流会影响下游风力机的疲劳载荷、使用寿命和结构性能。经过一段距离之后，在周围气流的作用下，风速逐渐得到恢复。这就是风力机的尾流效应，如图 4-18 所示。

在旋转风轮的影响下，风力机尾流中包含复杂的湍流结构。尾流区域内纵向和径向压力梯度不规则变化，同时，叶片叶尖剥落的螺旋漩涡也掺杂其中。从工程实际的角度出发，风力机尾流特性有两点需要着重研究：①尾流中风速亏损，速度亏损可导致下游风力机功率输出降低；②湍流强度，湍流强度影响风场下游风力机气动载荷变化。

图 4-19 为瑞士沃州 Collonges 地区的 2MW Enercon E-70 风力机尾流竖向和横向速度分布现场实测剖面图。图中，Z 为机身竖向距离，以轮毂高度处为参考

图 4-18 风场风力机尾流效果图

点；d 为风轮直径，风力机轮毂高度处在下游 0.5 倍风轮直径处风速亏损最大。随着下游距离的增加，约为 20 倍的距离处风速逐渐恢复到入口风速分布。图 4-19 中，Z 为机身竖向距离，以轮毂高度处为参考点；d 为风轮直径。由图 4-19 (a)，可较为清晰地观察到风速轮廓线分布。

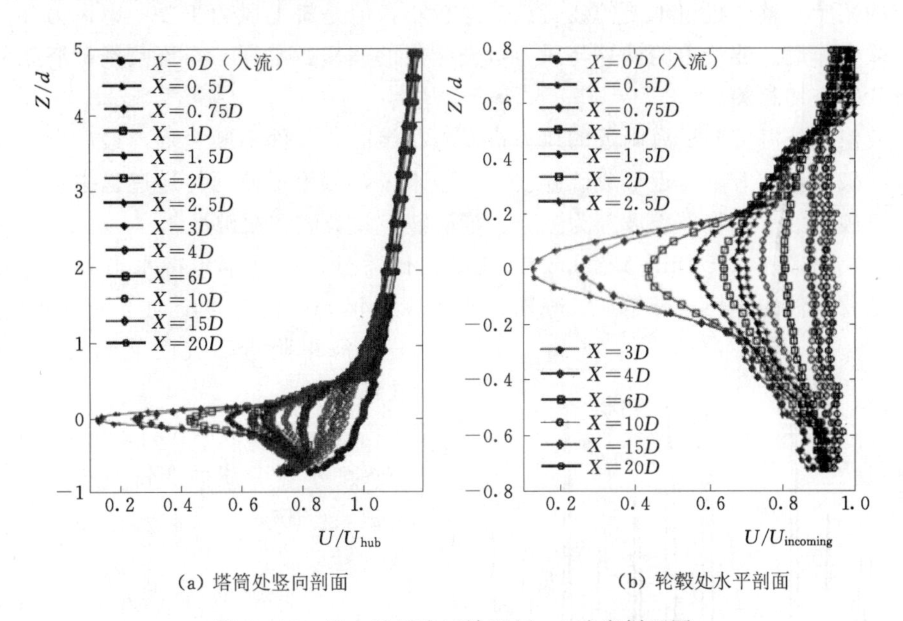

(a) 塔筒处竖向剖面

(b) 轮毂处水平剖面

图 4-19 风力机尾流区域 $Y/d=0$ 速度剖面图

图 4-20 为上述风力机尾流区湍流频谱扫描图。图中，风轮中心沿轮毂向下，湍流在低频处有较高的能量集中。同时，在叶片叶尖处可看到湍流在高频处也出现能量峰值，这主要是由于叶尖螺旋漩涡剥落造成的。

至于湍流对风力机机组部件载荷影响，见 4.3 节的载荷标准设计。

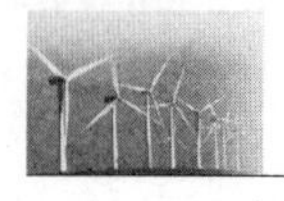

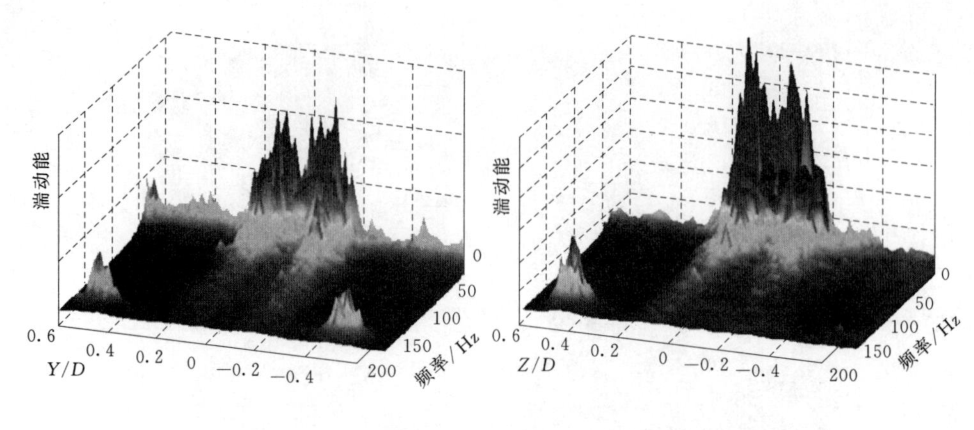

(a) 水平扫描　　(b) 竖直扫描

图 4-20　风力机尾流区湍流频谱扫描图

波浪载荷作用下的风力机

4.2.5　破浪冲击载荷

随着大容量风力机组设计及制造技术的逐渐成熟，海上风电场的开发已成为我国风电产业的重要发展方向。虽然海上不像陆地地形那样复杂。风的湍流强度小，相应的桨叶及整个机组承受的疲劳载荷也较小，但是海上风力机要考虑风力和波浪力的联合作用。波浪力的计算与风力机安装点的波候、水深、洋流及基础塔架的几何形状等密切相关。

波浪自外海传向沿海附近的风力机发电机组时，波面不断变形，最后以某种形式发生破碎，在海岸附近形成破碎波。一般来说，可根据波面传递过程中从不断变形一直破碎的过程将破碎波分为三类：崩破波、卷破波和振破波。

(1) 崩破波 (spilling breaker)：波面在传播过程中基本维持水平方向的对称性，随着波浪的成长，开始在波峰附近出现少量浪花，浪花逐渐向下沿波面蔓延，直至海岸附近，波面前侧布满泡沫，波浪消失。

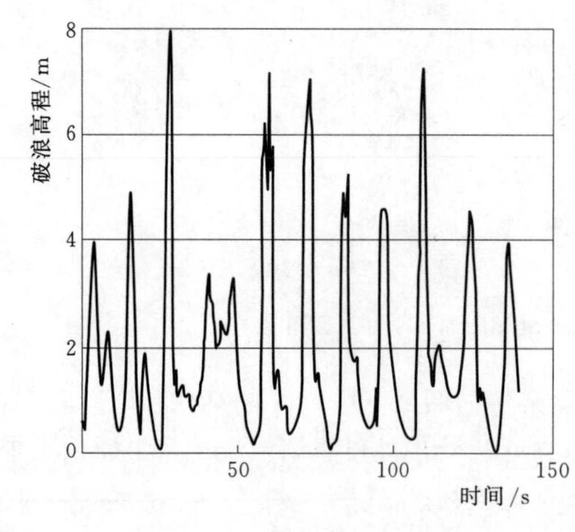

图 4-21　破浪高程时序图

(2) 卷破波 (plunging breaker)：波面随水深变浅而变得不对称，直至前侧直立起来，进而先前卷起，因而成为卷破波。

(3) 振破波 (surging breaker)：波峰基本上保持不破碎，以一种具有湍流特点的水体移向海岸，然后悄然地退回海中，有些类似驻波的振动，所以称振破波。

图 4-21 为英格兰诺森伯兰郡布莱斯 (Blyth) 海上风电场于 2001 年

11月，利用波雷达测得的破浪高程时序图。图中可见，海上风电场桩基附近破波碎浪高达 8m。

破浪常发生于固定风力机桩基的浅海域。在海浪的冲击下，具有柔性特征的大型海上风力机会产生结构共振。这将导致塔筒产生剧烈振动载荷以及机舱和叶片具有较大加速度。荷兰能源研究中心（Energy Research Center of the Netherlands，ECN）证实，在碎浪拍击下，风力机组将在某一自振频率下振动。在恶劣气象条件下，整个机组有可能发生共振，极大危害机组的塔基、塔筒、叶片、轴承、机舱以及发电机。

波浪的作用效果基于附加质量理论。日本横滨大学教授 Yoshima Goda 于 1975 年在卡曼（Karman）方程基础上建立波浪撞击力模型，模型中将破碎波视为一面带有波浪速度的水墙冲击圆柱，撞击力为

$$F_I(\tau)=\lambda\eta_c\pi\rho RC_b^2C_s(\tau) \tag{4-8}$$

其中

$$\tau=t/t_B$$

$$t_B=R/C_b$$

式中 τ——减少的时间，s；

t——时间，s；

t_B——在 Goda 模型中对应于冲击力作用持续时间，在 Wienke 模型中，该值将缩减至 $(13/32)t_B$；

C_b——波浪速度，m/s；

R——圆柱半径，m；

ρ——海水密度，kg/m³；

λ——波浪卷曲因子；

η_c——波浪高程，m；

$C_s(\tau)$——瞬间拍击效应因子。

在 Goda 模型中

$$C_s(\tau)=1-\tau \tag{4-9}$$

而在 Wienke 模型中，$C_s(\tau)$ 定义为

$$C_s(\tau)=2\left(1-\frac{1}{\pi}\sqrt{\tau}\tanh^{-1}\sqrt{1-\frac{\tau}{4}}\right)\quad 0\leqslant\tau\leqslant\frac{1}{8} \tag{4-10a}$$

$$C_s(\tau)=\sqrt{\frac{1}{6\tau_2}}-\frac{1}{\pi}\sqrt[4]{\frac{8}{3}\tau_2}\tanh^{-1}\sqrt{1-\tau_2\sqrt{6\tau_2}}\quad \frac{3}{32}<\tau_2<\frac{3}{8},\tau_2=\tau-\frac{1}{32} \tag{4-10b}$$

4.2.6 低温天气影响

我国的风能资源主要分布在“三北”地区（东北、华北和西北）、东南沿海地区以及沿海岛屿等。然而这些风力资源丰富的地区或处于寒冷地区，或气候潮湿，当风力机安装在这些地区时，会经常遭遇雨雪天气，并伴随着结冰现象。图 4-22 为某风力机在 12 月和 2 月轮毂处叶片上正常工况和结冰工况照片对比图。

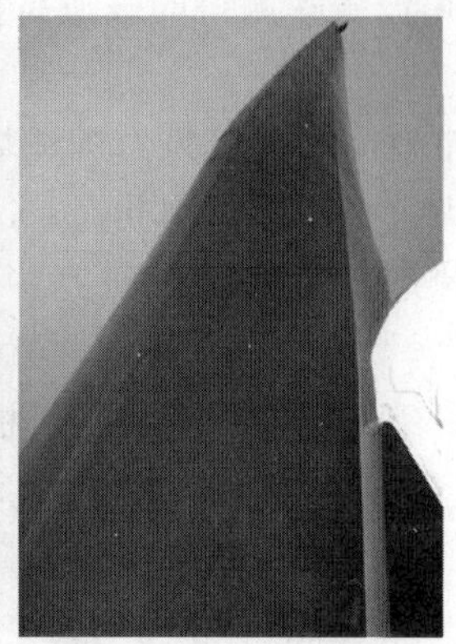

(a) 风力机正常工况

(b) 结冰工况

图 4-22　风力机正常工况与结冰工况的对比图

严寒天气下，低温对风力机造成的影响通常被分为三类：①低温对叶片材料物理性能的影响；②叶片表面冰层对叶片气动性能和加速度的影响；③叶轮周围降雪造成的影响。

1. 低温影响

低温通常降低了叶片材料性能。叶片中使用的金属和复合材料受低温影响最为严重。金属材料会变脆，其风能捕捉和失效前变形程度大大降低；对于复合材料而言，由于基体和纤维的不均匀收缩，会存在残余应力，残余应力进一步导致微裂缝的出现，继而叶片整体刚度和抗渗透性能大大降低，叶片会出现层剥落现象。

低温也会造成风轮电器部分的损坏，如发电机、偏航马达和传动系统。

2. 叶片附冰

在寒冷天气里，叶片附冰是降低风力机整体性能的最主要原因。风力机叶片的设计必须满足在极寒天气中附冰的运转叶片不产生损伤的要求。更进一步地，欧洲国家在严寒天气中最大程度地维持风机运转，以提升风力机吸收冬季丰富的风资源。同时，风力机的持续运转也可降低叶片前缘部分冰层的凝结。

叶片表面附着冰严重干扰叶片的气动性能。附着冰增加了叶片表面粗糙程度，增加了阻力系数，降低了升力系数。图 4-23 为风力机叶片不同程度附着冰对功率

输出影响图。

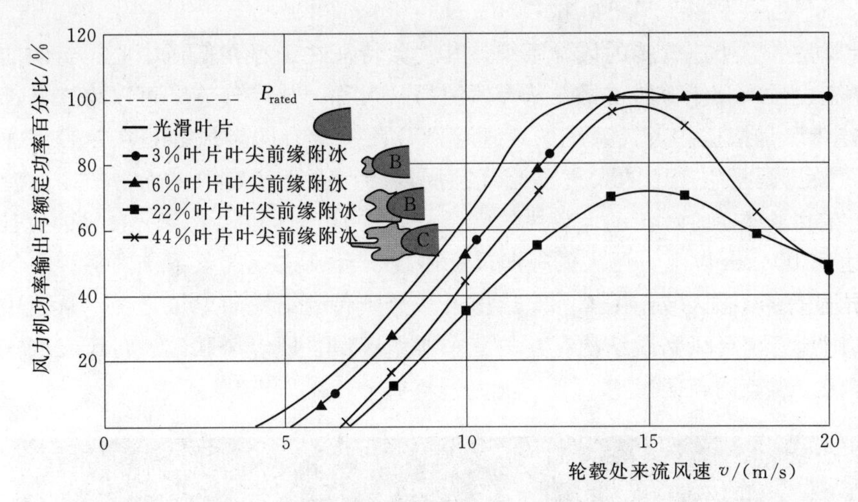

图 4-23　叶片表面附冰程度与功率输出关系图

叶片表层附冰会导致整个风轮质量分布不均匀，附冰产生的额外周期性离心力加剧了整机零部件的振动，缩短了风力机使用寿命。图 4-24 为风力机其中一个叶片不同附着冰质量对塔筒弯矩的影响实测图。

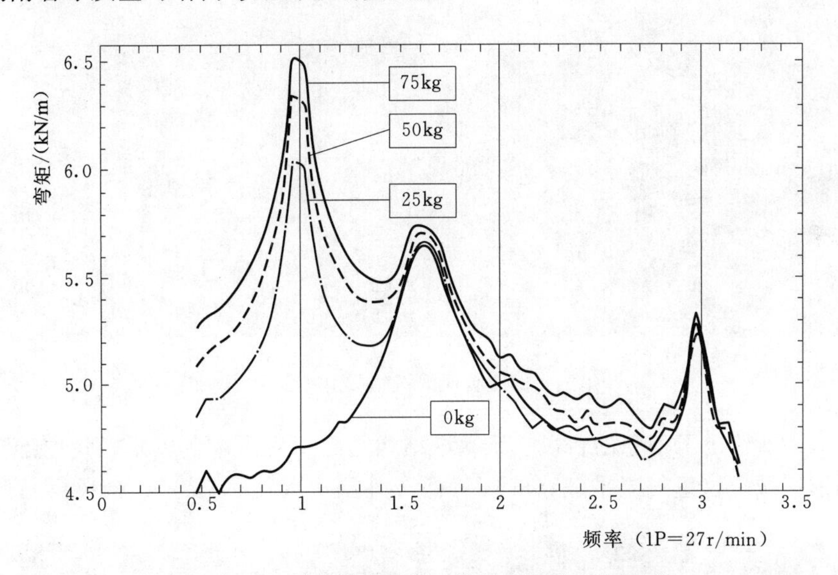

图 4-24　叶片附冰质量对塔筒弯矩影响实测图

3. 降雪影响

由于质量轻盈，雪花可以容易地附着于叶片表面，结冰后增加叶片表面粗糙程度。另外，雪花可以进入空气流通的腔体内，如齿轮箱。积雪累积容易损毁电机部件。同时，雪花隔绝了齿轮箱内部空气流通，致使机舱内生热，对敏感部件产生危害。

4.2.7　台风天气影响

台风是一类快速旋转的风暴系统，其气象特征在于存在低压中心、封闭的低空大气环流、强风及伴随的雷暴。从台风的另一名称“热带气旋”可以得知其部分特征：“热带”是指这些天气系统的地理起源，几乎所有的台风都是在热带海洋上形成；“气旋”是指它产生的大气环流绕圆周旋转，围绕气旋中央近乎透明的台风眼旋转，在北半球逆时针转动。台风的直径一般在100km以上，部分台风的直径甚至可以达到1000km以上，巨大的径向尺度体现了台风这一气象系统内部存在气象特征差异显著的不同区域。图4-25给出了某台风涡漩结构的卫星云图。从图中可以较为清晰地看出台风涡漩结构存在的三个典型区域，即台风眼区、台风眼壁区和台风边缘区（螺旋雨带区）。

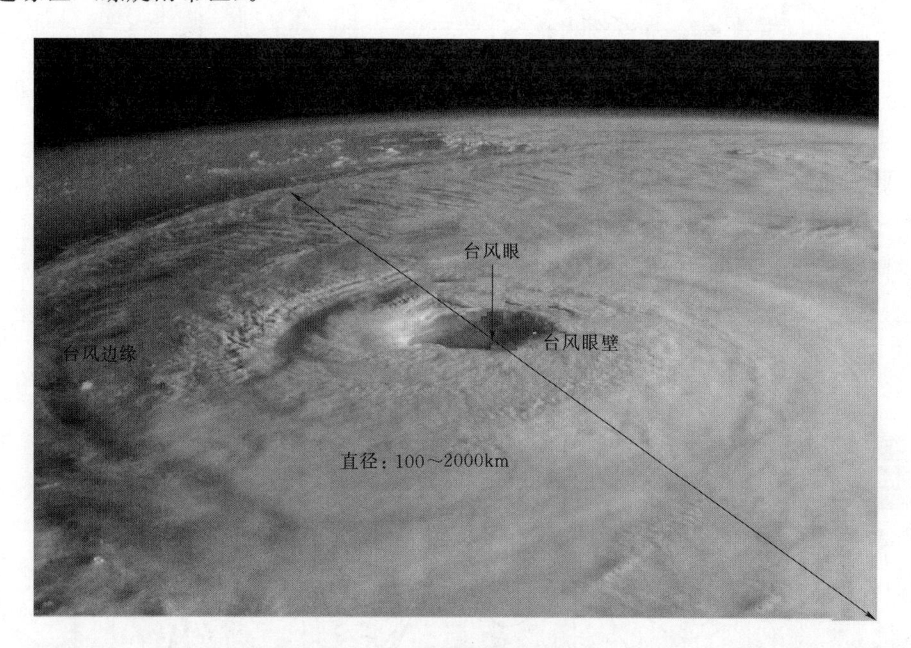

图4-25　台风涡漩结构卫星云图

图4-26给出了抽象的台风三维涡漩结构剖面示意图。台风眼区是位于台风中心的圆形区域，这里气流平缓，气压可低至外围大气压的85%。台风眼被眼壁环

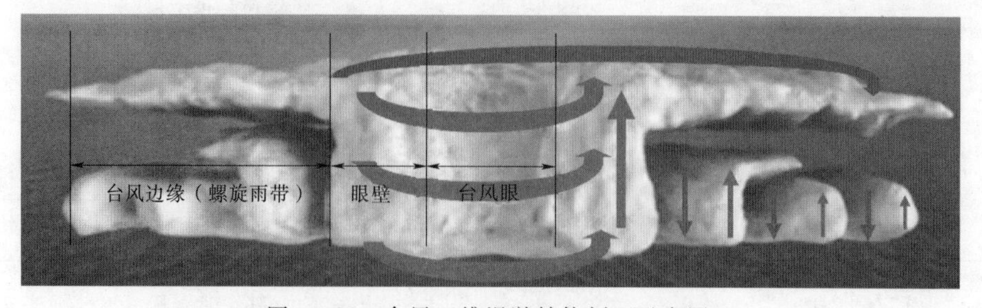

图4-26　台风三维涡漩结构剖面示意图

绕，这里分布着一阵高耸、稠密的雷暴，紧紧包围住台风眼，一般横跨几十千米范围。由于强对流的存在，眼壁区域往往会产生恶劣的天气和破坏力极大的风，是台风影响下结构抗风研究应重点关注的区域。台风眼壁外是由数条螺旋雨带组成的台风边缘区域，螺旋雨带影响区域最大可达到上千千米量级，台风边缘区域受雨带影响亦有可能产生严重的大风天气，因此其影响对于风力机叶片结构安全同样十分重要。

台风情况下的平均风剖面与良态风平均风剖面存在一些明显的差异。例如，台风场中普遍存在低空急流现象（low level jet，LLJ），导致风廓线在某一高度处会形成凸起，即（平均）风速随高度增加，至某一高度后不再继续增加，与良态风不同的是，超过这一高度后风速开始逐步减弱，如图 4-27 所示。

此外，湍流脉动是由气流周期性运动中不同涡旋叠加导致形成，脉动风谱描述了不同涡旋的能量分布，是对风力机外界风环境描述的主要特征参数之一。台风的脉动风速谱与良态风情况下的脉动风速谱之间差异较大。图 4-28 给出了某台风实测风谱与常用脉动风谱的对比。可以看出，该台风风谱模型在较高频处提供更大的能量，且最大含能频率也相对常用风谱更高。

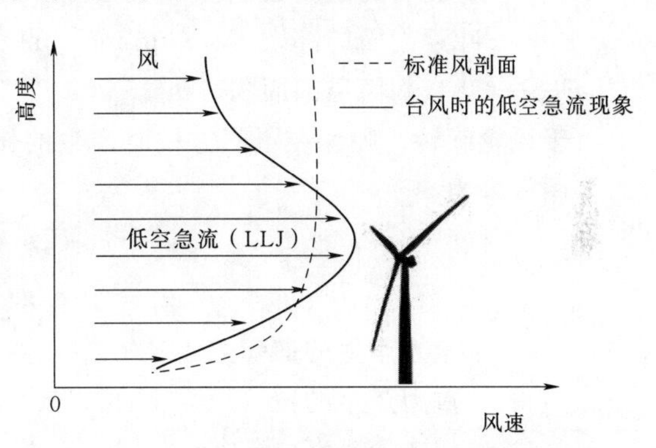

图 4-27　低空急流对平均风剖面的影响示意图

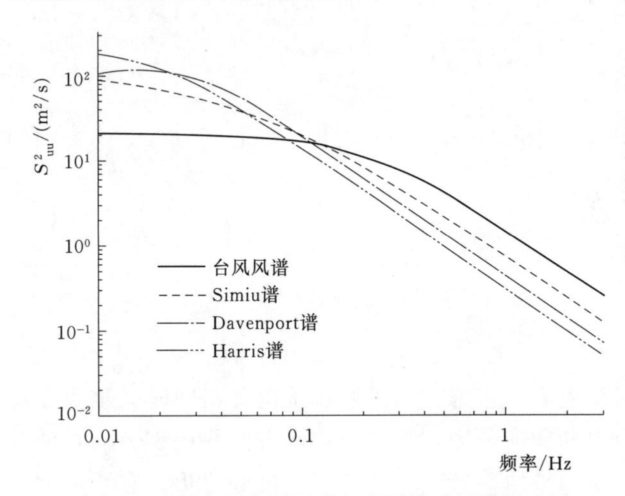

图 4-28　某台风实测风谱与常用脉动风谱对比图

4.2.8　重力载荷

作用在叶片上的重力载荷对叶片主要产生摆振方向的弯矩。随着叶片方位角的变化，叶片上承受的重力载荷呈正弦变化，如图 4-29 所示。

当叶片处于位置 1 时，即向下旋转时，叶根前缘位置承受拉应力，而后缘位置承受压应力。当叶片运行至位置 2 时，叶根前缘位置承受压应力，而后缘处承受拉应力。因此重力场给叶片造成一个正弦规律变化的载荷历程，其频率取决于风轮转速，为 1P。

通常对重力载荷进行计算时，需先进行密度和面积的折算，即

$$\rho_i F_i = \sum \rho_0 F_0 \tag{4-11}$$

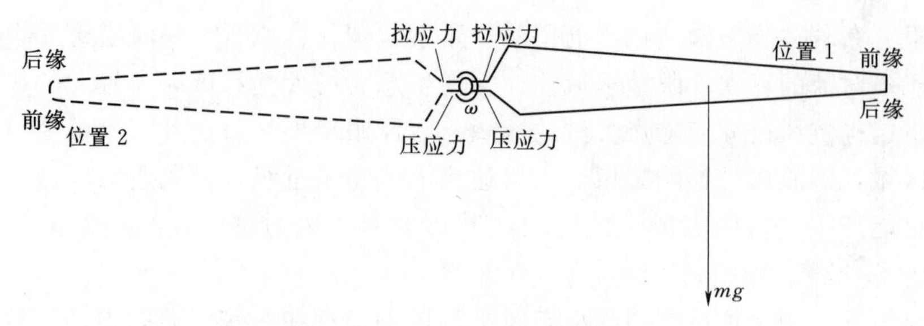

图4-29 叶片重力载荷示意图

式中 ρ_i——折算后的剖面密度，$(kg/m^3)/m^2$；

F_i——折算后的剖面面积，m^2；

ρ_0——叶素剖面局部密度，$(kg/m^3)/m^2$；

F_0——叶素剖面局部面积，m^2。

由于风轮旋转，叶片在不同方位时产生的作用效果不一样，叶片单位长度上的重力作用效果为

$$Q_{Gi}=-\rho_i F_i g\cos\psi \tag{4-12}$$

$$T_{Gi}=-\rho_i F_i g\sin\psi \tag{4-13}$$

式中 Q_{Gi}——重力产生的剪切力，N/m^2；

T_{Gi}——重力产生的拉（压）力，N/m^2；

g——重力加速度，N/kg；

ψ——风轮方位角，rad。

对以上两式进行积分可得到剪力 Q_G 和拉（压）力 T_G，即

$$Q_G=-\cos\psi\int_r^R \rho_i F_i g\,dr \tag{4-14}$$

$$T_G=-\sin\psi\int_r^R \rho_i F_i g\,dr \tag{4-15}$$

重力产生的挥舞方向的弯矩为

$$M_G=-\cos\psi\int_r^R (r-r_i)\rho_i F_i g\,dr \tag{4-16}$$

4.2.9 离心力载荷

离心力是叶片旋转时产生的质量力，它的方向由旋转轴向外，同时又垂直于旋转轴。离心力可以分解成纵向分力和横向分力。纵向分力沿着叶片展现方向，使叶片产生拉应力；横向分力绕叶片展向轴线旋转，使叶片产生离心扭矩。它顺应叶片的自然扭转方向作用，使叶片具有扭向旋转平面的趋势，使叶片的攻角减小，与气动扭矩的方向正好相反。离心力和离心扭矩的计算公式分别为

$$p_r=\Omega^2\int_0^R \rho_i r F_i\,dr \tag{4-17}$$

$$M_p=-\Omega^2\int_0^R \rho_i I_{xy}\,dr \tag{4-18}$$

式中　Ω——风轮旋转角速度，rad/s；

I_{xy}——截面叶素惯性矩，m^4；

p_r——离心力，N；

M_p——离心扭矩，N·m。

离心力的作用减少了叶片挥舞方向弯矩，即离心力减少了叶片叶尖挠度 d。图 4-30 显示了离心力与叶片轴向推力共同作用效果。设定叶片展向 r 处 δA 面积上沿 y 方向上气动推力为 δF，风轮旋转角速度为 ω。则某一瞬时叶根处承受的挥舞弯矩为

$$M_{\text{flapping}} = \int_0^R \left(\sum_{\text{chord}} \delta F r - \sum_{\text{chord}} \delta M \Omega^2 r d \right) \mathrm{d}r \tag{4-19}$$

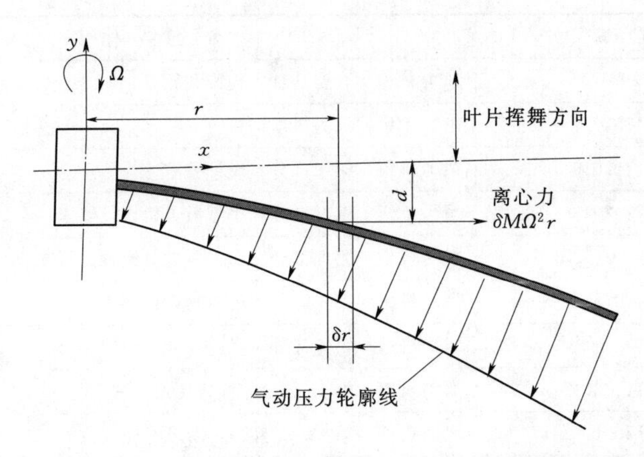

图 4-30　风轮在转速 Ω 时离心力和气动力作用效果图

随着转速逐渐增大，叶片承受的气动力增大，叶片挠度 d 增加。然而，随着转速增加，叶片的离心力也增加，使叶片的挠度有减少的趋势。

4.2.10　陀螺力

当风轮旋转并同时作偏航运动时，叶片上就会生成垂直于风轮旋转平面的陀螺力载荷。

假设风轮顺时针旋转速度为 Ω，偏航顺时针旋转速度为 ω，则由陀螺力产生的弯矩 M_k 为

$$M_k = 2\Omega\omega\cos\psi\int_0^R m_r r^2 \mathrm{d}r \tag{4-20}$$

4.3　叶片设计与认证标准

风电技术标准可以为风电机组设计、生产活动进行有效的规范，为科学研究与产业化搭建桥梁，为产业升级和结构优化提供支撑，为促进贸易和统一市场创造条件，为国际竞争提供手段。

4.3.1　国际电工委员会标准

国际电工委员会（IEC）系列国际标准建立于20世纪90年代末，它将不同地方的风电规范制度整合起来。标准整合了不同地区的风电相关规范/标准，规定了大多数目前常见风电机组的设计要求，是目前世界各地普遍使用的用于风力机的设计标准。该系列标准将设计、制造技术提升到较高水平以保证风力机组在预定使用寿命期间内抵抗各种严酷的自然环境。目前IEC已经制定并颁布的标准见表4-1。该标准体系涵盖了风力机设计、检测等多个方面。这些IEC标准作为参考文件正用于每个国家认证设计和试验之中。

表4-1　国际电工委员会风力发电相关标准

序号	标准编号	名称
1	IEC WT01：2001	风力机组　合格认证　规则和程序
2	IEC 60050-415：1999	电工术语　风力机组
3	IEC 61400-1：2019	风力机组　第1部分：设计要求
4	IEC 61400-2：2013	风力机组　第2部分：小型风力机设计要求
5	IEC 61400-3-2：2019	风力机组　第3部分：海上风电机组设计要求
6	IEC 61400-4	风力机组　第4部分：齿轮箱设计
7	IEC 61400-5	风力机组　第5部分：风轮叶片
8	IEC 61400-11：2012	风力机组　第11部分：噪音测量方法
9	IEC 61400-12-1：2017	风力机组　第12-1部分：功率特性试验
10	IEC 61400-12-2：2013	风力机组　第12-2部分：基于机舱风速计法的功率特性测试
11	IEC 61400-13：2001	风力机组　第13部分：机械载荷测量
12	IEC 61400-14：2005	风力机组　第14部分：声功率级和音值
13	IEC 61400-21-1：2019	风力机组　第21部分：电能质量测量和评估方法
14	IEC 61400-23：2001	风力机组　第23部分：风轮叶片全尺寸构造试验
15	IEC 61400-24：2019	风力机组　第24部分：防雷保护
16	IEC 61400-25-1：2006	风力机组　第25-1部分：风电场监控通信-原理和模式综述
17	IEC 61400-25-2：2006	风力机组　第25-2部分：风电场监控通信-信息模式
18	IEC 61400-25-3：2006	风力机组　第25-3部分：风电场监控通信-信息交换模式
19	IEC 61400-25-5：2006	风力机组　第25-5部分：风电场监控通信-一致性试验
20	IEC 61400-25-4：2008	风力机组　第25-4部分：风电场监控通信-通信轮廓设计
21	IEC 61400-26	风力机组　第26部分：风力机组的时效性
22	IEC 61400-27-1：2020	风力机组　第27部分：风力机电气仿真模型
23	IEC 60076-16：2018	风力机组变压器

《风力发电机组设计要求》（*Wind turbine generator systems - Design requirements*）GB/T 18451.1—2012/IEC 61400-1：2005（2015）与IEC 61400-1（2019）标准涵盖了完整的风力机设计载荷。该设计载荷分为两组：极限载荷和疲

劳载荷，该标准被广泛应用于叶片设计之中。该标准具体内容有以下方面：

（1）外部环境（例如风况，包括风力机等级）。

（2）结构设计（例如载荷情况及处理方法）。

（3）控制及保护系统（考虑具体工况）。

（4）机械系统（例如偏航、刹车等）。

（5）电气系统（例如雷电）。

（6）风场选址。

（7）风机组装、安装调配。

（8）通信、操控及维护。

1. 风力机外部环境

风力机外部工作环境分为正常外部环境和极端外部环境。正常外部环境主要为风力机在通常的外部环境下运行承受的载荷情况。极端外部环境是指风力机在极端天气下承受的极限载荷。风力机的设计载荷情况应是由这些外部条件与风力机运行模式以及其他潜在临界的设计工况组合而成的。

风况是风力机承受载荷的主要来源，是影响机组结构完整性的外部条件。风力机设计要根据风场风速和湍流参数划分等级，等级划分的目的是使机组具有最大限度的适用性。表 4-2 为各等级风力机基本参数。

目前我国根据表 4-2 的各等级风力机基本参数确定风力机等级，但国外有新增 IEC 61400-1（2019）标准，见表 4-3。

表 4-2　各等级风力机基本参数

风力机等级		Ⅰ	Ⅱ	Ⅲ	S
v_{ref}/(m/s)		50	42.5	37.5	由设计人员确定
I_{ref}	A	0.16			
	B	0.14			
	C	0.12			

注　S 为特定级；v_{ref}为极端状态下 10min 平均参考风速；A、B、C 分别对应高、中、低三种湍流强度；I_{ref}为 15m/s 时湍流强度的特性值。

表 4-3　IEC 61400-1（2019）中各等级风力机基本参数

风 力 机 等 级		Ⅰ	Ⅱ	Ⅲ	S
v_{ave}/(m/s)		10	8.5	7.5	由设计人员确定
v_{ref}	v_{ref}/(m/s)	50	42.5	37.5	
	热带气旋 $v_{ref,T}$/(m/s)	57	57	57	
I_{ref}(—)	A+	0.18			
	A	0.16			
	B	0.14			
	C	0.12			

等级中Ⅰ、Ⅱ、Ⅲ既不包括海上条件，也不包括热带风暴中的风况，如飓风、龙卷风和台风。

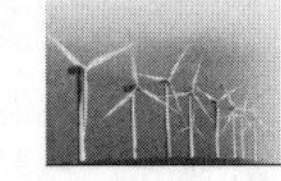

表4－3中，v_{ave}为年平均风速；$v_{ref,T}$为受热带气旋影响的地区极端状态下10min平均参考风速；A^+、A、B、C分别对应极高、高、中、低四种湍流强度；I_{ref}为15m/s时湍流强度的特性值。

如果设计者或顾客需要一个特定的（如特定风况、外部条件或特定的安全等级）风力机组等级，这个等级定为S级。对于这样的特定设计，选取的设计值所反应的环境条件要比预期的风力机使用环境更为恶劣。

2. 风力机风况

从载荷和安全角度，风力机风况分为正常运行条件下常规风况和1年或50年一遇极端风况。在大多情况下，风况包括了恒定气流、可确定的阵风切变以及湍流等结合情况。

风场风速分布对风力机设计至关重要，它决定了正常设计情况中每种载荷情况发生频率。风力机风速描述通常选用轮毂高度处10min风速平均值，并以瑞利概率分布（rayleigh distribution）表示，即

$$P_R(v_{hub})=1-\exp[-\pi(v_{hub}/2v_{ave})^2] \tag{4-21}$$

v_{ave}为设计中不同等级的平均风速值，其值为参考风速的1/5，即

$$v_{ave}=0.2v_{ref} \tag{4-22}$$

极端风况包括风切变以及由于风暴和风速及风向快速变化引起的峰值风速。极端风况由极端风速模型描述（extreme wind speed model，EWM）。50年一遇和1年一遇的极端风速v_{e50}和v_{e1}由高度Z的函数表示，即

$$v_{e50}(Z)=1.4v_{ref}(z/z_{hub})^{0.11} \tag{4-23}$$

$$v_{e1}(Z)=0.8v_{e50}(z) \tag{4-24}$$

风速轮廓线用于确定穿过风轮扫掠面的平均垂直风速切变。正常风速轮廓线（normal wind profile，NWP）在4.2.2.7小节中已阐述。

湍流是指风速相对于10min内平均值的随机变化，湍流应考虑风速、风剪切和风向变化的影响。它分为正常湍流模型（normal turbulence model，NTM）和极端湍流模型（extreme turbulence model，ETM）。正常湍流模型中，湍流标准偏差代表值σ_1应为轮毂高度处风速的90%。对于标准风力机等级，即

$$\sigma_1=I_{ref}(0.75v_{hub}+b) \tag{4-25}$$

其中，$b=5.6$m/s。

极端湍流模型表达式为

$$\sigma_1=cI_{ref}\left[0.072\left(\frac{v_{ave}}{c}+3\right)\left(\frac{v_{hub}}{c}-4\right)+10\right] \tag{4-26}$$

其中，$c=2$m/s。

风力机组设计中阵风模型分为极端工作阵风（extreme operating gusts，EOG）、极端风向变化（extreme direction change，EDC）、方向变化的极端相干阵风（extreme coherent gust with direction change，ECD）和极端风切变（extreme wind shear，EWS）。

在叶片设计中，影响叶片使用寿命的因素由一系列涵盖其典型运行工况的载荷表示。载荷情况由风力机运行模式或其他设计工况（如特定的组装、调运或维护条件）与外部条件组合而定。载荷情况用于验证所设计的风力机结构完整性，并可用于下面的条件组合进行计算：

（1）正常设计工况和正常外部条件或极端外部条件。

（2）故障设计工况和正常外部条件。

（3）运输、安装与维护设计工况与正常外部条件。

若极端外部条件和故障存在相关性，可以考虑将它们组合在一起，作为一种设计载荷工况。在每种设计工况中，应考虑载荷组合的情况。表 4-4 列举了几种最少的载荷组合工况。表中，每种载荷组合情况由风况、电气和其他外部条件描述。

表 4-4 风力机设计载荷组合

设计工况	DLC	风况	其他条件	分析类型	局部安全系数
正常发电	1.1	NTM（$v_{in}<v_{hub}<v_{out}$）	由极端情况外推	U	N
	1.2	NTM（$v_{in}<v_{hub}<v_{out}$）		F	*
	1.3	ETM（$v_{in}<v_{hub}<v_{out}$）		U	N
	1.4	ECD（$v_{hub}=v_{ref}-2m/s$，$v_{ref}+2m/s$）		U	N
	1.5	EWS（$v_{in}<v_{hub}<v_{out}$）		U	N
正常发电＋故障	2.1	NTM（$v_{in}<v_{hub}<v_{out}$）	控制系统故障或脱网	U	N
	2.2	NTM（$v_{in}<v_{hub}<v_{out}$）	防护或系统或内部电器故障	U	A
	2.3	EOG（$v_{hub}=v_{ref}\pm2m/s$，v_{out}）	内外电器故障或脱网	U	A
	2.4	NTM（$v_{in}<v_{hub}<v_{out}$）	控制、防护或电器系统故障	F	*
开机	3.1	NWP（$v_{in}<v_{hub}<v_{out}$）		F	*
	3.2	EOG（v_{in}，$v_{hub}=v_{ref}\pm2m/s$，v_{out}）		U	N
	3.3	EDC（v_{in}，$v_{hub}=v_{ref}\pm2m/s$，v_{out}）		U	N
正常停机	4.1	NWP（$v_{in}<v_{hub}<v_{out}$）		F	*
	4.2	EOG（v_{in}，$v_{hub}=v_{ref}\pm2m/s$，v_{out}）		U	N
紧急刹车	5.1	NTM（$v_{hub}=v_{ref}\pm2m/s$，v_{out}）		U	N
停机或空载	6.1	EWM（$v_{hub}=v_{e50}$）		U	N
	6.2	EWM（$v_{hub}=v_{e50}$）	电网连接失效	U	A
	6.3	EWM（$v_{hub}=v_{e1}$）	偏航极度失效	U	N
	6.4	NTM（$v_{hub}<0.7v_{ref}$）		F	*
停车和故障	7.1	EWM（$v_{hub}=v_{e1}$）		U	A
运输、安装、维护和修理	8.1	NTM（设计方提供维护风速）		U	T
	8.2	EWM（$v_{hub}=v_{e1}$）		U	A

注 DLC 为设计载荷状况（design load case）；F 为疲劳载荷；U 为极限载荷；N 为正常状况；A 为异常工况；T 为运输与组装；* 为疲劳局部安全。

3. 风力机叶片极限状态分析

IEC 61400-1：2005标准采用安全系数来处理载荷与材料的不确定性和易变性，这些不确定性和易变性影响对叶片材料失效的判断，材料内部集中载荷设计值一般由载荷特性值和安全系数的积确定，表示为

$$F_d = \gamma_f F_k \tag{4-27}$$

式中　F_d——材料内部集中载荷设计值或载荷响应；

γ_f——载荷安全系数；

F_k——载荷特性值。

材料设计值为 f_d，材料安全系数为 γ_m，材料特性值为 f_k，可得

$$f_d = \frac{1}{\gamma_m} f_k \tag{4-28}$$

该标准中，应用的载荷安全系数应考虑以下因素：①载荷特性值可能出现的不理想偏差和不确定性；②载荷模型的不确定性。

而材料安全系数则考虑下列因素：①可能出现的材料特性值不理想偏差或材料强度的不确定性；②零件截面阻抗或结构承载能力出现的不准确评估；③几何参数误差；④材料结构性能与试验样品所测性能之间关系的不确定性。

在材料极限强度分析中，还需引进重要失效的安全系数 γ_n。设定极限状态下状态函数和阻抗分别为 S 和 R，则设计条件变为

$$\gamma_n S(F_d) \leqslant R(f_d) \tag{4-29}$$

R 为材料抗载能力允许设计值，在此，$R(f_d)=f_d$；而极限强度函数 S 通常认为结构最大响应，即，$S(F_d)=F_d$。公式变为

$$\gamma_f F_k \leqslant \frac{1}{\gamma_m \gamma_n} f_k \tag{4-30}$$

式中　γ_f——载荷安全系数；

γ_m——材料安全系数；

γ_n——重要失效的安全系数。

以上参数取值详见IEC 61400-1：2005标准。

4. 风力机叶片疲劳损伤

风力机叶片的疲劳损伤通过相应的材料疲劳损伤进行计算。根据Miner损伤累积理论，材料的疲劳极限状态为各个累积损伤值的倒数累积值达到1。疲劳损伤计算需考虑包含循环周期和平均疲劳水平的损伤累积公式。所有的局部安全系数（载荷、材料和重大失效）应用于循环疲劳周期，来评估与每个疲劳周期相关的疲劳增加。各个系数的具体取值详见IEC 61400-1：2019标准。

4.3.2 海上固定平台规划、设计和建造

漂浮式海上风力机施工流程示意

1969年10月，美国石油协会颁发了第一个有关海洋平台的建议（API RP-2A）。到目前为止，该建议经过若干次修改，已成为美国权威的海上平台规划、设计和建造的规范，并成功依此规范建造了7000多座海上平台设施。随着海上风资

源的开发，美国也将该规范应用于海上风力机的设计之中。

该规范着重于海上石油、天然气开采平台的建造、进行建筑与海基设计、提供计算结构载荷和承载能力的计算方法以采集美国沿海风浪数据。但是该规范未能提供海上风力机的设计载荷工况、风力机疲劳载荷、大直径塔筒与海基交互作用效应和克服风力机抗弯矩方法。

4.3.3 典型国家风电标准、检测及认证

现代风力机组的设计从一开始就受控于独立的认证制度。最初，这些认证制度在丹麦、德国和荷兰随着风力机技术的逐渐开发而发展。每个国家认证制度都有不同的载荷和安全规范，并且对于结构设计和试验有不同的具体要求。

1. 丹麦风电设备认证体系

丹麦对于风电的认证工作给予高度重视，是世界上第一个倡导使用风机技术的质量认证和采用标准化系统的国家，并且至今仍在这一领域处于领导地位。

早在 1991 年，丹麦能源部就制定了《风力发电机组型式认证标准则》，该规定以及 1992 年颁布的能源部《统一法令第 837 号》成为丹麦风电设备认证体系的基础。该规定指出只有通过能源部指定的认证机构认证的风电设备，才能获得国家的补贴。随着丹麦国内风电产业的逐步成熟，丹麦政府逐步降低直至取消了直接针对风电设备的补贴，当补贴政策结束后，风电设备的认证转为强制性认证，没有通过严格的安全和质量检测的风力机不能安装使用，没有获得指定机构认证的设备不能销售。

丹麦构建了完整的风电设备认证管理体系，由认证顾问委员会、认证技术委员会和秘书处组成，其中的顾问委员会包含了丹麦风机制造商协会、丹麦风机组织、丹麦小型风机制造商贸组织、丹麦电力公司、丹麦能源局以及丹麦保险联合会等 6 家机构。

丹麦瑞索（RISOE）国家实验室自 20 世纪 70 年代以来，为丹麦风电引领世界发展打下了坚实的基础，其确定的风电机组标准也是国际电工委员会（IEC）标准建立的基础。RISOE 还促进技术的推广和向企业的转移，将基础性研究和产业化相结合，将各种领先的研究成果转化为实际的生产力，其拥有的先进实验设施既服务于自身开展基础型研究工作，也按照商业化运行的模式为国内外风电整机和零部件研制企业提供检测和测试服务，有力地促进了 Vestas、Bonus 等丹麦风电企业的腾飞。

2. 德国 GL 风力机组技术认证体系

德国是世界风电强国，自 1998 年起连续 11 年风电装机容量居于世界首位。作为风电强国，德国在风电机组标准、检测及认证体系建设方面也处于前沿水平。德国的风力机组验收是按照“建筑管理法规”进行的。德国土木建筑设计院在 IEC 61400－1 的基础上制定了新的规范《风力机组规则—塔架及基础校核》和《风力机组技术规范》，包括一般要求、噪声要求、功率曲线及标准化能量产量要求和电能质量要求等。

德国劳氏船级社（GL）早在 1979 年就开始了风力发电的研究。目前 GL 的《风力机组认证技术规范》为世界很多国家及机构所广泛认可，该规范以 IEC 标准为基础，对其进行细化，增加了可操作性，并兼顾了 DIBT 的相关规定。表 4－5 为 GL 风力机组技术认证体系框架。

表 4－5　GL 风力机组技术认证体系

认证类型	定　义	认证模式	遵照标准
C 设计评估	仅适用于样机	包括载荷、叶片、机械部件的详细校查及载荷、功率测试	GL 的规范
B 设计评估	允许少量不影响安全的问题遗留	遵照 IEC WT01	
A 设计评估	无任何问题遗留		
型式认证	在 A 设计评估基础上，遵照 IEC WT01		
项目认证	遵照 IEC WT01		

3. *荷兰风力机组技术认证体系*

荷兰是世界上最早进行风电技术研究的国家之一，其装机规模一直不大，截至 2020 年年底，其累计装机容量超过 7GW，在欧洲国家中排名第 8。

荷兰有世界知名的荷兰能源研究中心（Energy Research Center of the Netherlands，ECN），其专门的风能研究部门成立于 1955 年。目前 ECN 拥有 5 台 Nordex 的 N80－2.5MW 试验机组，这 5 台机组用于不同的测试目的。

荷兰政府规定在荷兰安装的风力机组必须具备依照荷兰标准进行认证的型式认证证书。早在 1991 年，荷兰就制定了认证标准 NEN6096/2，于 1996 年修订。在 IEC 61400－1 的基础上，荷兰能源部门又颁布了 NVN11400－0 并在 1999 年推行实施。其中，增加了材料、劳工安全、安全系统和型式认证流程的细节规定。目前适用的荷兰标准为 1999 年颁布的 NVN11400－0《风力机组　第 0 部分：型式认证技术条件》。该标准基于 IEC 61400－1，并针对荷兰本国实际情况对 IEC 的部分内容进行了修改及补充。具体包括：

（1）由荷兰本国的外部条件要求替代了 IEC 61400－1 中的相关要求。

（2）由荷兰本国的安全要求替代了 IEC 61400－1 中的相关要求。

（3）增加了材料要求。

（4）增加了劳动安全要求。

4. *美国风力机组技术认证体系*

1994 年以前美国没有风力发电设备的认证机构，基本没有开展有关认证工作。随着近年来风电在世界范围内的飞速发展，美国能源部意识到了今后风电工业的重要性以及巨大的市场空间。所以在 1994 年启动了以振兴美国风电工业为目的的“保障美国风能技术在全球市场的竞争力”计划。

这项计划中有一项就是要建立美国自己的认证机构，为美国风力发电设备提供认证服务。这项工作由美国能源部牵头并予以资助，具体由美国国家可再生能源实

验室（National Renewable Energy Laboratory，NREL）、美国风能协会（American wind energy association，AWEA）、美国保险商实验室（Underwriter Laboratories Inc，UL）和美国国内的风力发电设备企业等共同参与完成。

美国国家可再生能源试验室隶属于美国能源部。其前身是1974年建立的太阳能研究所，1991年成立为美国国家实验室，同时改成为美国国家可再生能源试验室（National Renewable Energy Laboratory，NREL），开始致力于可再生能源技术及节能技术研发工作，并通过推广这些研发成果，为美国国家的能源及环境战略目标服务。NREL按不同专业和研究方向下设有国家光伏技术中心、国家生物质能中心、国家风能技术中心等研究机构和专业试验室。

UL成立于1894年，是美洲历史最悠久的独立（第三方）检测和认证机构。UL接受认证申请，承担风力机组电气部件的检测以及工厂质量控制的审核工作。

NWTC负责风力机组的设计评估和型式试验。他们的认证工作均采用IEC标准作为认证的依据。

5. 印度风力机组技术认证体系

印度在历史上并没有认证制度，进口的风电设备只要有欧洲的认证证书即可在国内销售。在出现多起风机故障和事故后，政府意识到国外的认证并不能满足国内的环境条件要求，于是决定建立自己的认证体系。

印度风能技术中心（Center of Wind Energy Technology，C-WET）位于印度第四大城市——钦奈，其成立目的是建立风电设备国家检测和认证的设施、制定标准和认证规范，以促进和加速印度的风能利用步伐以及支持印度正在发展的风电产业。其具体策略是建立一个具有履行上述职责技术能力的独立机构。

根据印度和丹麦政府间的协议，丹麦国际开发署（Danish International Development Agency，DANIDA）为C-WET提供技术协助。在丹麦RISOE国家试验室的帮助下，C-WET做了以下工作：

（1）项目管理和制度建设。

（2）开发人力资源。

（3）提供一系列办公、计算、实验和研讨会设备。

（4）草拟质量管理体系，包括试验和认证的程序和指南，并制定了TAPS200-《印度风力机组型式认证暂行体系》。

（5）进行运行和现场培训。

6. 中国风电标准概况

全国风力机械标准化技术委员会是1985年经原国家质量技术监督局批准成立的专业标准化委员会。该委员会是我国风力机械领域内从事全国标准化工作的技术工作组织，负责全国风力机械专业领域的标准化技术归口工作。1999年以前，全国风力机械标准化技术委员会的工作重点是研究编制离网型风力机组的标准，1999年以后，重点转为开发研究并网型风力机组的标准。

目前，我国已制定风电标准65个，其中并网型风机标准30个，离网型风机标准35个，包括国家标准、行业标准、电力标准，内容涉及风机整机、零部件、设计、测试等多个方面。目前我国采用的主要标准大多同于IEC标准。

思 考 题

1. 风力机的载荷有哪些?
2. 风切变与偏航误差对风轮受力的影响是怎么样的?
3. 什么是塔影效应、尾流效应?有什么影响?
4. 天气对风力机载荷有什么影响?
5. IEC 61400-1(2019)标准中有哪些风况?有什么区别?

第 5 章　风力机叶片材料及制造工艺

风力机叶片材料的选择对于叶片设计至关重要。叶片的制造工艺则是叶片设计水平的直接体现，决定着最终成型叶片的质量。选择合适的材料及制造工艺，可有效提高风力机叶片的性能，同时降低风力机叶片的制造和运维成本。

本章主要介绍风力机叶片材料的应用与发展以及几种常见的叶片制造工艺。

5.1　叶　片　材　料

叶片材料

5.1.1　选材原则

（1）在满足结构完整性的要求下尽量选用价格低的材料，成本的计算应考虑材料成本、工艺成本（指工艺适应性、成形温度和压力、对辅助材料的要求）和维修成本。

（2）在满足使用要求的前提下，尽量选用已有使用经验的“老”材料，并有可靠且稳定的供应渠道。

（3）所选材料应具有良好的工艺性（成形固化工艺性、机械加工性、可修补性等），其中成形固化工艺性包括树脂黏性、铺覆性、成形固化方法、温度和压力、储存期、流动性等。

（4）所选材料应满足结构使用环境要求：

1）复合材料使用温度应高于结构最高工作温度，在最恶劣的工作环境条件（如湿/热）下，其力学性能不能有明显下降，在长期工作温度下性能应稳定。

2）具有适当的韧性，对外来冲击和分层等损伤不敏感。

3）具有较高的开孔拉伸和压缩强度，较高的连接挤压强度。

4）耐自然老化、沙蚀、雨蚀等方面性能良好。

5）环境保护要求的投资费用小。

图 5 - 1 为风力机叶片常用材料属性分布图。

5.1.2　传统叶片材料

1. 木制叶片

近代的微、小型风力机有些采用木制叶片，但由于木制叶片不易扭曲，因此常设计成等安装角叶片。整个叶片由几层木板黏压而成，与轮毂连接处采用金属板做成法兰，通过螺栓连接。大、中型风力机很少用木制叶片，即使有也是用强度较高的整体方木做纵梁来承担力和弯矩。叶片肋梁木板与纵梁木板用胶和螺钉可靠地连

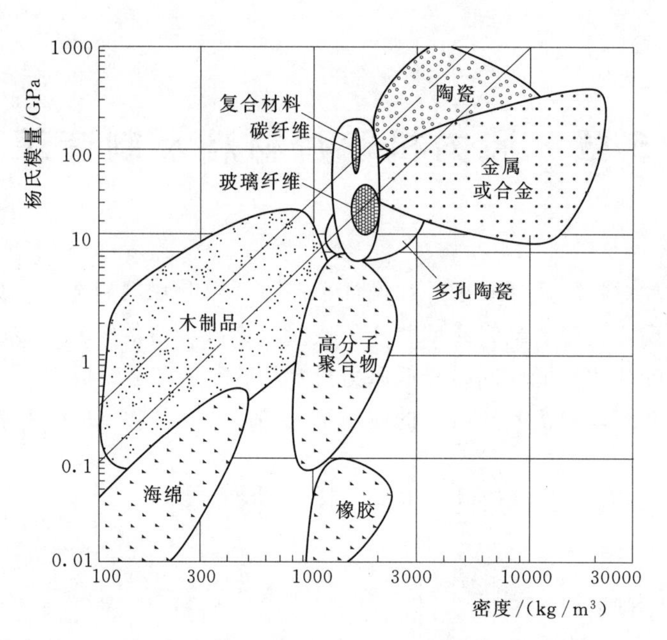

图5-1　风力机叶片常用材料属性分布图

接在一起，其余叶片空间用轻木或泡沫塑料填充，用玻璃纤维覆面，外涂环氧树脂。

2. 钢梁玻璃纤维蒙皮叶片

叶片在近代有采用钢管或D型钢做纵梁，钢板做肋梁，内填泡沫塑料外覆玻璃钢蒙皮的结构型式，一般用在大型风力机上。叶片纵梁做成等强度梁，其钢管及D型钢从叶根至叶尖的截面应逐渐变小，以满足扭曲叶片的要求并减轻叶片重量。

3. 铝合金等弦长挤压成型叶片

用铝合金挤压成型的等弦长叶片易于制造，可连续生产，也可按设计要求的扭曲进行加工，叶根与轮毂连接的轴及法兰可通过焊接或螺栓连接来实现。铝合金叶片重量轻、易于加工，但不能做到从叶根至叶尖渐缩的叶片，目前世界各国尚未实现这种挤压工艺。

5.1.3　现代叶片材料

随着风力机组朝着大型化方向发展，对叶片的要求越来越高。为了在降低成本的同时又保证叶片具有足够的强度和刚度，轻质高强、耐蚀性好、具有可设计性的复合材料成为大型风机叶片的首选材料。目前，风电叶片所用的复合材料体系主要包括基体材料、增强材料、夹芯材料、胶黏剂和辅助材料等。

5.1.3.1　基体材料

基体材料对复合材料力学性能有重要影响，复合材料的横向性能、压缩和剪切性能都与基体材料有关。好的基体材料可有效地提高复合材料的抗损能力和疲劳寿命。目前用于复合材料叶片的基体材料以不饱和聚酯树脂、环氧树脂和乙烯基酯树脂等热固性树脂为主。

1. 不饱和聚酯树脂

不饱和聚酯树脂是由不饱和二元酸、饱和二元酸和二元醇缩聚而成，在大分子结构中同时含有重复的不饱和双键与酯键，经交联剂苯乙烯稀释后，呈现为具有一定黏度的树脂溶液。

不饱和聚酯树脂用于大型风电叶片的优点有：价格低、工艺性好、综合性能优良；缺点有：力学性能较低、污染大、固化收缩率较大，储存过程中易发生黏度和凝胶时间的漂移。因此，不饱和聚酯树脂一般适用于制造小型叶片（24m以下）。

2. 环氧树脂

环氧树脂是目前使用最为广泛的叶片基体材料。环氧树脂泛指分子中含有两个或两个以上环氧基团的有机高分子化合物，其分子结构是以分子链中含有活泼的环氧基团为特征，环氧基团可以位于分子链的末端、中间或成环状结构。环氧树脂具有以下性能特点：

（1）环氧基和羟基赋予树脂反应性，能与胺类固化剂形成性能优异的固化物。

（2）树脂固化后，大分子链上的醚键和羟基是极性基团，有助于提高对增强纤维的浸润性和黏附力。

（3）固化物有很高的力学性能和黏接强度。

（4）固化物有较高的耐腐蚀性和电绝缘性能。

环氧树脂用于大型风电叶片的主要优点有：静态和动态的强度高，耐疲劳性能优异；固化收缩较小，尺寸稳定性好；对玻璃纤维和碳纤维的浸润性优良；介电性能（绝缘性）较好；耐化学腐蚀性和耐久性良好。主要缺点有：对操作可靠性要求甚高，要求配料精确；室温下黏度高，树脂导入时间长，生产效率较低；成型设备必须附有加热后固化装置，设备投资成本增加；树脂价格较高，原料基本上是进口的，供应周期长。

国内大型风电叶片所使用的环氧树脂主要由国外公司如瀚森（Hexion）、亨斯曼（Huntsman）、陶氏（Dow）、巴斯夫（Basf）等知名公司供应，市场被国外公司垄断。风电叶片环氧树脂在国内一直是研究热点，国家科技部曾设立“863”项目计划“MW级风力机组风轮叶片原材料国产化”，以鼓励这种风电叶片关键原材料的国内开发。

3. 乙烯基酯树脂

乙烯基酯树脂由丙烯酸或甲基丙烯酸与环氧树脂经开环酯化反应而获得，是国际上公认的一种高度耐蚀树脂。经研究乙烯基酯树脂的酯基仅仅出现在主链的末端，这大大增强了乙烯基酯树脂的耐水性、耐热性和耐腐蚀性。

乙烯基酯树脂用于大型风电叶片具有以下优点：室温黏度低，树脂真空导入时间短，生产效率高，叶片较厚部位能完全均匀浸润；具有优异的耐腐蚀性，力学性能高于普通聚酯树脂；固化性能优良，生产制品时的适用性广，薄制品能固化完全，厚制品也可以一次成型；成型周期短，生产效率高，无需加热装置，故能延长模具使用寿命。缺点有：价格高于普通聚酯树脂，固化收缩率大，污染大。

业界专家认为，用性价比更高的乙烯基酯树脂逐步取代环氧树脂将是未来的发

展趋势。用乙烯基酯树脂替代环氧树脂最大的优势是可降低叶片成本。另一优势是工艺性好，乙烯基酯树脂可在不改变原环氧树脂成型结构设计的基础上直接对环氧树脂进行替换。尽管优势明显，但乙烯基酯树脂的开发目前仍处于初级阶段，国内外企业正在积极开展其在风力机叶片上的应用。

表5-1～表5-3给出了特定类型的不饱和聚酯树脂、环氧树脂以及环氧乙烯基酯树脂的具体性能比较。

表5-1　风力机叶片基体树脂工艺性能比较

技术指标	不饱和聚酯树脂 MERICAN 9190P	环氧树脂 MERICAN 3311A/B	环氧乙烯基酯树脂 MERICAN 30-200P
黏度/(mPa·s)(25℃)	100～200	200～300	100～200
凝胶时间/h	2～4	5～6	2～4
固化剂	过氧化甲乙酮	胺类	过氧化甲乙酮
固化剂加入量/%	1～3	30～35	1～3
交联剂	苯乙烯	胺类、活性稀释剂	苯乙烯
反应活性	活性高可常温固化	活性低常温固化慢	活性高可常温固化
加热后固化	不要求，但有益处	必须	不要求，但有益处
模具生产效率/天	1	2	1
放热峰/℃	80～120	<60	80～120
黏结强度	较低	高	较高

表5-2　风力机叶片基体树脂浇铸体力学性能比较

项目	不饱和聚酯树脂 MERICAN 9190P	环氧树脂 MERICAN 3311A/B	环氧乙烯基酯树脂 MERICAN 30-200P
拉伸强度/MPa	76	75	90
拉伸模量/MPa	3400	3300	3400
断裂伸长率/%	3.8	5.0～8.0	5.0
弯曲强度/MPa	128	135	130
弯曲模量/MPa	3800	3300	3400
冲击强度/(kJ/m^2)	15	45	20
热变形温度/℃	90	80	110

表5-3　风力机叶片复合材料力学性能比较

项目	不饱和聚酯树脂 MERICAN 9190P	环氧树脂 MERICAN 3311A/B	环氧乙烯基酯树脂 MERICAN 30-200P
拉伸强度(单轴布)/MPa	760	800	922
拉伸模量(单轴布)/MPa	38800	40000	40300
断裂伸长率(单轴布)/%	2.05	2.55	2.40
压缩强度(单轴布)/MPa	605	660	619
压缩模量(单轴布)/MPa	40300	42000	42200
面内剪切强度/MPa	41	50	54
纤维含量/%	71.5	71.8	71.3

5.1.3.2 增强材料

1. 玻璃纤维增强材料

玻璃纤维复合材料因其价格便宜，综合性能优异，是目前叶片制造中用量最大、使用面最广的高性能复合材料。

E-玻纤，亦称无碱玻璃纤维，由一种铝硼硅酸盐玻璃构成，具有成本低、适用性强、绝缘性好等特点，是目前的主流增强材料。为了更好地发挥E-玻纤在结构中的强度和刚度作用，使其能与树脂进行良好匹配，目前已经开发了单轴向、双轴向、三轴向、四轴向甚至三维立体结构等编织形式，以满足不同的需要，使灵活的结构设计得到更好的体现。

当要求叶片有更高的强度与刚度时，可以使用高强度玻纤，如S-玻纤，即一种特制的抗拉强度极高的硅酸铝-镁玻璃纤维。S-玻纤的模量能达到85.5GPa，比E-玻纤高18%，且强度高出33%。从技术角度，人们对于在风力机叶片上应用高强度高断裂应变的S-玻纤比较感兴趣，但因用量相对较少使其价格一直很高，因此没能成为叶片的主流增强材料。如果其价格能降到E-玻纤水平，将有巨大的吸引力。

由于玻璃纤维密度较大，随着叶片长度的增加，叶片的质量将会越来越重。有关研究表明，叶片质量按长度的3次方增加。完全依靠玻璃纤维复合材料作为叶片的材料已逐渐不能满足叶片发展的需要。例如，采用玻璃纤维增强聚酯树脂作为叶片用复合材料，当叶片长度为19m时，其质量为1.8t；长度增加到34m时，叶片质量为5.8t；如叶片长度达到52m，则其质量高达21t。叶片越重，对发电机和塔座要求越高，同时也影响到发电机组的性能和效率，因此，需要寻找更好的材料以适应大型叶片发展的要求。

2. 碳纤维增强材料

叶片长度的不断增加，使得碳纤维在风力发电上的应用不断扩大。碳纤维的强度比玻璃纤维高约40%，密度小约30%，大型叶片采用碳纤维作为增强材料能充分发挥其轻质高强的优点。同样是34m长的叶片，采用玻璃纤维增强聚酯树脂质量为5.8t，采用玻璃纤维增强环氧树脂时质量为5.2t，采用碳纤维增强环氧树脂时质量为3.8t，见表5-4。因此，采用碳纤维复合材料势在必行。

表5-4 风力机叶片复合材料力学性能比较

叶片长度/m	不同材料叶片质量/kg		
	玻纤/聚酯	玻纤/环氧	碳/环氧
19	1800	1000	
29	5600	4900	
34	5800	5200	3800
38	10200		8400
43	10600		8800
52	21000		
54			17000
58			19000

丹麦维斯塔斯（Vestas）公司的 V－90 型风力机容量为 3.0MW，叶片长 44m，其样品试验用了碳纤维制造；西班牙歌美飒（Gamesa）公司在其风轮直径为 87m、90m 的叶片制造中使用了碳纤维；丹麦 NEG2Micon 公司正在制造碳纤维增强环氧树脂的 40m 叶片；德国恩德（Nodex）公司开发了 56m 长的碳纤维叶片。

目前，大多数研究人员认为 60m 长的叶片是单纯使用玻璃纤维增强体临界尺度，大于此尺度的叶片须使用碳纤维作为增强材料。但由于目前碳纤维的价格昂贵（约为玻璃纤维的 10 倍），限制了它的广泛应用。因此，全球各大复合材料公司正在从原材料、工艺技术、质量控制等各方面深入研究，以求降低成本。美国卓尔泰克（Zoltek）公司生产的 PANEX33（48K）大丝束碳纤维具有良好的抗疲劳性能，可使叶片质量减轻 40%，叶片成本降低 14%，并使整个风力发电装置成本降低 4.5%。

3. 碳纤维/玻璃纤维混杂增强材料

尽管碳纤维价格昂贵，但当叶片超过一定尺寸后，适当采用碳纤维与玻璃纤维制造的叶片成本反而比完全使用玻璃纤维的低，因为该方法可在保证刚度和强度的同时大幅度减轻叶片的质量。据分析，采用碳纤维/玻璃纤维混杂增强的方案，叶片可减重 20%～40%。据欧洲 E.C. 公司资助的研究计划中介绍，在风轮直径为 120m 叶片中添加碳纤维能有效减轻总体质量达 38%，另外可使其设计成本费用比玻璃纤维减少 14%。另外一个类似的研究分析也指出，添加碳纤维制得的风机叶片质量会比玻璃纤维减轻约 32%，且成本降低约 16%。

丹麦艾尔姆（LM）玻璃纤维叶片家族中长为 61.5m、额定功率为 5MW 的风力机叶片在梁和端部都选用了碳纤维。德国恩德（Nodex）公司为海上 5MW 风电机组配套研制的碳/玻混杂风机叶片长达 56m。同时，该公司还开发了 43m（9.6t）的碳纤维/玻璃纤维风机叶片，可用于陆上 2.5MW 机组。德国爱纳康（Enercon）公司开发了供 4.5MW 风力机组使用的碳纤维叶片。目前，碳纤维、玻璃纤维混杂使用制造纤维增强材料叶片已被各大叶片公司所采用，这不仅增加了叶片的结构刚度和承受载荷的能力，还最大程度地减轻了叶片的质量，为叶片向长且轻的方向发展提供了有利条件。

4. 玄武岩纤维增强材料

玄武岩纤维是一种新型高技术无机纤维，由玄武岩石在高温熔融状态下拉丝而成。玄武岩纤维在强度、刚度上大体与 S－玻纤相当，但价格低于 S－玻纤，并有更好的耐酸碱、耐高温以及耐水性能。与玻璃纤维一样，玄武岩纤维存在着密度较大的缺点，并且韧性较差，需进行增强增韧改性以提高其性能。

目前有关玄武岩纤维用于风力机叶片的报道相对较少，但在碳纤维价格不下降的情况下，采用玄武岩纤维作为增强材料具有广阔的应用前景。

几种增强材料的主要性能比较见表 5－5。

5. 热塑性复合材料叶片

风能是清洁无污染的可再生能源，但退役后的风机叶片却是环境的一大杀手。目前叶片使用的复合材料主要是热固性复合材料，不易降解，且叶片的使用寿命一般为 20～30 年，其废弃物处理的成本较高，通常采用填埋或者燃烧等方法处理，

表5-5 几种增强材料的主要性能比较

名 称	拉伸强度/MPa	模量/GPa	密度/(g/cm³)	断后延长率/%
E-玻纤	3400	73	2.54	3～4
S-玻纤	4020	82.9	2.54	5.3
碳纤维 Pane×3550K	3800	242	1.81	1.5
碳纤维 T700 12-24K	4900	230	1.80	2.1
玄武岩纤维	3000～4840	79.3～93.1	2.80	3.1

基本上不再重新利用。面对日益突出的复合材料废弃物对环境造成的危害，一些制造商也开始探讨叶片的回收和再利用技术。

随着人类环保意识的与日俱增，研究开发"绿色叶片"成为摆在人们面前的一大课题。所谓"绿色叶片"，就是在叶片退役后，其废弃材料可以回收再利用，因此热塑性复合材料成为首选材料。与热固性复合材料相比，热塑性复合材料具有密度小、质量轻、抗冲击性能好、生产周期短等一系列优点，但该类复合材料的制造工艺技术与传统的热固性复合材料成型工艺差异较大，制造成本较高，成为限制热塑性复合材料用于风力机叶片的关键问题。随着热塑性复合材料制造工艺技术研究的不断深入和相应的新型热塑性树脂的开发，制造热塑性复合材料叶片正在逐步走向现实。

在"绿色叶片"研究的最初阶段，爱尔兰 Gaoth 公司负责 12.6m 长的热塑性复合材料叶片的制造，日本三菱公司负责在风力机上进行"绿色叶片"的实验，实验成功后，他们继续研究开发 30m 以上的热塑性复合材料标准叶片。为降低热塑性复合材料的成本，爱尔兰 Limerick 大学和爱尔兰国立高威大学开展了热塑性复合材料的先进成型工艺技术的基础研究。

为解决热塑性复合材料叶片的纤维浸润和大型热塑性复合材料结构件制造过程的树脂流动性问题，美国 Cyclics 公司开发出一种低黏度的热塑性工程塑料基体材料——CBT 树脂，这种树脂黏度低、流动性好、易于浸润增强材料，可更充分地发挥增强材料的性能和复合材料良好的韧性。与玻璃纤维/环氧树脂复合材料大型叶片相比，如采用热塑性复合材料叶片，每台大型风力机所用的叶片重量可降低 10%左右，抗冲击性能大幅度提高，制造成本可降低 1/4，制造周期可降低 1/3，且可完全回收和再利用。该公司利用 CBT 树脂体系制作了全球首个 12.6m 可循环风力机叶片，该叶片退役后，平均每台风力机组可回收的叶片材料达 19t，此项开发更有利于环境保护，其前景也将非常乐观。

竹质复合材料叶片则是另一种"绿色叶片"。相比于传统复合材料叶片，竹质叶片具有工艺简单、性能稳定、产品开发周期短等优势，可直接降低材料成本 20%以上，并可提高发电效率。竹质叶片可以根据现有叶片翼型和叶型，在不改变模具和主要生产工艺的情况下完成产品结构和工艺改型。且叶片中的竹材可回收利用，打破了目前玻璃纤维碳排放高的现状，更为节能环保。竹质叶片技术可以根据各级别的风力机组和各种类型的风力发电场进行设计，适合运行于各类气候条件，并可以应用于兆瓦级的大型风力机组。

由于技术新颖，目前竹质叶片所占市场份额比重较小，代表性生产厂家为维斯塔斯（Vestas）。国内的生产厂家有中复连众、天奇等，使用竹质叶片的整机厂商有浙江运达风电股份有限公司。2010年5月，山东省德州世纪威能风电设备有限公司生产了国内第一根长40.3m的1.5MW竹质叶片，随后通过了静载荷试验和动载荷试验。经过多次设计优化之后，竹质叶片技术通过我国新能源领域的权威认证，各项指标完全达到国际标准。

5.1.3.3　夹芯材料

夹芯材料一般使用在叶片前缘、后缘以及剪切腹板处，可增加结构刚度，防止局部失稳，提高整个叶片的承载能力并降低叶片重量。夹芯材料成本占叶片材料总成本20%左右，因此，在叶片设计中，结构芯材的选择除了要考虑力学性能和工艺条件方面的因素外，还要考虑其成本。

目前，用于生产风力机叶片的夹芯材料主要有硬质泡沫和轻木两类。一种典型的设计方案是，把强度较高的轻木用于承受载荷较大的靠近叶根的部位，硬质泡沫用于承受载荷较小的靠近叶尖的部位，夹芯材料的厚度沿着叶根向叶尖方向逐渐减小。也有叶片生产厂家单独使用硬质泡沫或轻木作夹芯材料。

1. *硬质泡沫*

用于风电叶片的硬质泡沫主要有聚氯乙烯（PVC）泡沫、丙烯腈-苯乙烯（SAN）泡沫、聚苯乙烯（PS）泡沫和聚对苯二甲酸乙二醇酯（PET）泡沫等，其中PVC泡沫使用最为广泛。

（1）PVC泡沫实际上是PVC和聚氨酯混合物，但通常都简单地称为PVC泡沫。PVC泡沫耐苯，因此能够和聚酯树脂共同使用。PVC泡沫具有很好的静力和动力特性，适用于承载要求较高的产品，并且能够耐多种化学物质腐蚀。

目前PVC泡沫的主要产品型号有戴铂（Diab）公司的Divinycell和Klegecell系列，艾瑞柯斯（Airex）公司的Herex系列以及固瑞特（Gurit）公司PVCell系列。德国艾罗迪（Aerodyn）公司设计的多种型号的叶片均采用PVC泡沫作为叶片芯材，国内很多采用Aerodyn技术的叶片公司均使用PVC作为叶片芯材。同时PVC泡沫以其优良的力学性能也被广泛用在其他设计公司设计的叶片中充当夹心材料。此外，国内天晟公司具备生产PVC泡沫的能力，其Strucell系列泡沫性能能够满足叶片设计的要求。

（2）SAN泡沫属热固性泡沫，先制作精胚，然后将胚体放入发泡炉中通过对温度、时间等工艺参数的控制来获取不同密度的泡沫。SAN泡沫最早由加拿大的ATC公司于1993年开始生产，后被固瑞特公司收购。由英国SP Systems公司生产的Corecell T400型号的泡沫密度及力学性能与密度为60kg/m^{3}的PVC泡沫十分接近，且具有较好的耐热性。美国TPI叶片公司一直在使用此泡沫作为叶片的芯材，由于其具有更好的热稳定性，目前国内已经有部分叶片公司开始用SAN泡沫替代PVC泡沫作为叶片芯材。

（3）PS泡沫属热塑性泡沫，由英国于1943年首先制成。1944年美国陶氏化学有限公司用挤出法大批量地生产聚苯乙烯泡沫，最大挤出宽度可以达到600mm，

挤出厚度可达到100mm。PS泡沫具有重量轻、成本低、易于加工等优点，但因力学性能差，主要用作叶片的剪切腹板的夹芯泡沫。目前陶氏公司针对叶片芯材主要有COMPA××700-×和COMPA××900-×两款型号的泡沫，其中COMPA××700-×在苏司兰、中科宇能和重庆通用等叶片公司已开始使用。

(4) PET泡沫是一种较新的泡沫芯材，属于热塑性泡沫。由于密度较大，PET泡沫无法提供显著的减重效果，但因价格低廉，且比轻木的一致性好，因此逐渐获得市场的认可。德国阿乐斯（Armacell）公司生产的ArmaFORM PET泡沫可直接与PVC泡沫进行竞争。采用ArmaFORM PET材料作为风电叶片夹芯材料，不仅满足夹芯材料的产品性能要求，同时可以节约自然资源，保护环境。瑞士阿瑞克斯（Airex）公司推出的AIREXRT92 PET芯材大大改善了原产品的机械性能和损坏韧性，成为各种结构夹层应用的首选材料，包括风电叶片。PET泡沫的另一优点是能100%回收再利用。若能通过改进配方或生产工艺来提高现有PET泡沫的力学性能，将更能显示出其在风电叶片上的应用优势。

表5-6列出了目前普遍使用的4种泡沫的具体型号及密度。图5-2与图5-3显示了4种泡沫的基本力学性能。

表5-6 4种泡沫型号和密度比较

样　品	PVC	SAN	PS	PET
公司名称	Diab	Gruit	Dow	Gruit
泡沫型号	Divinycell H60	Corecell T400	COMPA××700-×	TSPET000114C-D
密度/(kg/m³)	62	73	50	115

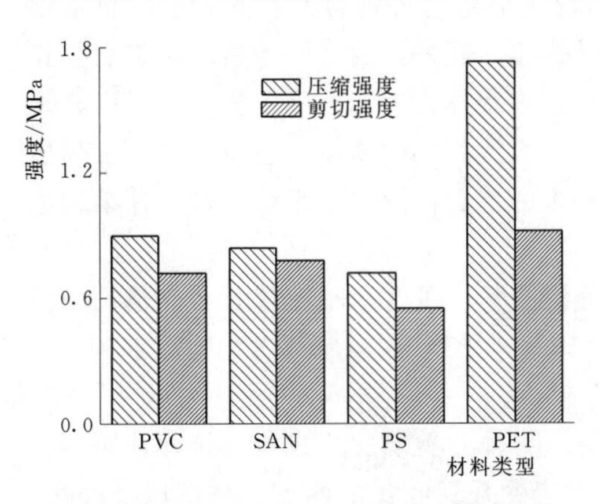

图5-2 4种泡沫压缩强度和剪切强度图

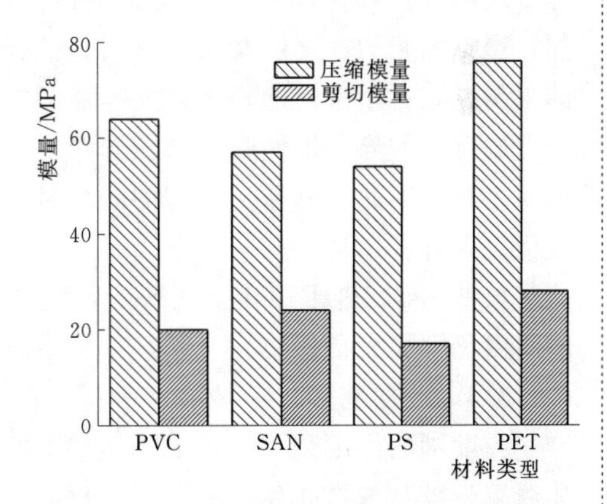

图5-3 4种泡沫压缩模量和剪切模量图

由以上数据可见，密度较大的PET泡沫强度和模量均高于其他3种泡沫，而PS泡沫由于密度较低，在力学性能上也低于其他3种泡沫，PVC泡沫和SAN泡沫的性能居中。泡沫的使用主要通过叶片的结构设计来实现，通过对叶片结构的优化设计每种泡沫都可以很好地作为叶片的芯材。

2. 轻木

轻木夹芯材料是一种天然产品，如图5-4所示，具有可降解和可再生的特点。

常见的轻木夹芯材料为美国博泰克（Baltek）公司的SB系列Balsa轻木，其在全球市场的占有率超过70%。Balsa轻木主要产自南美洲，由于气候原因，Balsa轻木在当地生长速度特别快，比普通木材轻很多，且其纤维具有良好的强度和韧性，是一种非常理想的夹芯材料，特别适用于复合材料夹层结构。

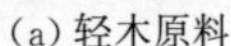
(a) 轻木原料

(b) 轻木夹芯

图5-4　轻木夹芯材料图

Balsa轻木夹芯材料的密度范围为100～250kg/m^3，其本身是一种类似微孔的蜂窝结构，用于叶片时一般会在轻木两个表面用专用处理剂涂刷封孔，防止树脂渗入轻木内部。

Balsa轻木夹芯在生产和使用等各个环节中要特别注意防潮，在储存和运输过程中应始终保持密闭包装，最好在使用时现场拆包，否则容易吸水，导致重量增加，影响树脂的固化以及夹芯材料和面板的黏接。此外，由于轻木是一种天然生长的木制品，在用来制造轻木芯材产品的单根原木个体之间，存在着密度、强度和硬度上的巨大差异。即使在木料的选择上达到了大致相同的密度，芯材在性能上仍然极易变化。因此在制造更大型的叶片时，轻木的差异性影响了设计师对叶片结构进行优化设计。

虽然Balsa轻木存在上述缺点，但其价格低廉，强度和刚度较大，在很长一段时间内仍会被大量使用。

5.1.3.4　胶黏剂

胶黏剂的作用是对叶片上壳体与下壳体、壳体与剪切腹板进行黏接，并填实壳体缝隙。胶黏剂是叶片的重要结构材料，直接关系到叶片的刚度、强度以及寿命，因此其在操作工艺、结构成型、环境匹配和使用耐久性等多方面均有非常严格的要求。

一个可靠的风电叶片胶黏剂必须具备以下重要的功能：具有较高的强度和韧性，必须能够承受每个叶片的离心力；具有优异的操作特性，如不坍落、易泵输等；具有良好的浸润性和触变性；具有高抗压性能，耐疲劳性能和抗老化性能；胶黏剂的反应周期与叶片模具的工作周期要紧密吻合；具有卓越的缝隙填充能力，能适合不同厚度的黏接带；低放热和低固化收缩率。

目前可用于叶片黏接制造的胶黏剂产品，按基本化学结构可分为环氧（EP）、聚氨酯（PU）、丙烯酸酯（AC）3 大类型。其中环氧胶黏剂应用最广、用量最大，其余种类胶黏剂也各施其能、各行其效。不同场合对胶黏剂选用有不同的要求，一般根据同源匹配性原则、结构设计要求和制造工艺特点进行选择。

1. 环氧胶黏剂

环氧胶黏剂和环氧树脂在性能上有许多的相似性，具有黏接强度高、聚合度高、硬度高、韧性足、固化收缩率小、易于改性等优点，被作为一种高级的胶黏剂材料，在航空航天、建筑工程、机械、汽车、电子电气、复合材料等行业领域大量使用，在风电叶片制造行业也是如此。

美国迈图（Momentive）（原 Hexion）公司生产的 Adhesive EPIKOTE™ MGsR BPR 135G 系列胶黏剂产品因其卓越的性能、稳定的品质和长期的应用经验而广受市场和客户的信赖，被立为行业用胶技术的标杆。Gurit 公司的 Spabondl30 牌胶黏剂以增韧环氧树脂为主，填充少量短切碳纤维。该产品克服了金属、复合材料不同的热胀冷缩产生的应力，获得了 DNN/GL 批准，可用来黏接叶片/轮毂的螺杆、螺母。

目前我国的胶黏剂主要依靠进口，但国产材料也在陆续地投入到叶片生产中。上海康达化工有限公司是国内胶黏剂厂家中发展最为迅速和成功的。其开发的风力机叶片专用环氧胶 WD3135 是一种双组分、高触变性、高韧性的环氧胶黏剂，适用于叶片的黏接工艺。已通过 GL 认证，一定程度上可替代进口胶黏剂。

2. 聚氨酯胶黏剂

聚氨酯胶黏剂发展历史较长，受风电等新能源产业飞速发展的影响，直到今天仍有大量新型的品种不断涌现。聚氨酯胶黏剂具有低温黏接性优异、耐磨性好、表面黏附性高、耐疲劳和价格低廉等优点，经过改性还可大大改善其耐热性和耐湿热老化性欠佳等弱点。

德国汉高（Henkel）集团于 2009 年向市场推出了通过 GL 认证的 Macroplast UK 1340 型胶黏剂。采用该胶黏剂可缩短叶片养护时间，减小黏接层受力开裂风险，从而大大加快生产速度，并有可能延长配料设备及模具的使用寿命。

3. 丙烯酸酯胶黏剂

丙烯酸酯胶黏剂是以含氢键基的丙烯酸酯单体为主体材料，并与不饱和烯烃类单体共聚而成。它具有快速干燥成型、黏接力大、强度高、弹/韧性好、适用材料广泛、耐久性佳等优点，可用于金属、塑料、橡胶、木材、纸张等材料的黏接。

美国 ITW 普莱克斯（Plexus）公司开发的 MA560 和 MA590 型丙烯胶黏剂具有以下特征：与复合材料形成化学结合，可提供较强的黏接强度；很少或不需要表面处理；较高的抗应力、抗疲劳性和耐室外暴露；通过 GL 风能认证。采用这些胶黏剂，可降低叶片制造成本、缩短装配时间、增加生产量、降低部件重量、改善叶片质量和制造过程，因此丙烯胶黏剂正逐渐为风能行业所接受。

5.1.3.5 辅助材料

辅助材料包括脱模剂、固化剂、增韧剂、促进剂以及涂料等，其中以涂料最为重要。叶片的工作环境比较恶劣，而且经常受到空气介质、沙尘、雷电、暴雨、冰雪的侵袭，另外大型叶片的吊装费用昂贵且费时，一般运行10年以上才进行一次维护，因此对保护叶片的涂料要求极高。

叶片涂料的具体技术要求有：涂料与底材要有优异的附着力；具有良好的弹性，可以随同叶片的形变而变化，不至于开裂；具有良好的耐磨损性，可以很好地抵抗风沙及雨水对漆膜的侵蚀与冲刷；涂膜具有极佳的耐紫外光性能，运行10年以上光泽无明显的变化、无粉化、剥落、霉变；漆膜要耐有机溶剂、液压油、润滑油等；能承受高低温的变化；良好的施工性，适合大面积喷涂，干燥速度快，施工周期短，生产效率高。

目前我国的风电涂料市场主要由国外涂料品牌供应，特别是叶片涂料，几乎全部依赖进口。在这些国外叶片涂料企业中，意大利的Mega、德国的Mankiewicz、美国的PPG、德国BASF的Relius和德国的Bergolin等企业占有优势。其中PPG推出的“薄膜型”风力机叶片涂层防护系统可使涂料用量减少达到60%，但性能不变，且其附着柔韧性还有所提升，耐腐蚀性能和耐气候性能比较强。

Mega、Mankiewicz、Bergolin等涂料中包含胶衣体系，抗风沙冲击性能较好，适合我国的风电场环境。而PPG、BASF-Rulis等涂料既没有胶衣，也没有100%固含的面漆，只能适应欧洲的大气环境，在我国只能作为一种装饰漆，在沙尘暴冲击区域没有实用价值。

风力机叶片制造工艺

5.2　叶片制造工艺

目前复合材料叶片的制造工艺一般是在各专用工具上分别成型叶片蒙皮、主梁、腹板及其他部件，然后在主模具上把这些部件胶结组装在一起，合模加压固化后制成整体叶片。其总体制造工艺路线如图5-5所示。

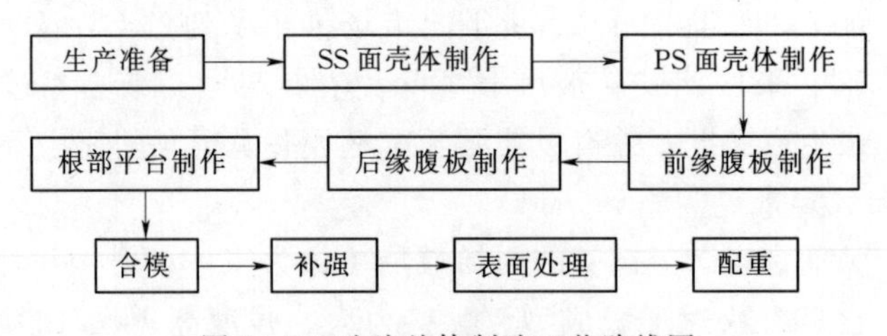

图5-5　叶片总体制造工艺路线图

具体成型工艺大致可分为手糊成型、模压成型、拉挤成型、纤维缠绕、树脂传递模塑、预浸料成型以及真空灌注成型等7种工艺。其中手糊成型、拉挤成型、纤维缠绕及预浸料成型为开模成型工艺，模压成型、树脂传递模塑及真空灌注成型为闭模模塑工艺。图5-6为成型兆瓦级叶片各部分组成的加工工艺示意图。其中，SPRINT工艺为拥有Gurit专利注册的预浸料替代产品；SPRINT IPT工艺为Gurit研发的针对风电叶片表面工艺的革新产品。

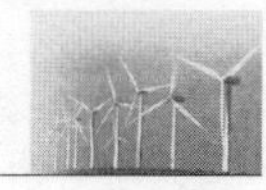

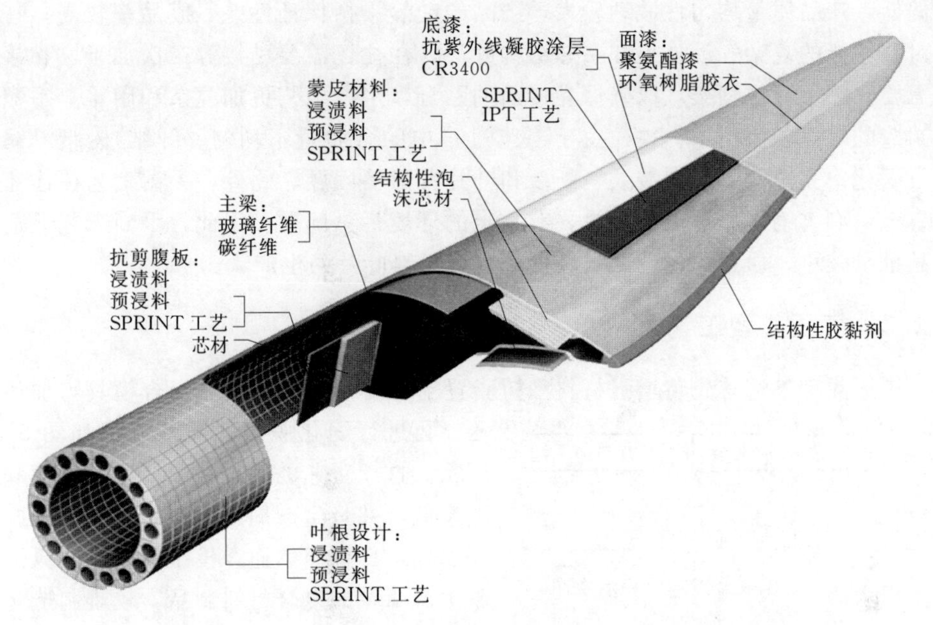

图 5-6　成型兆瓦级叶片各部分组成的加工工艺示意图

5.2.1　手糊成型工艺

手糊成型工艺

传统的复合材料叶片多采用手糊工艺制造。手糊成型工艺的流程是：先在清理好或经过表面处理好的模具成型面上涂脱模剂，待脱模剂充分干燥后，将加有固化剂（引发剂）、促进剂、颜料糊等助剂搅拌均匀的胶衣或树脂混合料涂刷在模具成型面上，随之在其上铺放裁剪好的玻璃纤维等增强材料（如果涂刷的是胶衣，需等胶衣固化后方可铺放增强材料），并注意浸透树脂、排除气泡。如此重复上述铺层操作直到达到设计厚度，然后进行固化脱模、后处理及检验等。其工艺流程如图 5-7所示。

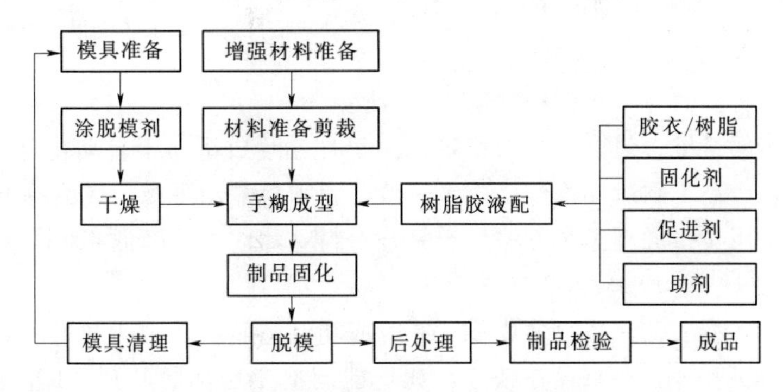

图 5-7　手糊成型工艺流程示意图

手糊工艺的主要特点在于手工操作、开模成型（成型工艺中树脂和增强纤维需完全暴露于操作环境中）、操作简单。其主要缺点是产品质量对工人的操作熟练程度及环境条件依赖性较大，生产效率低，树脂固化程度（树脂的化学反应程度）往

往偏低，产品质量均匀性波动较大，产品的动静平衡保证性差，废品率较高。特别是对高性能的复杂气动外形和夹芯结构叶片，往往还需要黏接等二次加工，黏接工艺需要黏接平台或型架，以确保黏接面的贴合，生产工艺更加复杂和困难。手糊工艺制造的叶片在使用中，往往由于工艺过程中的含胶量不均匀、纤维/树脂浸润不良及固化不完全等，引发裂纹、断裂和叶片变形等问题。此外，手糊工艺往往还会伴有大量有害物质和溶剂的释放，有一定的环境污染问题。因此，手糊工艺只适合产品批量较小、质量均匀性要求较低的复合材料叶片的生产。

5.2.2　模压成型工艺

模压成型工艺首先将增强材料和树脂置于双瓣模具中，然后闭合模具，加热加压，再进行固化脱模，工艺流程如图 5－8 所示。这项工艺的优点在于纤维含量高和孔隙率低，并且生产周期短，尺寸公差精确及表面处理良好。然而，模压成型一般只适用于生产简单的复合材料制品，较难制造包括蒙皮、芯材和梁等叶片的复杂形状部件。尽管可以改进模压成型工艺设备，但要改进能承受 20～40m 跨度压力的加热模具要求很大的资本投入，因此以低成本方式制造复杂几何形状的叶片有一定困难。

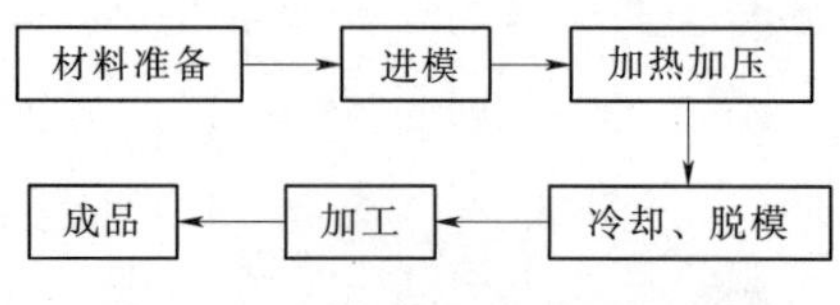

图 5－8　模压成型工艺流程示意图

拉挤成型工艺

5.2.3　拉挤成型工艺

拉挤成型工艺一般用于生产具有一定断面，连续成型的制品。在这种连续成型工艺中，增强材料在拉挤设备牵引力的作用下，在浸胶槽里得到充分浸渍后，经过一系列预成型模板的合理导向，得到初步定型，最后进入被加热的金属模具中，在一定温度作用下反应固化，从而得到连续的、表面平滑的、尺寸稳定且高强度的复合材料型材。具体工艺流程如图 5－9 所示。

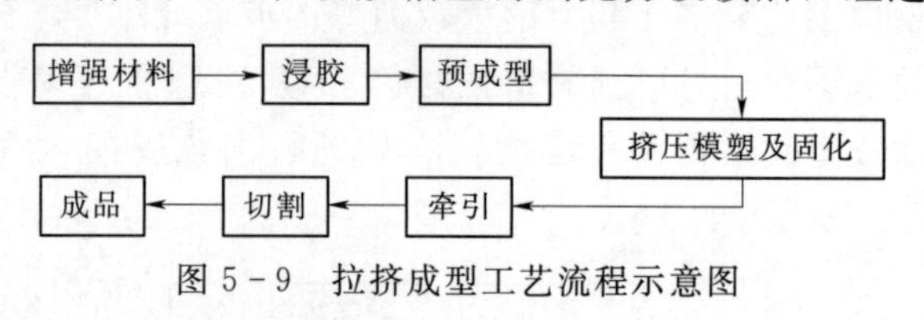

图 5－9　拉挤成型工艺流程示意图

拉挤制品的纤维含量高、质量稳定，由于是连续成型易于自动化，适合大批量生产。而且，产品无须后期修整，质量一致，无须检测动平衡，成品率 95%。与其他工艺相比，用拉挤成型工艺方法生产复合材料叶片成本可降低 40%，销售价格可降低 50%。

尽管拉挤成型工艺具备很多优势，并曾成功制造垂直轴风力机叶片以及一些小型水平轴风力机叶片，但也存在缺陷，如不能制造变截面的叶片。I 型梁和其他实体截面对于拉挤工艺只是小挑战，中空部分包括梁和芯材才是难点。由于目前拉挤成型工艺不能制造截面变化较大的复杂形状部件，大型自动化设备的成本是拉挤工艺应用的另一个考虑因素。因此，拉挤成型工艺在小型风力机叶片生产中有较大的应用潜力。

5.2.4 纤维缠绕工艺

纤维缠绕
工艺

纤维缠绕主要用于制造容器和管道，工艺中连续纤维浸入浸胶槽后在机器控制的芯模上进行缠绕。缠绕工艺可控制纤维张力、生产速度及缠绕角度等变量，制造不同尺寸及厚度的部件。纤维缠绕工艺流程如图 5-10 所示。

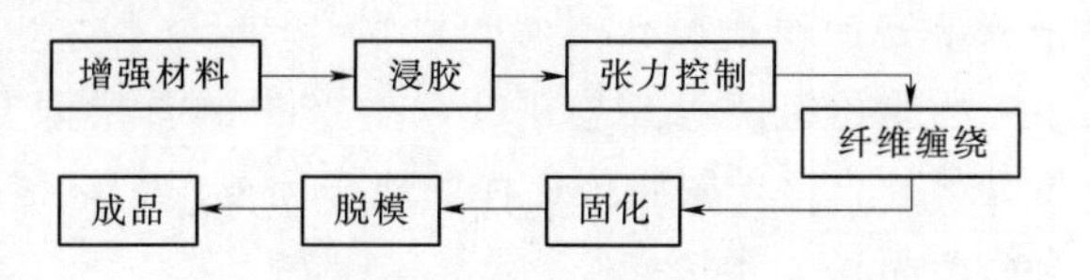

图 5-10　纤维缠绕工艺流程示意图

纤维缠绕工艺应用于叶片生产中的一个缺陷是不能进行纵向缠绕，长度方向纤维缺乏使得叶片在高拉伸和弯曲载荷下容易产生问题。另外，纤维缠绕产生的粗糙外表面可能会影响叶片的空气动力学性能，所以必须进行表面处理，而且芯模及计算机控制成本很大。因此，纤维缠绕工艺在叶片生产中会产生额外的成本，一般只适合于制造部分部件，并与其他工艺相结合来生产叶片。如结构型式为 D 型主梁或 O 型主梁与复合材料壳体组合而成的叶片，一般采用分别缠绕成型 D 型或 O 型主梁、树脂传递成型壳体，然后靠胶接组合成整体的工艺方法。

5.2.5 树脂传递模塑工艺

树脂传递
模塑工艺

树脂传递模塑工艺的原理是：在一个耐压的密闭模腔内先填满纤维增强材料，再用压力将液态树脂注入模腔使其浸透增强纤维，然后固化，脱模成型制品。其主要特点有：闭模成型，产品尺寸和外形精度高，适合成型高质量的复合材料整体构件（整个叶片一次成型）；初期投资小；制品表面光洁度高；成型效率高；环境污染小。其工艺示意如图 5-11 所示。

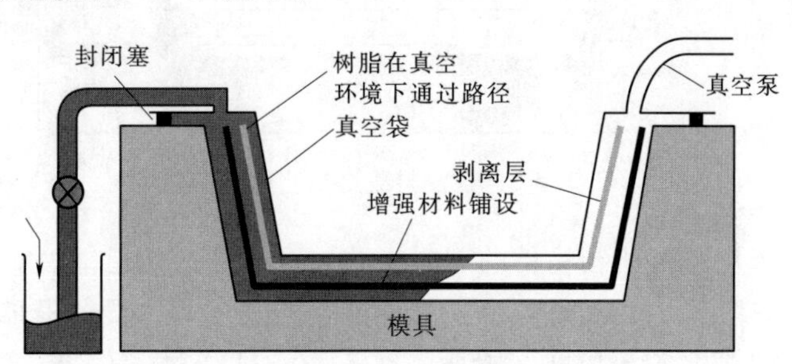

图 5-11　树脂传递模塑工艺示意图

树脂传递模塑工艺属于半机械化的复合材料成型工艺，只需将设计好的干纤维预成型体放到模具中并合模，随后的工艺则完全靠模具和注射系统来完成和保证，没有任何树脂的暴露。因而对工人的技术和环境的要求远远低于手糊工艺，工艺质量仅仅依赖确定好的工艺参数，产品质量易于保证，产品的废品率低于手糊工艺。树脂传递模塑工艺特别适宜一次成型整体的风力机叶片（纤维、夹芯和接头等可在模腔中同时成型），而无需二次黏接。与手糊工艺相比，不但节约了黏接工艺的各种工装设备，而且节约了工作时间，提高了生产效率，降低了生产成本。同时，由于采用了低黏度树脂浸润纤维以及采用加温固化工艺，大大提高了复合材料质量和

生产效率。

树脂传递模塑工艺与手糊工艺的区别还在于其技术含量较高。无论是模具设计和制造、增强材料的设计和铺放、树脂类型的选择与改性、工艺参数（如注射压力、温度、树脂黏度等）的确定与实施，都需要在产品生产前通过计算机模拟分析和实验验证来确定，从而有效保证质量的一致性，这对生产风力机叶片这样的部件十分重要。

树脂传递模塑工艺在叶片生产中的首要限制因素是成本，其模具设备非常昂贵。另外，由于树脂传递模塑属于闭模工艺，很难预测树脂流动状况，容易产生不合格产品。

5.2.6　预浸料成型工艺

预浸料是指用树脂基体在严格控制的条件下浸渍连续纤维或织物，制成树脂基体与增强体的组合物，可直接用于复合材料结构如风电叶片的制造。预浸料树脂通常黏度较高，在室温下呈固态，便于操作、切割和在模具中铺层，且不需要导入树脂，可减小树脂污染。在模具中铺层完成后，预浸料即可在真空下高温固化，工业用预浸料固化温度通常为 80～120℃。图 5－12 为预浸料成型工艺示意图。

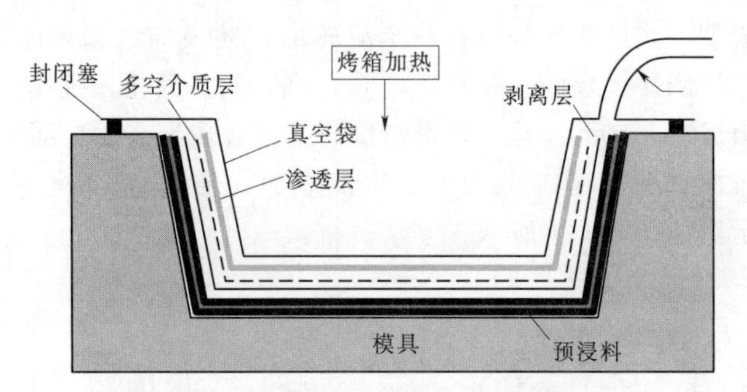

图 5－12　预浸料成型工艺示意图

预浸料是生产复杂形状结构件的理想工艺，在国外运用已非常广泛，其工艺及设备也发展到成熟阶段。实际生产中，由于叶片的蒙皮、主梁、根部等各个部位的力学性能及工艺的要求各不相同，因而，在不影响性能的条件下，为了降低成本，不同部分使用不同的预浸料。使用预浸料的主要优势是在生产过程中纤维增强材料排列完好，因此可以制造低纤维缺陷以及性能优异的部件，主要缺点是成本高，通常比普通树脂和增强材料贵5～10倍。

根据制备织物预浸料所用树脂基体的供应状态，一般将其制备工艺分为湿法预浸和干法预浸两种。湿法预浸工艺类似于手糊工艺，是织物经过树脂溶液浸渍后，将其中的溶剂挥发掉，然后铺放在模具中，真空袋加压或不加压固化成型。其优点是设备投入少、适用于绝大多数树脂基体，缺点是预浸料树脂含量难以精确控制、挥发含量偏高、污染环境。干法预浸工艺通常是先将熔融的树脂基体制成均匀平整的胶膜，再将胶膜与纤维或织物在一定温度和压力下进行复合浸渍，然后铺放

在模具中，真空袋加压或不加压固化成型。其优点是预浸料树脂含量控制精度较高、挥发分含量低，无环境污染的问题；缺点是设备投入成本高。干法预浸工艺整体要优于湿法预浸工艺，因此复合材料叶片预浸料的制备一般采用干法预浸工艺。

5.2.7 真空灌注成型工艺

真空灌注成型工艺是将纤维增强材料直接铺放在模具上，在纤维增强材料顶上铺设一层剥离层，剥离层通常是一层很薄的低孔隙率、低渗透率的纤维织物，剥离层上铺放高渗透介质，然后用真空薄膜包覆及密封。真空泵抽气至负压状态，树脂通过进胶管进入整个体系，通过导流管引导树脂流动的主方向。导流布使树脂分布到铺层的每个角落，风干后剥离脱模布，从而得到密实度高、含胶量低的铺层。具体工艺流程如图 5－13 所示。

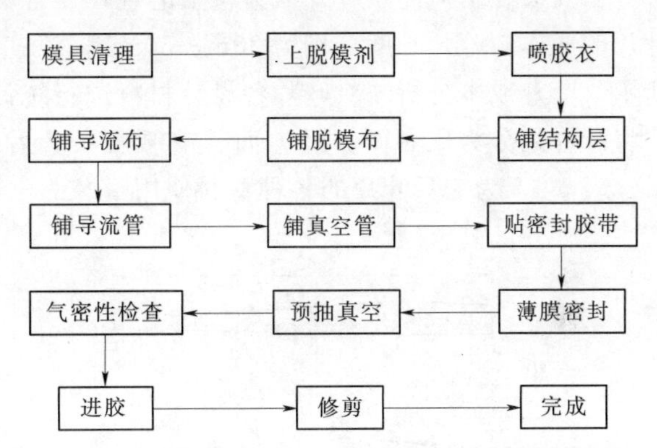

图 5－13 真空灌注成型工艺流程示意图

真空灌注成型工艺是风力机叶片制造商的理想选择，与标准树脂传递模塑工艺相比，节约时间，有机挥发物少，改善了劳动条件，减少操作者与有害物质接触，满足人们对环保的要求，改善了工作环境，工艺操作简单。同时从制品性能上来说，真空辅助可充分消除气泡，降低产品孔隙率，有效控制产品含胶量。产品质量稳定性高、重复性能好。制品表观质量好，铺层相同而厚度薄、强度高，相对于手糊成型拉伸强度提高 20％以上，该工艺对模具要求不高，模具制作简单，与树脂传递模塑工艺相比，其模具成本可降低 50％～70％。

真空灌注成型工艺对树脂黏度的要求较为严格，一般黏度控制在 300cps 以下。固化放热峰温度低，产品结构中局部厚度较大，放热峰温度过高，局部热量不易散出，易产生焦化。固化时间的长短应根据所制造的产品而定，适宜的固化时间有利于缩短工作周期。所选的树脂应具有较好的力学性能、耐腐蚀和固化收缩小。增强材料要求对树脂的流动阻力小、浸润性好、机械强度高、铺覆性好（增强材料在无皱折、不断裂、不撕裂的情况下能够容易地制成与工件相同的形状）、质量均匀性好。

真空灌注成型工艺制备叶片的关键有：优选浸渗用的基体树脂，特别要保证树脂的最佳黏度及其流动性；模具设计必须合理，特别对模具上树脂注入孔的位置、流通分布更要注意，确保基体树脂能均衡地充满任何一处；工艺参数要最佳化，真空辅助浸渗技术的工艺参数要事先进行实验研究，保证达到最佳化；增强材料在铺放过程中保持平直，以获得良好的力学性能，同时注意尽可能减少复合材料中的孔隙率。

5.3　叶片成本分析

从叶片的直接制造成本、间接制造成本以及运输成本等方面对风力机叶片进行成本投入分析。

5.3.1　直接制造成本

以安装在上风向三叶片风力机上的现代复合材料叶片为分析对象来阐述风力机叶片的成本。叶片长度分别为30m、50m和70m。叶片的基本尺寸简图如图5-14所示。叶片成本分析需对叶片各设计材料进行统计。按照叶片的设计简图和铺层次序将叶片划分为压力面、吸力面、前缘腹板、后缘腹板和主梁，分别统计材料用量。表5-7为三只叶片的各种材料使用量。

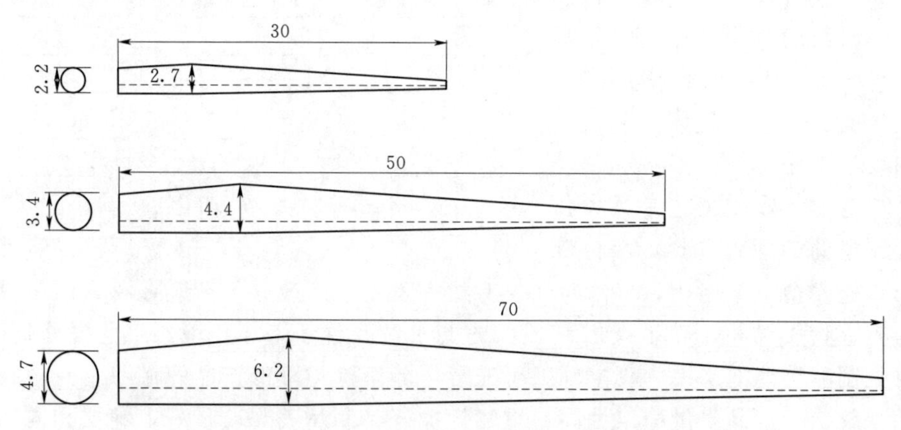

图5-14　三只叶片基本尺寸简图（单位：m）

表5-7　三只叶片各种材料使用量

材料归类	使用量/kg		
	30m	50m	70m
玻璃纤维	2523	11590	30857
芯材	190	864	2313
基体	1252	5800	15527
胶黏剂	77	189	363
叶根金属螺栓	66	414	1177
总计	4108	18856	50238

与表5-7对应的材料成本见表5-8。

风力机叶片直接制造成本还包括劳动力成本。叶片制作过程工种分为12种。三只风力机叶片制作时间和各工种花费时间比例见表5-9。

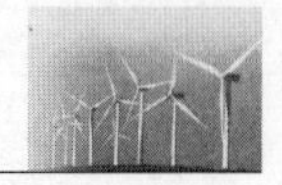

表 5-8 叶片材料成本

材料归类	成本/美元		
	30m	50m	70m
玻璃纤维	7374	33700	89530
芯材	991	4828	14531
基体	2329	10785	28874
胶黏剂	674	1660	3193
叶根金属螺栓	874	4550	12950
总计	12241	55523	149079

表 5-9 三只风力机叶片制作时间和各工种花费时间比例 %

工种	30m 叶片	50m 叶片	70m 叶片
材料配置	10.1	10.3	10.3
压力面制作	18.0	20.9	22.5
吸力面制作	18.0	20.9	22.5
前缘腹板制作	12.3	14.4	15.5
后缘腹板制作	12.3	14.4	15.5
组装前期	4.9	3.3	2.4
合模	7.8	5.6	4.2
根部金属预埋	3.3	2.3	1.7
完工	5.7	3.3	2.2
检查	4.1	2.7	2.0
测试	2.5	1.2	0.7
叶片搬移	1	0.7	0.5
总耗时/h	450.0	1200.9	2802.5

5.3.2 间接制造成本

现代商业化风力机叶片生产成本还包括生产场地成本投入和管理成本，这些都被视为间接制造成本。

随着叶片尺寸的逐渐增加，叶片生产厂房的尺寸也随之增大。厂房扩建、叶片储存和叶片测试设备升级费用都伴随着增加。同时，叶片生产模具也极大地影响风力机叶片的总成本。表 5-10 列举了三只叶片的蒙皮、腹板模具表面积和单价。

表 5-10 叶片模具表面积和单价

叶片模具归类	30m/m²	50m/m²	70m/m²	30m/美元	50m/美元	70m/美元
压力面蒙皮模具	53.5	147.2	300.5	86397	237651	485216
吸力面蒙皮模具	53.5	147.2	300.5	86397	237651	485216
前缘腹板模具	20.7	57.5	113.0	33438	92790	182368
后缘腹板模具	20.7	57.5	113.0	33438	92790	182368
总计	148.4	409.4	827	239670	660882	1335168

风力机叶片管理费用包括生产管理费用、销售市场费用、售后技术支持费用、维护费用、保险费用和其他附属于叶片商业行为的费用。

此外，随着叶片的大型化发展，在生产基地生产的叶片，投入到风电场中运行的长途运输成本也日益增加，不可忽略。

思考题

1. 叶片材料有什么样的特点？
2. 叶片材料是如何发展的？
3. 什么是“绿色叶片”？“绿色叶片”对叶片技术发展有什么影响？
4. 叶片有哪些制造工艺？各有什么优缺点？
5. 叶片成本由哪些部分组成？

第6章 风力机叶片结构设计

叶片结构设计是叶片设计的中心环节，叶片结构设计得合理与否，很大程度上决定了风电机组的可靠性和利用风能的成本。结构设计的主要目标是在保证满足强度和刚度等要求的前提下，尽可能使叶片的质量最小，以减少整机重量和成本；挥舞和摆振幅度较小，保证结构局部和整体稳定。

本章主要从叶片结构型式、复合材料铺层设计、叶片根部连接设计以及结构分析等方面阐述风力机叶片结构设计技术。

6.1 叶片结构型式

风力机叶片的结构型式设计往往取决于气动载荷。尽管世界各地风力机制造商生产的叶片长度和气动外形不尽相同，其结构型式主要是由蒙皮和主梁构成，如图6-1所示。蒙皮的主要功能是维持叶片的气动外形，并承受部分弯曲载荷和大部分剪切载荷。主梁是叶片的主要承载结构，承受叶片的大部分弯曲和纵向载荷。

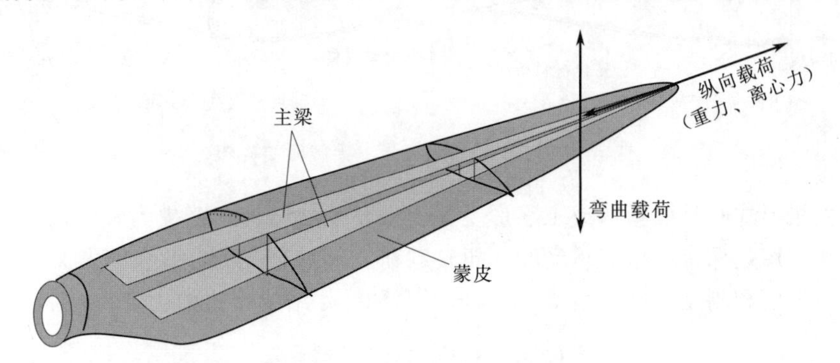

图6-1 风力机叶片结构简图

6.1.1 叶片截面结构

随着叶片尺寸和设计功率的增加，叶片截面结构型式也在不断发生变化。早期叶片功率较小、长度较短，根据当时技术条件，设计师通常将整根木头切割、打磨、黏合成一根叶片，如图6-2（a）所示；随后铝合金和轻金属材料被用于叶片结构制作中。为维持叶片在运转过程中的气动外形，一些轻质泡沫和木屑被用于填充进金属叶片空腔中，如图6-2（b）所示；材料技术的发展使更长的风力机叶片设计成为可能，目前中型和大型风力机叶片结构设计主要采用空心薄壁复合构造，如图6-2（c）所示。叶片蒙皮可选用双向玻纤织物。叶片主梁的结构需要满足强

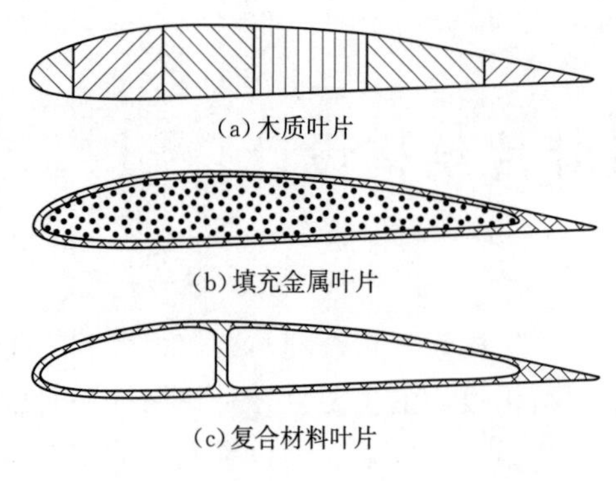

图6-2 叶片基本截面形式图

度和刚度要求，因此主梁可选用单向玻纤织物。为防止此种结构受载时可能产生的局部失稳和过大变形，需在叶片前、后缘空腔内采用夹芯结构，填充硬质泡沫塑料和轻木等具有较高的剪切模量的芯材，或设置加强肋，以提高叶片整体刚度及前、后缘空腹结构的抗屈曲失稳能力。

根据设计侧重的不同，空心薄壁复合结构叶片又形成了两种主要结构型式，即弱主梁叶片和强主梁叶片，如图6-3所示。

弱主梁形式叶片以采用复合材料层合板的蒙皮作为其主要承载结构。为减轻后缘重量并提高整体刚度，在叶片蒙皮后缘局部采用硬质泡沫夹芯结构。主梁为硬质泡沫夹芯结构，与壳体黏接后形成盒式结构，其优点是叶片整体强度和刚度较大，抗屈曲能力强，但叶片比较重，制造成本高。

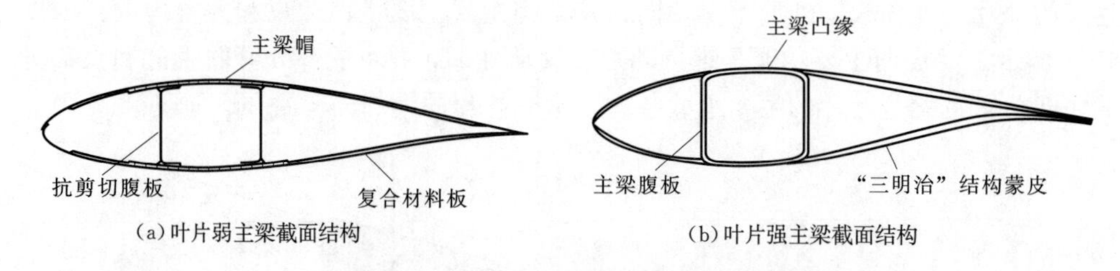

图6-3 叶片弱主梁与强主梁截面结构图

强主梁形式叶片以箱形或工字形主梁为主要承载结构，蒙皮为较薄的夹芯层合板，主要作用是保持翼型和承受叶片扭转载荷。这种形式的叶片重量相对较轻，但叶片前缘强度和刚度较低。表6-1列出了两种叶片结构型式的比较表。

表6-1 两种叶片结构型式比较

名　称	弱主梁叶片	强主梁叶片
蒙皮特点	厚、气动外形、抗弯、抗扭	薄、气动外形、抗扭
主梁特点	次要承载结构	主要承载结构
承受剪力	主梁抗剪腹板	主梁抗剪腹板
承受弯矩	翼梁缘条、蒙皮组成壁板	主梁帽
承受扭矩	蒙皮与抗剪腹板	蒙皮与抗剪腹板
强度刚度	整体强度和刚度较大	前缘强度和刚度较低
可加工性	铺层复杂、加工难	铺层简单、易于加工

6.1.2 复合材料“三明治”结构

目前大型风力机叶片前缘和后缘部位主要由复合材料“三明治”结构组成，主要作用是维持叶片的气动外形。在两根腹板之间的主梁是叶片主要承载结构，它由整块较厚的单向纤维（通常与叶展方向一致）复合材料板构成。主梁与腹板一起承担叶片运转过程中的绝大部分载荷。

一个典型的对称“三明治”复合板结构由两边相同薄面板夹着一块厚的轻质量的中间芯材组成，如图 6-4 所示。面板和芯材由黏接剂胶合在一起，保持交界面处位移一致。

面板通常是由高性能材料制成，如钢、铝以及风力机叶片中大量使用的纤维复合材料。而中间层通常是实体结构的泡沫材料、蜂窝型或轻质木材。这种结构具有高强度、高抗弯性能和重量轻等特点，性能等同于工字型梁，但是组装简单，被应用于越来越多的领域。

“三明治”结构的良好刚度特性亦可以由下列三种同材质不同横断面的“三明治”板的抗弯刚度比较予以说明，如图 6-5 所示。

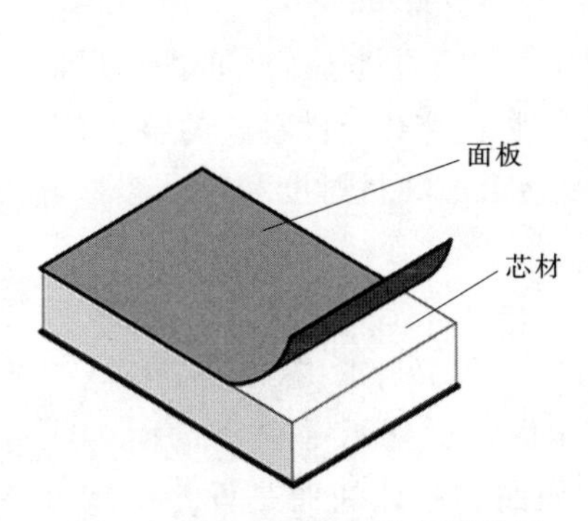

图 6-4 “三明治”复合板结构图

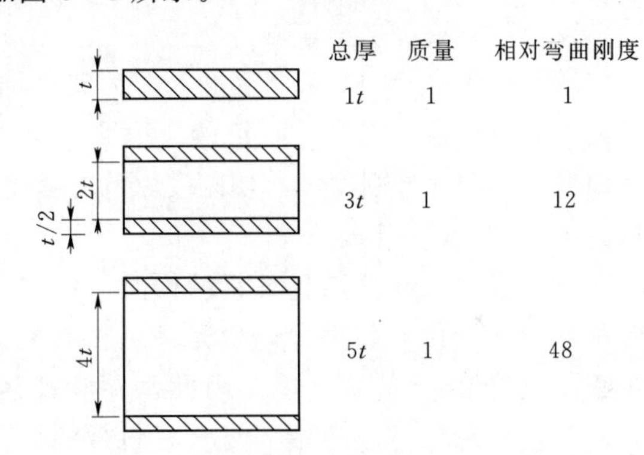

图 6-5 同材质不同厚度的“三明治”夹层结构的刚度图

图 6-5 表明，如果单一材质结构在横断面处一分为二，并在中间加入轻质量的中间层，其抗弯刚度显著增加，这一现象被称为“三明治”效应，这也是“三明治”结构的主要优点之一。

在某些情况下“三明治”结构也可能存在过早失效现象，如面板屈曲、断裂及中间层的剪切失效等。当风力机叶片在各种环境载荷作用下，叶片的前缘和后缘“三明治”复合材料板结构承受复杂的面内和面外应力，当这些应力作用超过一定程度便会出现图 6-6 所示的可能失效模式。

在面外载荷作用下易出现失效模式图 6-6（a）和失效模式图 6-6（b），在图 6-6（a）模式中，面板在拉—压应力作用下发生失效；图 6-6（b）模式中，芯材在剪切应力下发生断裂；失效模式图 6-6（c）和图 6-6（d）展示了材料局部屈曲现象。

如果芯材的压缩强度低于拉伸强度时，便会出现图 6-6（c）中所示的褶皱现

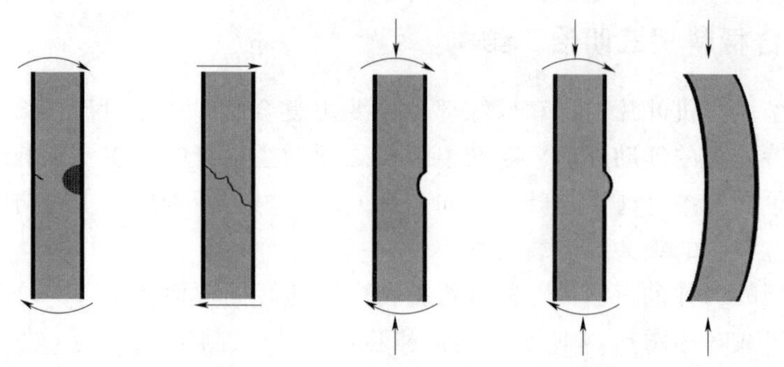

图 6 - 6 “三明治”夹层结构可能失效模式图

象；当芯材的拉伸强度或者材料交接处强度低于压缩强度时，模式图 6 - 6（d）展示的向外屈曲现象便会出现。面板的屈曲取决于三个因素，即面板的弯曲模量、芯材的剪切和压缩模量。芯材的材料特性起到了关键作用，而芯材的材料特性与其密度息息相关。因此，提升“三明治”复合材料板的抗屈曲性能的有效方法是提升芯材的密度。

失效模式图 6 - 6（e），即整体失稳，是在面内载荷压缩状态下出现的。局部屈曲是由于面板特性造成的，而整体失稳取决于“三明治”复合材料板的整体性能，包括面板整体的面外刚度和剪切刚度。改进措施包括增加芯材厚度和提升芯材剪切模量。

在设计风力机叶片复合材料结构时，对“三明治”复合材料板进行改进是降低叶片整体重量的有效手段，也是一项极其复杂的工程。叶片是细长结构，在运行过程中会产生极大的挠度。因此，在叶片压缩面，材料承受极高的面内压应力，叶片前后缘的“三明治”复合材料板的局部屈曲和整体屈曲是设计中重点考虑的因素。

6.2　叶片复合材料铺层设计

叶片铺层设计是复合材料风电叶片结构设计的一个重要环节，铺层设计的优劣往往决定着结构设计的成败。

6.2.1　叶片铺层设计的任务

铺层设计的理论基础是经典层压板理论，依据层压板所承受载荷来确定，一般包括总体铺层设计和局部细节铺层设计，前者要满足总体静、动强度和气动弹性要求，后者则应满足局部强度、刚度和其他功能要求。

在材料确定的前提下，叶片铺层设计的任务是综合考虑强度、刚度、稳定性等方面要求，确定层压板的铺层要素：即各铺层的铺设角、铺设顺序和各种铺设角铺层的层数或这些铺层数相对于层压板总层数的百分比（层数比）。

6.2.2 叶片铺层设计一般原则

1. 层压板中各铺层铺设角的设计原则

(1) 为最大限度地利用纤维轴向的高性能，应用0°铺层承受轴向载荷；±45°铺层用来承受剪切载荷，即将剪切载荷分解为拉、压分量来布置纤维承载；90°铺层用来承受横向载荷，以避免树脂直接受载，并控制泊松比。

(2) 为提高叶片的抗屈曲性能，对受轴压的构件，如梁、肋的凸缘部位以及需承受轴压的蒙皮，除布置较大比例的0°铺层外，也要布置一定数量的±45°铺层，以提高结构受压稳定性。对受剪切载荷的构件，如腹板等，主要布置±45°铺层，但也应布置少量的90°铺层，以提高剪切失稳临界载荷。

(3) 建议构件中宜同时包含四种铺层，一般在0°和±45°层压板中必须有6%～10%的90°铺层，构成正交各向异性板，除特殊需要外，采用均衡对称层压板，以避免固化时或受载后因耦合失效引起翘曲。

2. 层压板中各铺层铺设顺序的设计原则

(1) 同一铺设角的铺层沿层压板方向应尽量均匀分布，或者说使每一铺层组中的单层数尽可能地少，一般不超过4层，以减少铺层组层间分层的可能性。

(2) 层压板的面内刚度只与层数比和铺设角有关，与铺设顺序无关。但当层压板结构的性能与弯曲刚度有关时，则弯曲刚度与铺设顺序相关。

(3) 若含有45°铺层，一般要±45°成双铺设，以减少铺层之间的剪应力。同时，尽量使±45°层位于层合板的外表面，以改善层合板的受压稳定性、抗冲击性能和连接孔的强度。

(4) 若要设计成变厚度层合板，应使板外表面铺层保持连续，而变更其内部铺层。为避免层间剪切破坏，各层台阶宽度应相等。为防止铺层边缘剥离，用一层内铺层覆盖在台阶上。

6.2.3 复合材料层压板强度理论

复合材料的单层为正交各向异性材料，其应力—应变关系可表示为

$$\begin{bmatrix}\sigma_1\\ \sigma_2\\ \tau_{12}\end{bmatrix}=\begin{bmatrix}Q_{11} & Q_{12} & 0\\ Q_{12} & Q_{22} & 0\\ 0 & 0 & Q_{66}\end{bmatrix}\begin{bmatrix}\varepsilon_1\\ \varepsilon_2\\ \varepsilon_{12}\end{bmatrix} \tag{6-1}$$

$[Q]$ 为折算刚度矩阵，其中

$$\begin{cases}Q_{11}=\dfrac{E_1}{1-v_{12}v_{21}}\\ Q_{12}=\dfrac{v_{21}E_2}{1-v_{12}v_{21}}=\dfrac{v_{12}E_1}{1-v_{12}v_{21}}\\ Q_{22}=\dfrac{E_2}{1-v_{12}v_{21}}\\ Q_{66}=G_{12}\end{cases} \tag{6-2}$$

式（6-2）中，“1”表示平行纤维方向（纵向）；“2”表示垂直纤维方向（横向）。

正交各向异性单层板偏轴应力—应变关系可表示为

$$\begin{bmatrix}\sigma_x\\ \sigma_y\\ \tau_{xy}\end{bmatrix}=\begin{bmatrix}\overline{Q}_{11} & \overline{Q}_{12} & \overline{Q}_{16}\\ \overline{Q}_{12} & \overline{Q}_{22} & \overline{Q}_{26}\\ \overline{Q}_{16} & \overline{Q}_{26} & \overline{Q}_{66}\end{bmatrix}\begin{bmatrix}\varepsilon_x\\ \varepsilon_y\\ \varepsilon_{xy}\end{bmatrix} \tag{6-3}$$

$[\overline{Q}]$ 为偏轴刚度矩阵，其中

$$\left.\begin{aligned}
\overline{Q}_{11}&=Q_{11}\cos^4\theta+2(Q_{12}+2Q_{66})\sin^2\theta\cos^2\theta+Q_{22}\sin^4\theta\\
\overline{Q}_{12}&=(Q_{11}+Q_{22}-4Q_{66})\sin^2\theta\cos^2\theta+Q_{12}(\sin^4\theta+\cos^4\theta)\\
\overline{Q}_{22}&=Q_{11}\sin^4\theta+2(Q_{12}+2Q_{66})\sin^2\theta\cos^2\theta+Q_{22}\cos^4\theta\\
\overline{Q}_{16}&=(Q_{11}-Q_{12}-2Q_{66})\sin\theta\cos^3\theta+(Q_{12}-Q_{22}+2Q_{66})\sin^3\theta\cos\theta\\
\overline{Q}_{26}&=(Q_{11}-Q_{12}-2Q_{66})\sin^3\theta\cos\theta+(Q_{12}-Q_{22}+2Q_{66})\sin\theta\cos^3\theta\\
\overline{Q}_{66}&=(Q_{11}+Q_{22}-2Q_{12}-2Q_{66})\sin^2\theta\cos^2\theta+Q_{66}(\sin^4\theta+\cos^4\theta)
\end{aligned}\right\} \tag{6-4}$$

图 6-7 为 1—2 坐标与 x—y 坐标之间的关系图。

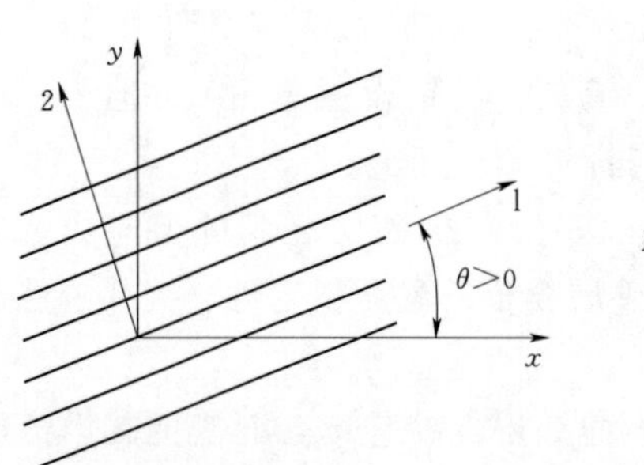

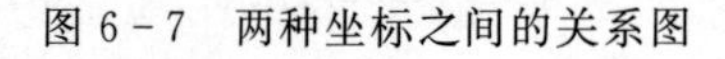
图 6-7　两种坐标之间的关系图

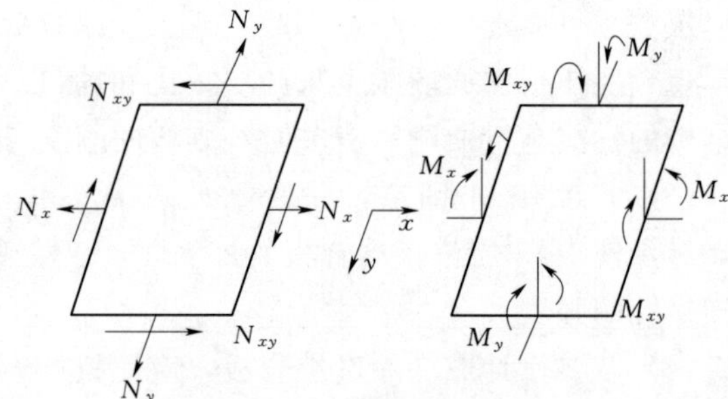

图 6-8　层压板的内力和内力矩图

层压板面内单元内力和内力矩如图 6-8 所示，内力及内力矩与应变的关系为

$$\begin{bmatrix}N_x\\ N_y\\ N_{xy}\\ M_x\\ M_y\\ M_{xy}\end{bmatrix}=\begin{bmatrix}A_{11} & A_{12} & A_{16} & B_{11} & B_{12} & B_{16}\\ A_{12} & A_{22} & A_{26} & B_{12} & B_{22} & B_{26}\\ A_{16} & A_{26} & A_{66} & B_{16} & B_{26} & B_{66}\\ B_{11} & B_{12} & B_{16} & D_{11} & D_{12} & D_{16}\\ B_{12} & B_{22} & B_{26} & D_{12} & D_{22} & D_{26}\\ B_{16} & B_{26} & B_{66} & D_{16} & D_{26} & D_{66}\end{bmatrix}\begin{bmatrix}\varepsilon_x^0\\ \varepsilon_y^0\\ \gamma_{xy}^0\\ \kappa_x\\ \kappa_y\\ \kappa_{xy}\end{bmatrix} \tag{6-5}$$

式中　ε——正应变；

γ——切应变；

κ——曲率系数；

A_{ij}——拉伸刚度；

B_{ij}——耦合刚度；

D_{ij}——弯曲刚度。

$$\left.\begin{aligned}
A_{ij} &= \sum_{k=1}^{n}(\overline{Q}_{ij})_k(z_k - z_{k-1}) = \sum_{k=1}^{n}(\overline{Q}_{ij})_k t_k \\
B_{ij} &= \frac{1}{2}\sum_{k=1}^{n}(\overline{Q}_{ij})_k(z_k^2 - z_{k-1}^2) = \frac{1}{2}\sum_{k=1}^{n}(\overline{Q}_{ij})_k t_k \bar{z}_k \\
D_{ij} &= \frac{1}{3}\sum_{k=1}^{n}(\overline{Q}_{ij})_k(z_k^3 - z_{k-1}^3) = \frac{1}{3}\sum_{k=1}^{n}(\overline{Q}_{ij})_k t_k\left(\bar{z}_k^2 + \frac{t_k^2}{12}\right)
\end{aligned}\right\} \tag{6-6}$$

其中

$$\bar{z}_k = \frac{1}{2}(z_k + z_{k-1})$$

式中 t_k——第 k 层板的厚度；

$\bar{z}_k$——第 k 层中心点与中面的垂直距离。

根据叶片截面铺层信息及上述计算公式，可以计算得到叶片结构特性参数。

6.2.4 层压板设计方法

层压板设计方法主要是指当层压板中的铺设角组合已大致选定后，如何确定各铺设角铺层的层数比和层数的方法。其数值应根据对层压板的设计要求来综合考虑，一般可采用等代设计法、准网络设计法、解析法、卡彼特曲线设计法等。以下对等代设计法、准网络设计法、卡彼特曲线设计法作简单介绍。

1. 等代设计法

等代设计法方法一般为等刚度设计（也可为等强度设计）。该方法为早期在老型号飞机上试用复合材料构件时采用，即将准各向同性的复合材料层压板等刚度地替换原来的各向同性的铝合金板。由于复合材料的比强度、比刚度很高，因此能取得5%～10%的减重效益。这种方法在设计时不考虑复合材料单层力学性能设计，而是使用层合板的力学性能参数来确定构件的结构型式，以简化设计过程。为了确保设计结果安全可靠，由此方法取得的设计结果需进行强度或刚度校核。

2. 准网络设计法

该方法也称为应力比设计法，其借鉴了纤维缠绕构件的设计方法。根据在设计中铺层纤维方向与所受载荷方向一致性要求，设计时假设只考虑复合材料中纤维的承载能力，忽略基体的刚度和强度，直接按平面内主应力 σ_x，σ_y，τ_{xy} 的大小来分配各铺设方向铺层中的纤维数量，由此确定各铺设方向铺层组的层数比。所得结果可为层压板初步设计提供参考。具体计算步骤如下：

(1) 计算应力。首先按准各向同性层压板的性能计算出层压板的应力 σ_x、σ_y、σ_{xy}；得出应力比为 $\sigma_x : \sigma_y : \sigma_{xy} = 1 : a : b$。

(2) 确定各铺设方向铺层的层数比。由应力方向限定铺设角为0°、90°、±45°，将 σ_x、σ_y、σ_{xy} 分别对应于0°、90°、±45°向铺层。并使铺层数符合以下比例：$n_{0^\circ} : n_{90^\circ} : n_{\pm45^\circ} = 1 : a : 2b$，或得出各定向铺层的层数比（或体积比）为 $V_{0^\circ} : V_{90^\circ} : V_{\pm45^\circ} = 1/(1+a+2b) : a/(1+a+2b) : 2b/(1+a+2b)$。

(3) 重新计算应力。对以上确定的层压板重新进行应力分析，得到对应的层压板应力 σ_x'，σ_y'，τ_{xy}'。

（4）判断应力比误差。将 $\sigma_x' : \sigma_y' : \tau_{xy}'$ 与原应力比 $1 : a : b$ 进行比较。若比值误差在允许范围内，则所得结果可用；否则，按新的应力比重新确定新的层数比，直到满足误差要求为止。

（5）确定各铺设角层组的层数。由所受载荷与设计所得层压板的许用应力求出层压板的总厚度 h。当层压板由一种复合材料构成时，各层组的相应厚度 $h_{0°} : h_{90°} : h_{\pm 45°}$ 之比也应为 $1 : a : 2b$。由 $h = h_{0°} + h_{90°} + h_{\pm 45°}$ 可分别求出 $h_{0°}$、$h_{90°}$、$h_{\pm 45°}$ 之值，再除以单层厚度 t_0 即得各层组的层数 $n_{0°}$、$n_{90°}$、$n_{\pm 45°}$ 之值。对计算出的层数取整即得设计的层数值。

（6）构成层合板。根据各铺设方向铺层组的层数，按镜面堆成的方式，参照铺设顺序的原则构成所需层压板。为保证均衡对称，±45°铺层的层数应为 4 的倍数。

3. 卡彼特曲线设计法

此方法也称毯式曲线设计法，为普遍采用的复合材料层压板的初步设计方法。用于以 0°、±45°、90°为铺设角的层压板，是一种用图列来确定层压板中铺层比的近似方法。如果进行几次迭代，也可按某项设计要求（如刚度）确定其铺层比和各层组的层数。该方法首先根据经典层压板理论，经计算机编程计算，建立起所选用的复合材料层压板的模量、强度或其他性能与各铺设角的百分比的关系曲线。

6.3　叶片根部连接设计

叶片根部
展示

叶片根部承受着剪切、挤压、弯扭载荷作用，应力状态复杂。作用在叶片上的载荷通过根部连接传递到轮毂上，但由于钢轮毂与叶片材料（通常为玻璃纤维增强塑料或木材）之间的刚度有数个数量级的差别，妨碍了载荷的平滑传递，因此叶片根部连接必须具有足够的强度与刚度来承担叶片的全部载荷，并保证叶片变形程度符合设计要求。

叶片根部连接设计一直考验着风力机整机制造水平，根据风力机机组发展历程，叶片根部连接设计主要有三种方式，即叶根整体金属法兰、螺纹嵌入杆件和 T 型螺栓连接。

6.3.1　叶根整体金属法兰

整体金属法兰设计为将金属圆筒整体嵌套进叶片根部，圆筒通常由钢铁或铝合金制成。圆筒与叶片复合材料接触处采用螺纹设计，并用胶黏剂紧密连接。其设计简图和实物如图 6－9 所示。

整体金属法兰设计存在部分缺点，它增加叶片重量，加重了轮毂负担。金属材料与复合材料之间刚度存在极大差异，应变承载能力下降，并且连接部分存在较大的连接应力。目前这种设计逐渐被 T 型螺栓连接所取代。

6.3.2　螺纹嵌入杆件

某些风力机叶片制造商在制作叶片的过程中，一种方法是将金属杆件直接预埋

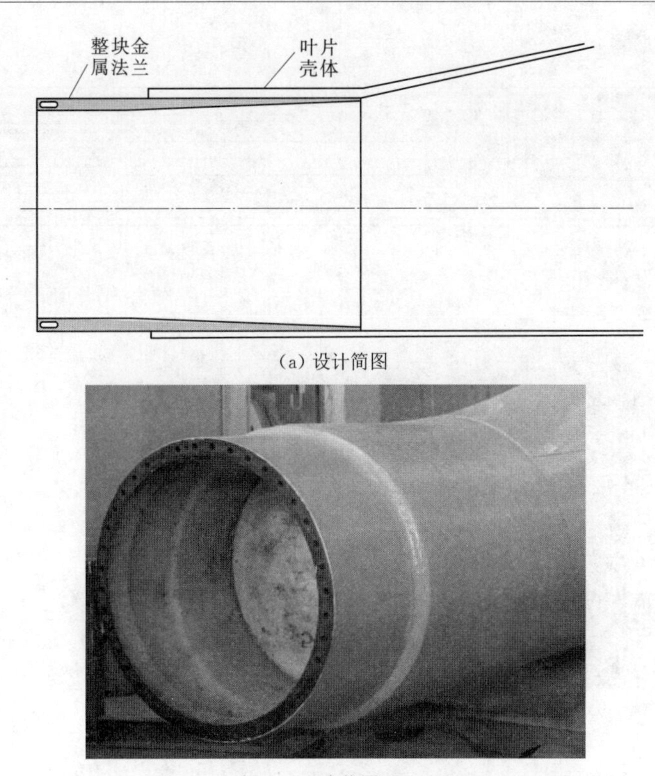

(a) 设计简图

(b) 实物图

图 6-9 叶根整块法兰设计简图和实物图

进叶片根部，随同复合材料叶片一起进行灌浆凝固。金属杆件预埋操作可降低后期叶片处理工序，然而在后期叶片脱模、搬运过程中金属杆件不可避免地易产生错位、变形等事故。另一种可行的方法是在成形叶片根部直接钻孔，将带螺纹的锥形钻头嵌入并与叶根处复合材料紧密连接，该嵌入方式提供了较好的应变协调性。图 6-10 为金属杆件与叶片根部连接示意图和实物图。

螺纹嵌入件方式将复合材料叶片上载荷较好地传递到轮毂上，该方式已在一些大型风力机叶片上取得成功。这种叶根连接形式的优点是能避免对玻璃纤维复合结构层的加工损伤，并减轻了连接件构件的重量。其主要的缺点是螺纹金属杆件造价较高、钻孔困难，以及在最后吊装过程中需要大量配套设备。由于要在叶片根部的纤维复合结构层上钻孔，会破坏材料结构的整体性，降低根部结构强度。

6.3.3 T型螺栓连接

目前，T型螺栓连接已逐渐成为叶片叶根连接的标准设计方法，并已在大中型风力机叶片设计中得到广泛的应用。该方法主要是沿叶片根部环形面纵向钻入若干均匀分布的直径约为 60mm 的圆孔，钻入深度视叶片尺寸而定，装入圆柱形螺栓。然后在叶片内部孔端，垂直于叶片表面钻入圆孔与其交接，在该孔内配置螺母，使螺栓与螺母咬合。T型螺栓连接示意图和实物图如图 6-11 所示。

T型螺栓连接方式主要有两个优点：①螺栓与螺母相对于嵌入螺纹钻头造价便

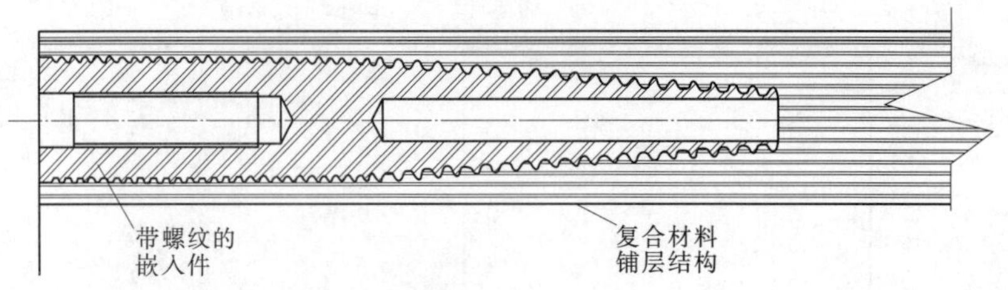

(a) 螺纹嵌入件示意图

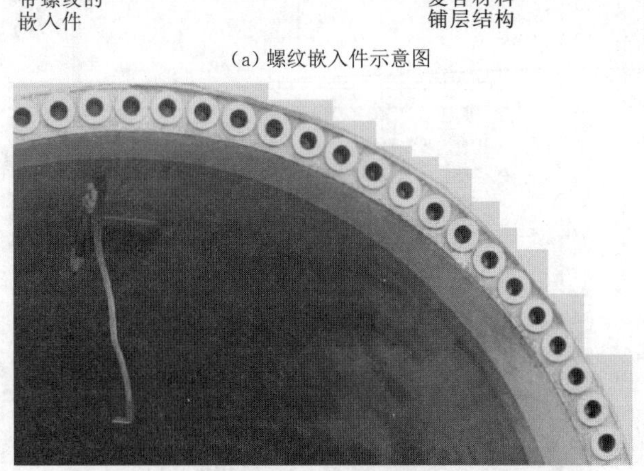

(b) 螺纹嵌入件实物图

图 6-10　螺纹嵌入件示意图和实物图

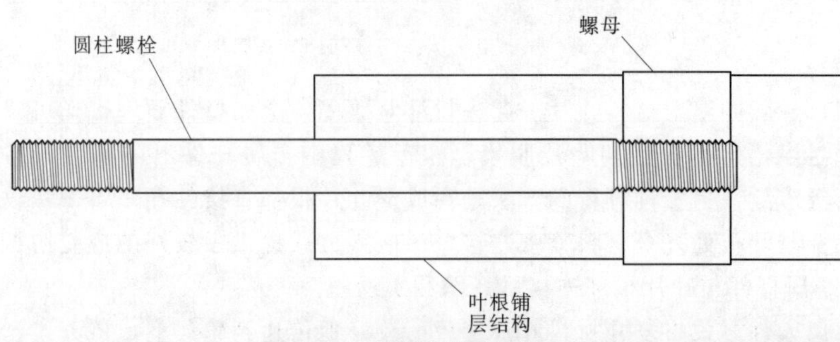

(a) T型螺栓连接示意图

(b) T型螺栓连接实物图

图 6-11　T 型螺栓连接示意图和实物图

宜，螺母可由合金制成，无需其他机械性能要求；②该方式不需要胶合剂，易拆卸，并且经过预加载可以降低疲劳载荷。

叶片中部展示

6.4 其他主要结构件设计

叶片结构设计中的其他主要结构件包括主梁、前缘梁、尾缘梁、蒙皮等。本节将简要介绍这些部件结构设计。

6.4.1 主梁设计

主梁是叶片结构的主要承力构件，其良好的强度和刚度特性是叶片结构设计的主要技术指标之一。主梁占叶片重量百分比为20%左右，主梁结构设计要保证满足如下指标：①主梁应可以承受叶片受到的主要挥舞弯矩，保证叶片主梁强度要求；②主梁应保证叶片挥舞方向的刚度要求，避免叶尖挠度过大；③主梁应合理影响叶片低阶固有频率，避免与激振力产生共振现象。

风力机运行时叶片所受的挥舞弯矩大于摆振弯矩，但叶片剖面主梁段翼型厚度小于剖面弦长，主梁刚度与载荷的反差成为主梁结构设计的主要难点之一。叶片外形通常由于追求高升阻比而采用较薄的翼型，风力机叶片翼型的相对厚度一般不超过30%，叶片主梁需在较小空间内同时满足强度和刚度的要求。因此，主梁结构设计通常需要预留较大的安全系数，才能满足整体强度和刚度的要求。

风力机叶片主梁结构设计的主要流程如图6-12所示。

6.4.2 前缘梁设计

由于叶片前缘是产生气动升力的主要部位，前缘粗糙度和前缘光滑过渡是前缘气动设计的主要设计参数。前缘铺层设计在前缘梁结构设计中尤为重要，其主要作用是通过提高前缘的刚度和强度，增强叶片整体的摆振刚度和强度，避免气动弹性稳定性效应。

图6-13给出了叶片前缘铺层示意图。根据叶片前缘梁的受力特性，前缘梁主要起承受叶片摆振弯矩的作用，铺层常采用单向带的形式。此外，包裹前缘梁的内外蒙皮与前缘条多采用双轴向布或三轴向布材料。

叶片各截面的刚度中心相对尾缘离前缘更近，增加尾缘梁铺层层数或厚度对摆振方向的刚度作用相比增加前缘梁铺层要大很多。

6.4.3 尾缘梁设计

叶片尾缘梁承受摆振方向的弯矩作用，同时提供尾缘合模的黏接特性。尾缘梁铺层与前缘梁铺层同样采用单向带形式。相较于前缘梁破坏，叶片尾缘开裂占叶片破坏事故原因的比例较大，是叶片破坏事故的主要破坏形式之一。风力机叶片尾缘破坏影响因素如图6-14所示。

叶片结构设计对于后缘设计的要求较高，而尾缘梁作为尾缘的主要承载部件，

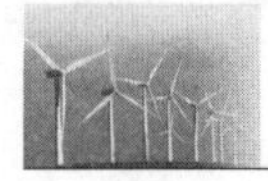

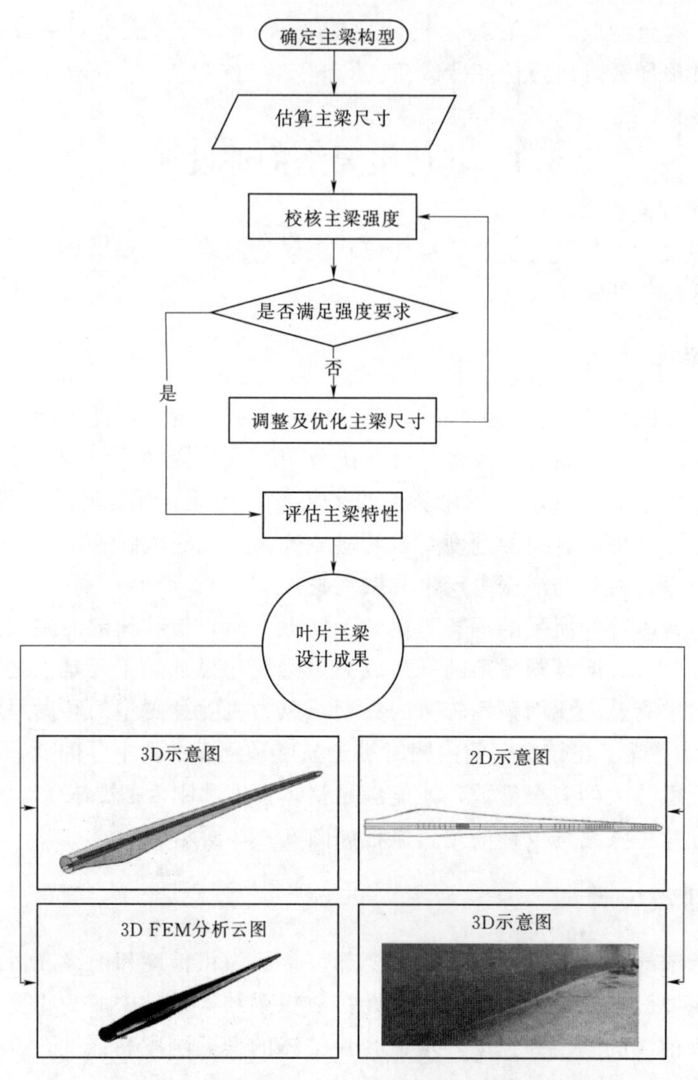

图6-12　风力机叶片主梁结构设计的主要流程图

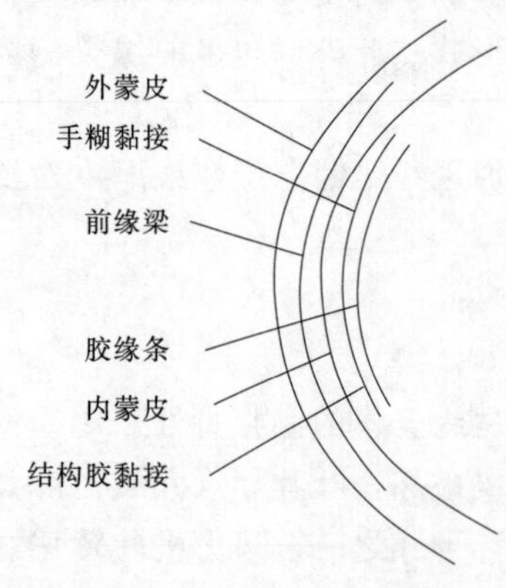

图6-13　风力机叶片前缘铺层示意图

其结构设计自然成为叶片设计的重要工作之一。尾缘梁设计需确定尾缘单向布的幅宽、厚度、位置分布和错层方式。在确定尾缘梁设计结果的前提下明确尾缘胶接形式和胶接方案以完成叶片尾缘设计。影响叶片尾缘设计的因素很多，包括气动、结构、模具和工艺等。良好的尾缘设计除保证叶片气动性能和结构刚度等性能要求外，还应保证在叶片生产过程中操作方便等。

风力机叶片尾缘设计的主要指标有：①尾缘厚度和夹角需满足气动性能；②合理的尾缘摆振刚度和铺层以保证结构特性；③避免尾缘变形量过大引

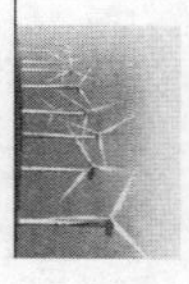

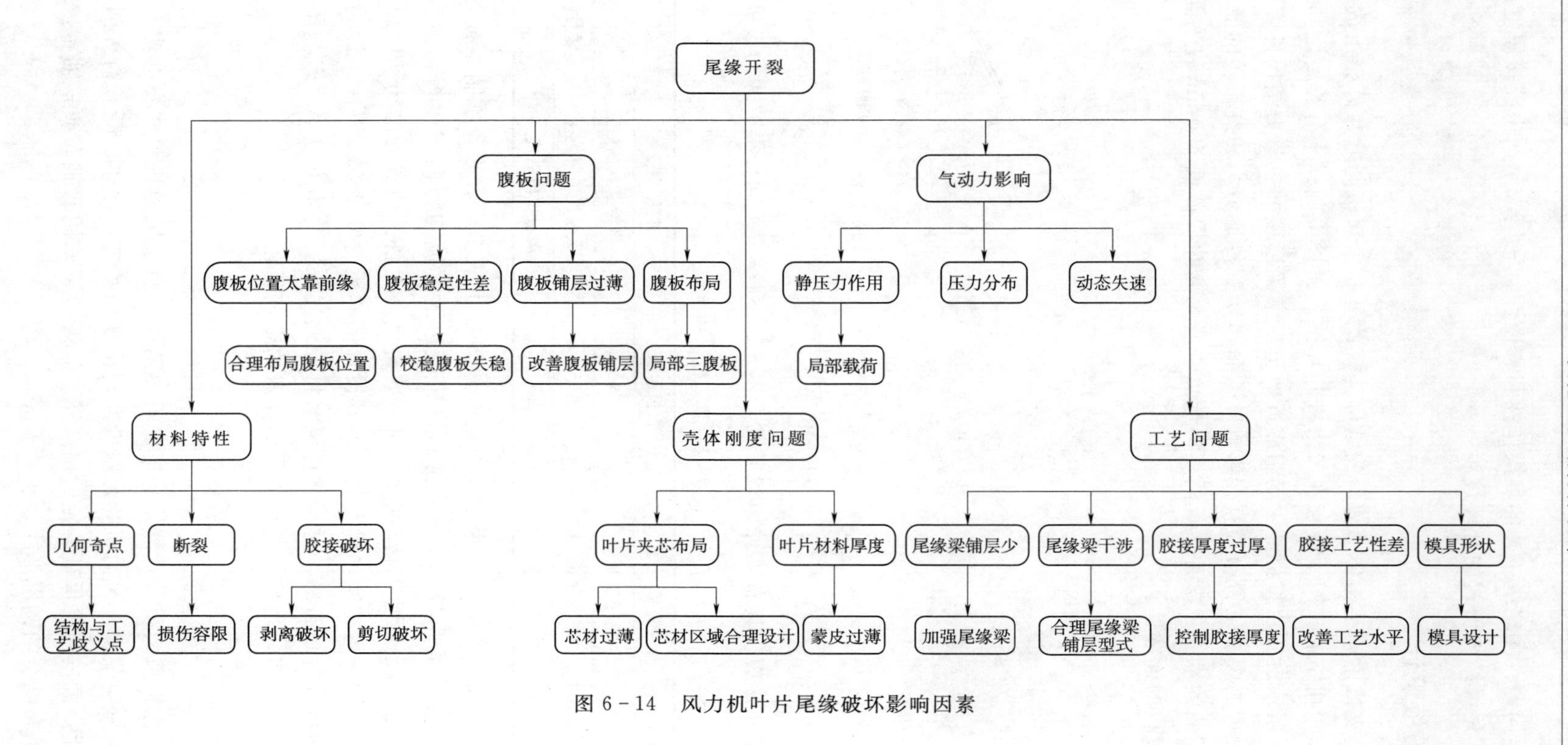

图 6-14 风力机叶片尾缘破坏影响因素

起气弹稳定问题；④尾缘工艺的可操作性和方便性；⑤尾缘生产中胶接厚度满足技术要求；⑥尾缘结构形式的合理过渡。

6.4.4 腹板设计

腹板是支撑主梁结构传递剪力的结构件。此外，由腹板与叶片外壳组成的多闭室可起到承担扭矩的作用。腹板在风力机叶片结构设计中同样十分重要，其示意图如图 6-15 所示。叶片腹板与主梁组成近似于工字梁模型的主承力结构件，叶片展向和弦向合理的腹板位置布局直接影响叶片整体闭室传递剪力和抗扭转的能力及叶片整体抗屈曲的水平。叶片腹板的展向起点一般距离叶根截面 500mm 左右至叶尖，保证叶片腹板的连续性。

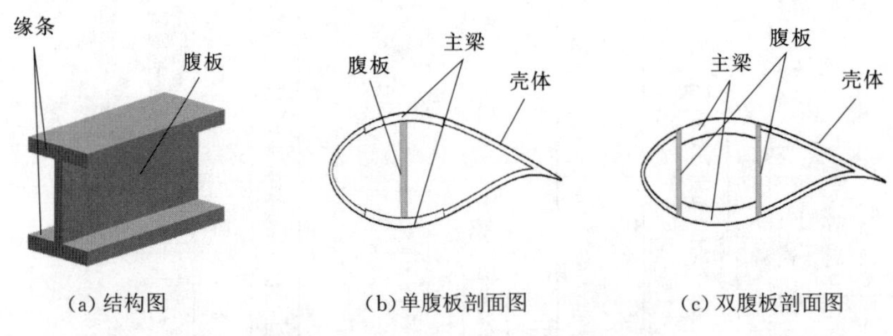

(a) 结构图　(b) 单腹板剖面图　(c) 双腹板剖面图

图 6-15 风力机叶片腹板示意图

风力机叶片腹板具有多种构型形式，表 6-2 列举了不同分类方式的腹板构型。

表 6-2 腹板构型

	腹板类型	腹板形状	加工工艺	缘条柔性
分类方式	单腹板	H形	带缘条预制	刚性缘条
	双腹板	箱形	腹板预制	柔性缘条
	三腹板	几形	腹板中段黏接	

伴随叶片尺寸的不断增大，风力机叶片腹板正从以双腹板、预制腹板与缘条、PVC 芯材腹板及柔性缘条、开弧形口且带翻边的主流构型向三腹板构型（图 6-16）发展。三腹板构型的优点在于：可有效避免最大弦长位置处的局部尾缘夹芯发生屈曲破坏，同时可抑制尾缘开裂。但其设计同样更为复杂，三腹板在最大弦长附近的尾缘腹板应合理布局，过于靠近尾缘将导致尾缘三角闭室过小、影响尾缘三角闭室的剪力流分布，是目前设计中需要注意的难点问题。

6.4.5 蒙皮设计

蒙皮是保持风力机叶片气动外形的重要结构，对于风力机整体发电功率来说十分重要。为避免蒙皮在风力机叶片服役期间出现由冰雹、沙尘、受载荷等因素导致的外形变化，蒙皮需要保证一定的铺层厚度，一般可采用双轴布或三轴布，或者三轴布与双轴布结合的铺层形式。

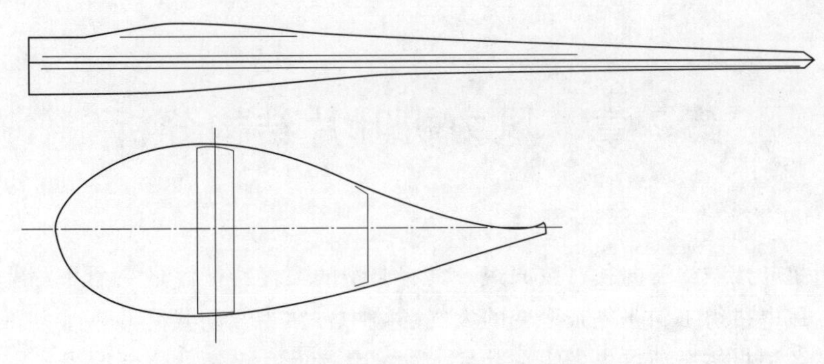

图 6－16　风力机叶片三腹板构型示意图

蒙皮铺设中通常将满铺的蒙皮分为幅宽相等的 N 段玻纤织物，基于蒙皮搭接技术，保证蒙皮层无折痕和褶皱。风力机叶片蒙皮搭接图如图 6－17 所示。

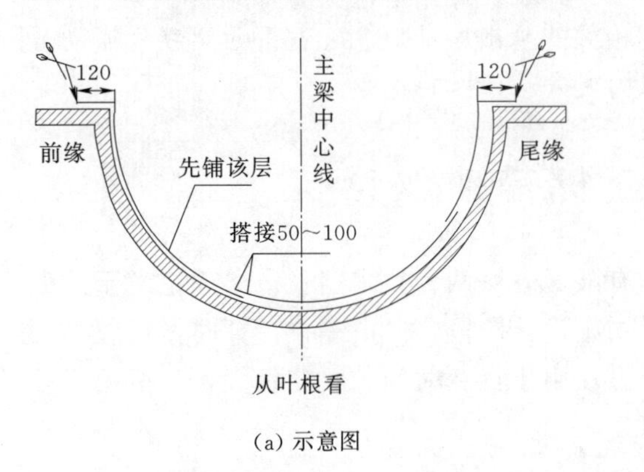

(a) 示意图

(b) 实际图

图 6－17　风力机叶片蒙皮搭接图（单位：mm）

风力机叶片结构设计中的建模加校核流程

思　考　题

1. 叶片截面结构有哪几种？各有什么优缺点？
2. 叶片结构设计要考虑哪些因素？
3. 叶片铺层要素有哪些？
4. 如何确定叶片各铺设角和铺层层数？
5. 叶片根部连接设计需要考虑哪些因素？难点在哪？

第 7 章　风力机叶片结构分析

风力机叶片结构展向长、弦向短，具有典型的柔性特征，是一个易发生振动的弹性体。风电机组工作于复杂多变的大气环境中，在受气动载荷、弹性力和惯性力作用下，各种机械振动首先发生在叶片上。振动是叶片破坏的主要原因，它加速叶片材料的疲劳，减少有效使用寿命，甚至直接导致叶片的损伤断裂。因此，研究风力机叶片在各种载荷作用下的动力学响应及与塔筒结构产生的耦合振动，是风电机组设计中需要解决的关键问题之一。

本章阐述与风力机叶片结构动力学相关的基本振动概念，着重介绍叶片振动分析的基本理论、叶片的动力学特征及风力机气动弹性问题。

7.1　结构分析基础理论

目前叶片结构分析主要有梁理论和有限元方法两种技术路径。梁理论由于前处理简便、计算速度较快，一般用于叶片初始设计阶段，但由于在计算时做了较多假设，难以得到十分精确的结果。有限元方法由于计算时间长、花费大，一般用于叶片结构强度校核。

7.1.1　梁理论

由于叶片截面尺寸远小于其长度，故可将其模拟成一根悬臂梁，当计算出不同位置处的结构参数后，就可以使用梁理论来计算叶片在各种载荷工况下的应力和位移。

1. 结构参数计算

图 7－1 为叶片截面示意图，显示了截面的主要结构参数。其中，EI_1 为第一主惯性轴的弯曲刚度；EI_2 为第二主惯性轴的弯曲刚度；X_E 为坐标原点到弹性变形点的距离；X_m 为坐标原点到质心的距离；X_s 为坐标原点到剪切变形中心的距离；β 为截面弦线与风轮旋转平面夹角（即该截面的扭角）；υ 为截面弦线与第一主惯性轴的夹角；$\beta+\upsilon$ 为风轮旋转平面夹角与第一主惯性轴的夹角。

弹性变形点定义为作用于该点的法向力（力的方向为离开平面）将不引起梁的弯曲。剪切变形中心则定义为作用于该点的平面力将不引起翼型的旋转。如果叶片绕两个主惯性轴之一弯曲时，则该叶片必然只绕该轴弯曲。因此，采用惯性主轴计算叶片位移是非常方便的。

将图 7－1 中叶片截面逆时针旋转 β 角度建立参考坐标系，如图 7－1 所示。其中，x_E、y_E 为参考坐标系下弹性变形点坐标，α 为风轮旋转平面夹角与第一主惯性

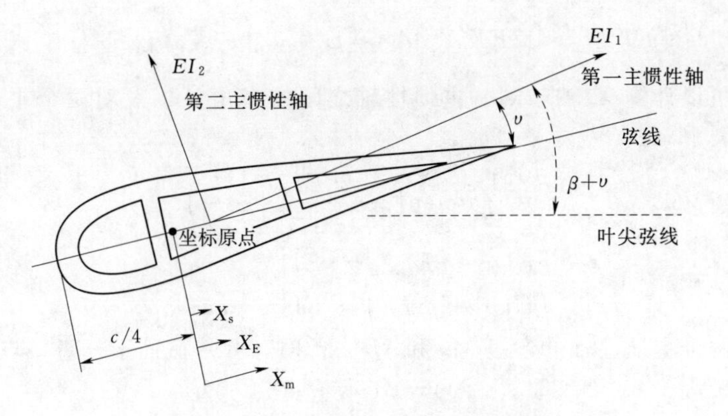

图 7-1　叶片截面主要结构参数图

轴的夹角，$\alpha=\beta+\upsilon$。

在图 7-2 所示的参考坐标系下定义以下参数：

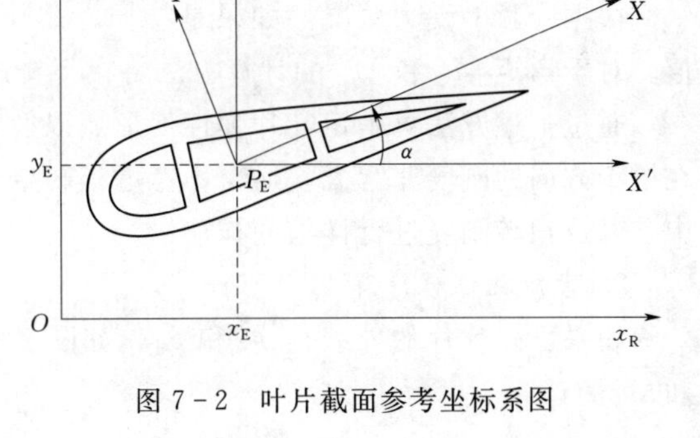

图 7-2　叶片截面参考坐标系图

(1) 纵向刚度：$[EA]=\int_A E\mathrm{d}A$。

(2) 对参考轴 x_R 的刚度矩：$[ES_{x_R}]=\int_A Ey_R\mathrm{d}A$。

(3) 对参考轴 y_R 的刚度矩：$[ES_{y_R}]=\int_A Ex_R\mathrm{d}A$。

(4) 对参考轴 x_R 的惯性矩：$[EI_{x_R}]=\int_A Ey_R^2\mathrm{d}A$。

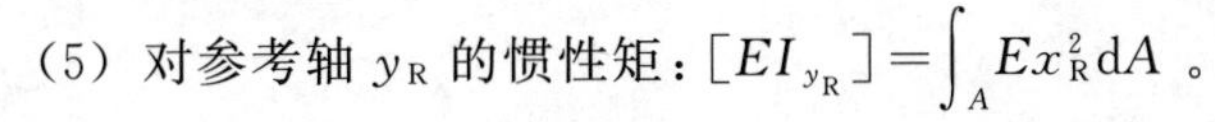

(5) 对参考轴 y_R 的惯性矩：$[EI_{y_R}]=\int_A Ex_R^2\mathrm{d}A$。

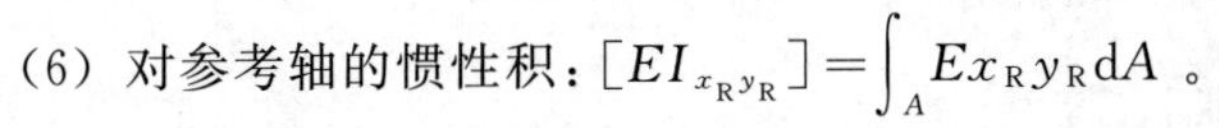

(6) 对参考轴的惯性积：$[EI_{x_Ry_R}]=\int_A Ex_Ry_R\mathrm{d}A$。

通过上述定义，可在参考坐标系（x_R，y_R）中计算弹性变形点 $P_E(x_E, y_E)$ 的坐标为

$$x_E=\frac{[ES_{y_R}]}{[EA]} \tag{7-1}$$

$$y_E=\frac{[ES_{x_R}]}{[EA]} \tag{7-2}$$

通过平行移轴公式和转轴公式，将惯性矩与惯性积移到原点在弹性变形点且坐标轴平行于原参考坐标系（x_R，y_R）的新坐标系（X'，Y'）中为

$$[EI_{X'}]=\int_A E(Y')^2\mathrm{d}A=[EI_{X_R}]-Y_E^2[EA] \tag{7-3}$$

$$[EI_{Y'}]=\int_A E(X')^2\mathrm{d}A=[EI_{Y_R}]-X_E^2[EA] \tag{7-4}$$

$$[EI_{X'Y'}]=\int_A EX'Y'\mathrm{d}A=[EI_{X_RY_R}]-X_EY_E[EA] \tag{7-5}$$

这样就可以计算 X' 轴与第一主惯性轴之间的夹角 α 以及对两个主惯性轴的弯曲刚度为

$$\alpha=\frac{1}{2}\arctan\left(\frac{2[EI_{X'Y'}]}{[EI_{Y'}]-[EI_{X'}]}\right) \tag{7-6}$$

$$[EI_1]=[EI_{X'}]-[EI_{X'Y'}]\tan\alpha \tag{7-7}$$

$$[EI_2]=[EI_{Y'}]+[EI_{X'Y'}]\tan\alpha \tag{7-8}$$

若已知两个主惯性轴的弯矩 M_1 和 M_2，此时，叶片截面上任意一点的应力为

$$\sigma(x,y)=E(x,y)\varepsilon(x,y) \tag{7-9}$$

其中，应变 ε 的计算式为

$$\varepsilon(x,y)=\frac{M_1}{[EI_1]}y-\frac{M_2}{[EI_2]}x \tag{7-10}$$

根据叶片的受力情况，如果是拉伸，σ、ε 取正值；如果是压缩，则 σ、ε 取负值。对于弯矩 M_1 和 M_2 的计算方法将在下文进行介绍。

通过上述方法可确定叶片弹性变形点以及主惯性矩等主要结构参数。由于叶片在扭转方向的刚度非常大，通常不考虑扭转变形，因此这里不对如何计算剪切变形中心以及扭转刚度进行详细的描述。

2. 弯矩及位移计算

如果已知叶片的外载荷 p_y 和 p_z，如图 7-3 所示，则剪力 T_z 和 T_y，弯矩 M_z 和 M_y 的计算公式为

$$\frac{\mathrm{d}T_z}{\mathrm{d}x}=-p_z(x)+m(x)\ddot{u}_z(x) \tag{7-11}$$

$$\frac{\mathrm{d}T_y}{\mathrm{d}x}=-p_y(x)+m(x)\ddot{u}_y(x) \tag{7-12}$$

$$\frac{\mathrm{d}M_y}{\mathrm{d}x}=T_z \tag{7-13}$$

$$\frac{\mathrm{d}M_z}{\mathrm{d}x}=-T_y \tag{7-14}$$

式中　$m(x)$——叶片各段质量；

$\ddot{u}$——加速度。

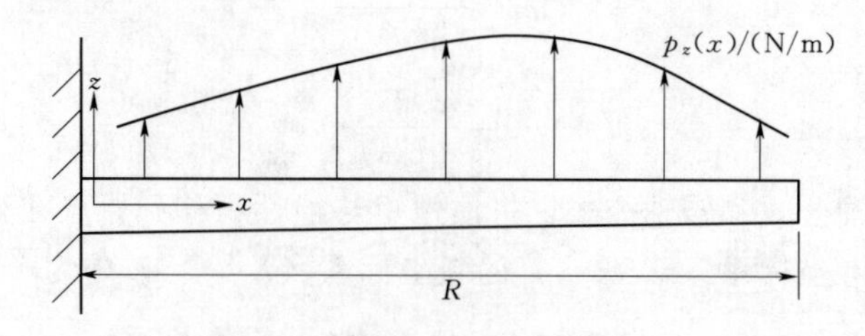

图 7-3　叶片外载荷分布图

如果叶片处于平衡状态，则式（7-11）和式（7-12）右端最后一项（惯性项）

为 0。

将弯矩转换到主惯性轴上即可求出两个主惯性轴的弯矩 M_1 和 M_2，即

$$M_1=M_y\cos(\beta+\upsilon)-M_z\sin(\beta+\upsilon) \tag{7-15}$$

$$M_2=M_y\sin(\beta+\upsilon)-M_z\cos(\beta+\upsilon) \tag{7-16}$$

由梁理论可知关于主惯性轴的曲率可表示为

$$\rho_1=\frac{M_1}{EI_1} \tag{7-17}$$

$$\rho_2=\frac{M_2}{EI_2} \tag{7-18}$$

将主惯性轴上的曲率转换到叶片坐标系下的 y 轴和 z 轴，可得

$$\rho_z=-\rho_1\sin(\beta+\upsilon)+\rho_2\cos(\beta+\upsilon) \tag{7-19}$$

$$\rho_y=\rho_1\cos(\beta+\upsilon)+\rho_2\sin(\beta+\upsilon) \tag{7-20}$$

通过梁转角变形 θ、位移变形 u 和曲率 ρ 的微分关系，可计算转角和位移，即

$$\frac{d\theta_z}{dx}=\rho_z \tag{7-21}$$

$$\frac{d\theta_y}{dx}=\rho_y \tag{7-22}$$

$$\frac{du_z}{dx}=\theta_z \tag{7-23}$$

$$\frac{du_y}{dx}=\theta_y \tag{7-24}$$

对上式进行积分可得叶片展向 x 处的转角和位移。但是，在实际计算中难以得到 θ 和 u 的函数表达式，需要进行离散化的数值计算。可以将叶片沿展向离散成多个微段，如图 7-4 所示。每个节点上的推力 T_i 和弯矩 M_i，可以通过动量叶素理论求得。微段足够小时，可认为载荷在节点 i 和 $i+1$ 之间是线性变化的，进而可以对叶片梁的转角和位移进行逐步迭代计算。

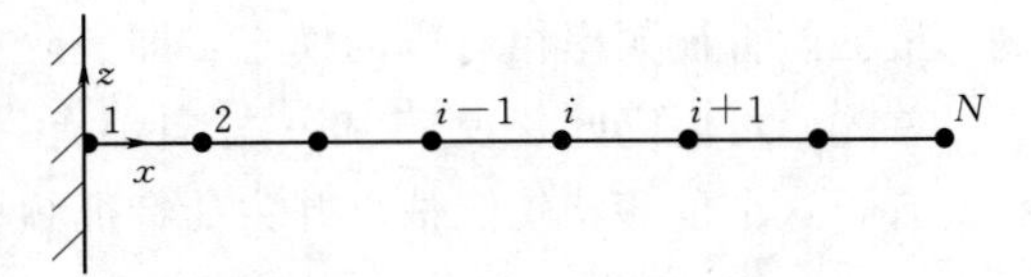

图 7-4 叶片悬臂梁的离散化图

转角计算为

$$\theta_z^{i+1}=\theta_z^i+\frac{1}{2}(\rho_z^{i+1}+\rho_z^i)(x^{i+1}-x^i) \tag{7-25}$$

$$\theta_y^{i+1}=\theta_y^i+\frac{1}{2}(\rho_y^{i+1}+\rho_y^i)(x^{i+1}-x^i) \tag{7-26}$$

位移计算为

$$u_z^{i+1}=u_z^i+\theta_z^i(x^{i+1}-x^i)+\left(\frac{1}{6}\rho_z^{i+1}+\frac{1}{3}\rho_z^i\right)(x^{i+1}-x^i)^2 \tag{7-27}$$

$$u_y^{i+1}=u_y^i+\theta_y^i(x^{i+1}-x^i)+\left(\frac{1}{6}\rho_y^{i+1}+\frac{1}{3}\rho_y^i\right)(x^{i+1}-x^i)^2 \tag{7-28}$$

式中，边界条件分别为 $\theta_z^1=0$，$\theta_y^1=0$ 以及 $u_z^1=0$，$u_y^1=0$；$i=1$，…，$N-1$。

3. 特征模态估算

特征模态是指无外力作用下的自由振动，这样式（7-11）和式（7-12）变为

$$\frac{\mathrm{d}T_z}{\mathrm{d}x}=m(x)\ddot{u}_z(x) \tag{7-29}$$

$$\frac{\mathrm{d}T_y}{\mathrm{d}x}=m(x)\ddot{u}_y(x) \tag{7-30}$$

对特征模态而言，位移具有 $u=A\sin(\omega t)$ 的形式，则加速度可表示为

$$\ddot{u}=-\omega^2 u \tag{7-31}$$

式中　ω——相关的特征频率。

将式（7-31）代入式（7-29）和式（7-30），可得

$$\frac{\mathrm{d}T_z}{\mathrm{d}x}=m(x)\omega^2 u_z(x) \tag{7-32}$$

$$\frac{\mathrm{d}T_y}{\mathrm{d}x}=m(x)\omega^2 u_y(x) \tag{7-33}$$

外载荷公式为

$$p_z=m(x)\omega^2 u_z(x) \tag{7-34}$$

$$p_y=m(x)\omega^2 u_y(x) \tag{7-35}$$

当外载荷满足式（7-34）、式（7-35）时，比较式（7-11）、式（7-12）和式（7-32）、式（7-33）可以看出，可使用静态梁方程求得特征模态。由于式（7-34）、式（7-35）中的位移未知，因此可对方程进行迭代求解，直到收敛到与最低阶特征频率相对应的模态，即一阶挥舞模态。

首先，可假定叶片在 z 和 y 方向都有一个常值载荷，这样就可以求得初始位移。有了这个位移，就能估算叶尖的特征频率，即

$$\omega^2=\frac{p_z^N}{u_z^N m^N} \tag{7-36}$$

然后，计算在所有离散点处的新载荷为

$$p_z^i=\omega^2 m^i=\frac{u_z^i}{\sqrt{(u_z^N)^2+(u_y^N)^2}} \tag{7-37}$$

$$p_y^i=\omega^2 m^i=\frac{u_y^i}{\sqrt{(u_z^N)^2+(u_y^N)^2}} \tag{7-38}$$

将载荷沿叶尖的位移归一化，以保证进行下一步迭代时叶尖位移为1。有了新的载荷新的位移，重复上述步骤多次直到特征频率 ω 变成常数。这样就可以求得一阶挥舞模态的位移形状 u_z^{1f} 和 u_y^{1f}，如图7-5所示。

一阶摆振模态的求解与一阶挥舞模态类似，也需要用到上述步骤。但必须进行一定的修改以保证不会收敛到一阶挥舞模态，即每次计算得到新的位移 $u_z(x)$ 和 $u_y(x)$ 后，要减去包含的一阶挥舞模态的部分，即

$$u_z^{1e}=u_z-\mathrm{const}_1 u_z^{1f} \tag{7-39}$$

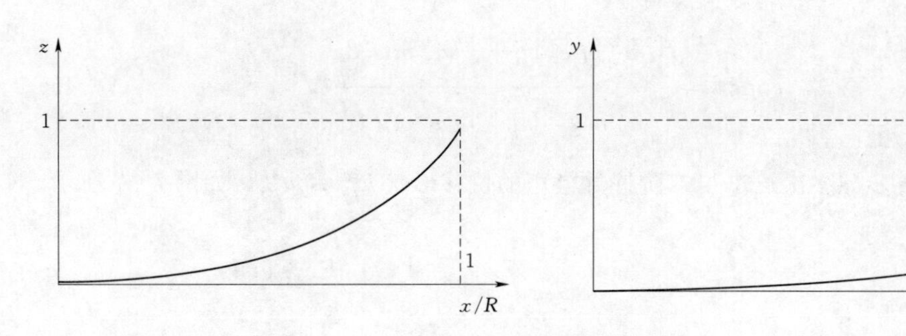

图 7-5 一阶挥舞模态图

$$u_y^{1e} = u_y - \mathrm{const}_1 u_y^{1f} \tag{7-40}$$

式 (7-39)、式 (7-40) 中，const_1 为常数项，其值可由下式中的正交限制性来确定

$$\int_0^R u_z^{1f} m u_z^{1e} \mathrm{d}x + \int_0^R u_y^{1f} m u_y^{1e} \mathrm{d}x = 0 \tag{7-41}$$

则 const_1 的表达式为

$$\mathrm{const}_1 = \frac{\int_0^R u_z^{1f} m u_z \mathrm{d}x + \int_0^R u_y^{1f} m u_y \mathrm{d}x}{\int_0^R u_z^{1f} m u_z^{1f} \mathrm{d}x + \int_0^R u_y^{1f} m u_y^{1f} \mathrm{d}x} \tag{7-42}$$

经过多次迭代后就可求得一阶摆振模态的位移形状 u_z^{1e} 和 u_y^{1e}，如图 7-6 所示。

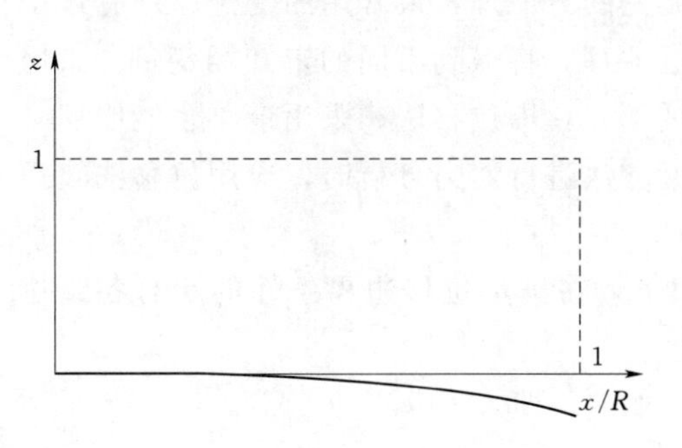

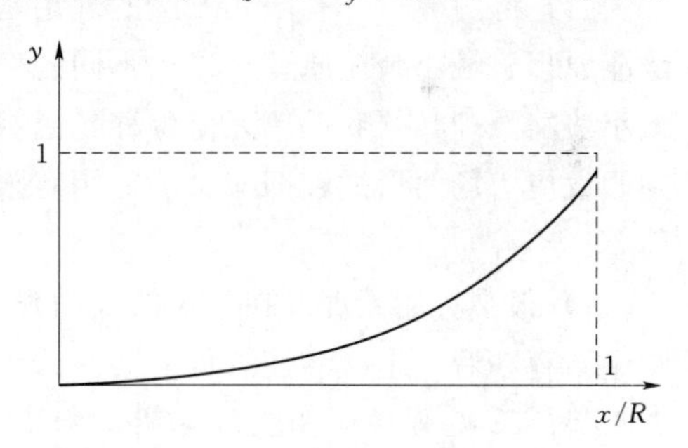

图 7-6 一阶摆振模态图

二阶挥舞模态也可按上述方法求得。此时，每次计算得到的新的位移 $u_z(x)$ 和 $u_y(x)$ 不但要减去一阶挥舞模态部分，还要减去一阶摆振模态部分，即

$$u_z^{2f} = u_z - \mathrm{const}_2 \cdot u_z^{1e} \tag{7-43}$$

$$u_y^{2f} = u_y - \mathrm{const}_2 \cdot u_y^{1e} \tag{7-44}$$

u_z^{1e}、u_y^{1e} 必须满足的正交限制性条件为

$$\int_0^R u_z^{1e} m u_z^{2f} \mathrm{d}x + \int_0^R u_y^{1e} m u_y^{2f} \mathrm{d}x = 0 \tag{7-45}$$

则 const_2 的表达式为

$$\mathrm{const}_2=\frac{\int_0^R u_z^{1e} m u_z \mathrm{d}x+\int_0^R u_y^{1e} m u_y \mathrm{d}x}{\int_0^R u_z^{1e} m u_z^{1e} \mathrm{d}x+\int_0^R u_y^{1e} m u_y^{1e} \mathrm{d}x} \tag{7-46}$$

重复上述步骤多次可求得二阶挥舞模态的位移形状 u_z^{2f} 和 u_y^{2f}，如图 7-7 所示。

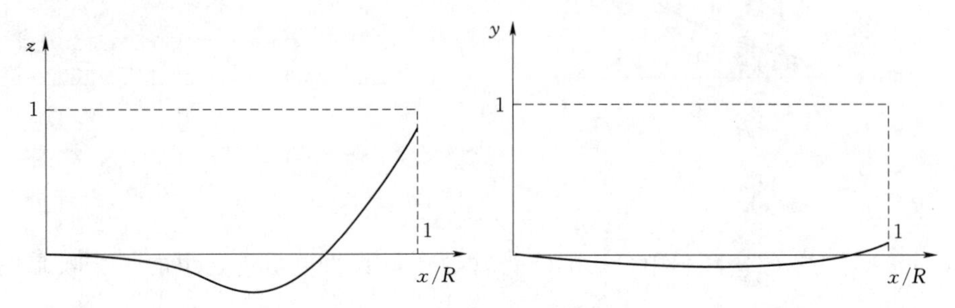

图 7-7　二阶挥舞模态图

7.1.2　有限元方法

随着计算机技术的发展，有限元方法在叶片结构分析中得到了越来越广泛的应用。其强大的建模和结构分析功能适于叶片的应力、变形、频率、屈曲、疲劳及叶根强度的分析，可提供最终叶片设计所需的细节。

1. 基本理论

(1) 静力分析。有限元方法的理论基础是变分原理，最常用的变分原理有最小势能原理、最小余能原理。采用不同的变分原理，将得到不同的未知场变量。采用最小势能原理必须假设单元内位移场函数的形式，即位移法；采用最小余能原理必须假设应力场的形式，即应力法。用有限元方法进行静力分析时，应用位移法较为简单。

1) 最小势能原理。在给定的外力作用下，在满足位移边界条件的所有各组位移中，存在着一组位移使总势能具有最小值。

势能 E 为弹性应变能 U 和外力势能 W 的差，即

$$E=U-W \tag{7-47}$$

弹性应变能 U 和外力势能 W 在二维平面上的表达式为

$$U=\frac{t}{2}\iint_{\Omega}(\sigma_x\varepsilon_x+\sigma_y\varepsilon_y+\tau_{xt}\gamma_{xy})\mathrm{d}x\mathrm{d}y \tag{7-48}$$

$$W=t\iint_{\Omega}(p_x u+p_y v)\mathrm{d}x\mathrm{d}y+t\int_S(q_x u+q_y v)\mathrm{d}s+\sum_{i=1}^{n}R_i\delta_i \tag{7-49}$$

在外力势能 W 的表达式中，第一项为体力 $\{p\}=[p_x,p_y]^{\mathrm{T}}$ 的势能，第二项为面力 $\{q\}=[q_x,q_y]^{\mathrm{T}}$ 的势能，第三项为集中力 R_i 的势能，δ_i 为集中力 R_i 的作用点 i 在 R_i 方向上的位移，Ω 和 S 分别为体力和面力的作用区域。由 E、U、W 的定义可知势能是位移 u 和 v 的函数，而位移 u 和 v 又是 x 与 y 的函数，所以势能 E 是一个泛函。根据最小势能原理求问题的位移解就是求泛函 E 的极值问题，即

$\delta E=0$。

在有限元方法中，当物体被离散成很多单元和节点之后，各节点的位移构成位移列阵 $\{\delta\}$，泛函 E 可写成各单元泛函之和，$E=\sum E_i$。E_i 取决于 δ_i，不同的节点位移列阵 $\{\delta\}$ 使 E 有不同的值，则

$$E=E(\{\delta\})=E(u_1,u_2,\cdots,u_N) \tag{7-50}$$

这里 $u_i(i=1,2,\cdots,N)$ 为泛指的位移，可以是 x 或 y 方向的位移，N 为物体离散后的自由度数。经有限元离散后，求势能的极值条件转化为

$$\frac{\partial E}{\partial u_i}=0 \quad (i=1,2,\cdots,N) \tag{7-51}$$

物体结构经过有限元离散后，先按式（7-47）～式（7-49）计算出离散体的势能 E，然后根据式（7-51）的极值条件得到一个 N 阶的代数方程组。求解该方程组得节点位移 $\{\delta\}$，这就是最小势能原理求解有限元问题的基本过程。

2）最小余能原理。在物体内部满足平衡条件，并在边界上满足规定的应力边界条件的所有应力状态中，真实的应力状态必然使物体的余能有极小值，即

$$E^*=U^*-W^* \tag{7-52}$$

物体的余应变能 U^* 和边界力势能 W^* 的表达式为

$$U^*=\frac{t}{2}\iint_{\Omega}\{\sigma\}^{\mathrm{T}}(D)^{-1}\{\sigma\}\mathrm{d}x\mathrm{d}y \tag{7-53}$$

$$W^*=t\iint_{S_u}\{\bar{\delta}\}\{q\}^{\mathrm{T}}\mathrm{d}S \tag{7-54}$$

式中　Ω——物体的域；

S_u——有已知位移的域；

$\{\bar{\delta}\}=[\bar{u},\bar{v}]^{\mathrm{T}}$——在 S_u 域上的已知位移；

$\{q\}^{\mathrm{T}}=[q_x,q_y]^{\mathrm{T}}$——$S$ 域上的边界力。

最小余能原理求解有限元问题的基本过程与最小势能原理类似。在有限元方法中应用最小余能原理时，要求在单元内假定一种应力场，这种应力场的各应力分量必须满足应力的平衡方程式；在边界上的单元，应力分量要满足应力边界条件；在单元间的边界上应力分量不要求连续，但要求在边界上的力必须平衡，即边界两边上作用力应大小相等，方向相反。

（2）模态分析。模态分析是所有动力学分析最为基础的内容，主要用于确定设计结构或机器零部件的振动特性——固有频率和振型，使结构设计避免共振或以特定频率进行振动。同时，模态分析也可作为其他动力学分析问题的起点，例如瞬态动力学分析、谐响应分析和谱分析。

固有频率分析通常采用有限单元方法，惯性力是与物体质量和加速度有关的力，作用在物体上的总惯性力为

$$\{F(t)\}_I=\sum_{e=1}^{n_0}\{F(t)\}_I^e=-\sum_{e=1}^{n_0}[\boldsymbol{M}]^e\{\ddot{u}(t)\}^e=-[\boldsymbol{M}]\{\ddot{u}(t)\} \tag{7-55}$$

$$[\boldsymbol{M}]=\sum_{e=1}^{n_0}[\boldsymbol{M}]^e=\sum_{e=1}^{n_0}\iiint_e\rho[\boldsymbol{N}]^{\mathrm{T}}[\boldsymbol{N}]\mathrm{d}v$$

式中　$[\boldsymbol{M}]^e$——单元的质量矩阵；

$\{F(t)\}_I^e$——单元的惯性力；

n_0——振动结构的单元总数。

作用在物体上的总阻尼力为

$$\{F(t)\}_d=\sum_{e=1}^{n_0}\{F(t)\}_d^e=-\sum_{e=1}^{n_0}[\boldsymbol{C}]^e\{\dot{u}(t)\}^e=-[\boldsymbol{C}]\{\dot{u}(t)\} \tag{7-56}$$

$$[\boldsymbol{C}]=\sum_{e=1}^{n_0}[\boldsymbol{C}]^e=\sum_{e=1}^{n_0}\iiint_e \mu[\boldsymbol{N}]^{\mathrm{T}}[\boldsymbol{N}]\mathrm{d}v$$

作用在物体上的总弹性力为

$$\{F(t)\}_e=\sum_{e=1}^{n_0}\{F(t)\}^e=-\sum_{e=1}^{n_0}[\boldsymbol{K}]^e\{u(t)\}^e=-[\boldsymbol{K}]\{u(t)\} \tag{7-57}$$

$$[\boldsymbol{K}]=\sum_{e=1}^{n_0}[\boldsymbol{K}]^e=\sum_{e=1}^{n_0}\iiint_e[\boldsymbol{B}^e]^{\mathrm{T}}[\boldsymbol{D}][\boldsymbol{B}^e]\mathrm{d}v$$

由达朗贝尔原理可知，任意时刻作用在物体上的力构成平衡力系，则

$$[\boldsymbol{M}]\{\ddot{u}(t)\}+[\boldsymbol{C}]\{\dot{u}(t)\}+[\boldsymbol{K}]\{u(t)\}=\{F(t)\} \tag{7-58}$$

对于无阻尼自由振动，阻尼项和外载荷项均为0，因此式（7-58）就变为

$$[\boldsymbol{M}]\{\ddot{u}(t)\}+[\boldsymbol{K}]\{u(t)\}=0 \tag{7-59}$$

设式（7-59）的解为

$$\{u(t)\}=\{\boldsymbol{X}\}\sin\omega t \tag{7-60}$$

式中　$\{\boldsymbol{X}\}$——位移$\{u(t)\}$的振幅列向量；

ω——自振频率。

将式（7-60）代入式（7-59）可得

$$([\boldsymbol{K}]-\omega^2\{\boldsymbol{M}\})\{\boldsymbol{X}\}=0 \tag{7-61}$$

令$\omega^2=\lambda$，则有

$$([\boldsymbol{K}]-\lambda\{\boldsymbol{M}\})\{\boldsymbol{X}\}=0 \tag{7-62}$$

式（7-62）为齐次方程，要使其有非零解，矩阵（$[\boldsymbol{K}]-\lambda\{\boldsymbol{M}\}$）的行列式应为零，即

$$\det([\boldsymbol{K}]-\lambda\{\boldsymbol{X}\})=\begin{bmatrix} k_{11}-\lambda m_{11} & k_{12}-\lambda m_{12} & \boldsymbol{L} & k_{1n}-\lambda m_{1n} \\ k_{21}-\lambda m_{21} & k_{22}-\lambda m_{22} & \boldsymbol{L} & k_{2n}-\lambda m_{2n} \\ \boldsymbol{M} & \boldsymbol{M} & \boldsymbol{L} & \boldsymbol{M} \\ k_{n1}-\lambda m_{n1} & k_{n2}-\lambda m_{n2} & \boldsymbol{L} & k_{nn}-\lambda m_{nn} \end{bmatrix}=0 \tag{7-63}$$

式（7-63）为广义特征方程，如果节点位移的总自由度为n，即刚度矩阵$[\boldsymbol{K}]$的阶数为$n\times n$，由行列式展开可知，式（7-63）是λ的n次代数方程，由此可决定n个广义特征值$\lambda_i(i=1,2,\cdots,n)$。结构的$n$阶固有频率可表示为

$$\omega_i=\sqrt{\lambda_i} \tag{7-64}$$

（3）稳定性分析。屈曲稳定性分析是指在结构的线性刚度矩阵中引入微分刚度的影响。微分刚度由应变—位移关系式中的高阶项导出。设结构线性刚度矩阵为

$[\boldsymbol{K}_a]$，考虑应变—位移的高阶非线性项的微分刚度矩阵为 $[\boldsymbol{K}_d]$，一般 $[\boldsymbol{K}_a]$ 与所施加载荷 P_a 成正比，即

$$[\boldsymbol{K}_d]=P_a[\overline{\boldsymbol{K}}_d] \tag{7-65}$$

则结构的总刚度矩阵为

$$[\boldsymbol{K}]=[\boldsymbol{K}_a]+[\boldsymbol{K}_d] \tag{7-66}$$

总应变能为

$$U=\frac{1}{2}\{\boldsymbol{X}\}^{\mathrm{T}}[\boldsymbol{K}_a]\{\boldsymbol{X}\}+\frac{1}{2}\{\boldsymbol{X}\}^{\mathrm{T}}[\boldsymbol{K}_d]\{X\} \tag{7-67}$$

式中　$\{X\}$——各节点的位移向量。

为使系统达到静力平衡，总应变能必须有一个驻值，即

$$\frac{\partial U}{\partial X}=[\boldsymbol{K}_a]\{\boldsymbol{X}\}+[\boldsymbol{K}_d]\{\boldsymbol{X}\}=\{0\} \tag{7-68}$$

将式（7-68）代入式（7-65）可得

$$([\boldsymbol{K}_a]+P_a[\overline{\boldsymbol{K}}_d])\{\boldsymbol{X}\}=\{0\} \tag{7-69}$$

为使式（7-69）有非零解，则其系数行列式必须为零，即

$$\det([\boldsymbol{K}_a]+P_a[\overline{\boldsymbol{K}}_d])=0 \tag{7-70}$$

式（7-70）只对特定的 P_a 才成立，这样的 P_a 称为临界屈曲载荷 P_{cr}，则

$$\lambda_i=\frac{P_{cri}}{P} \tag{7-71}$$

则式（7-70）可以表示为

$$\det([\boldsymbol{K}_a]+\lambda_i[\overline{\boldsymbol{K}}_d])=0 \tag{7-72}$$

求解屈曲临界载荷 P_{cri} 就转化为求解式（7-72）的特征值问题，所求屈曲临界载荷为

$$P_{cr}=\min(\lambda_i)P_a \tag{7-73}$$

$\min(\lambda_i)$ 为失稳临界特征值，又称为失稳屈曲因子。当 $\min(\lambda_i)<1$ 时，结构发生失稳，此时对应的外载荷为失稳载荷。

2. 建模与计算

叶片有限元分析一般采用大型商用软件，如 ANSYS、ABAQUS、NASTRAN 以及 COSMOS 等，其中 ANSYS 使用最为广泛。下面以某 1.5MW 水平轴风力机为例，在 ANSYS 中建立其有限元模型并进行静、动力及稳定性分析。

(1) 叶片实体建模。叶片实体模型在 ANSYS 中采取自上而下的方式建立。模型建立前先将叶片分段，确定截面数，然后建立每个截面的关键点，再将关键点连接成线，最后连接相应的线成面，从而实现叶片的外表面实体建模。截面数越少，模型建立越方便，但模型精度难以保证。相反，截面数越多，模型精度越高，但建模过程变得繁琐。为确保模型的合理有效性，需根据实际叶片的外形划分段数。

叶片截面的翼型数据可以通过 Profili 软件得到，获得截面的关键点坐标后，通过命令流的形式建立关键点，如图 7-8 所示。将每个截面的关键点分为上翼型面、下翼型面以及后缘 3 组，通过主菜单→Preprocessor→Modeling→Create→Lines→

Splines→Spline thru KPs 建立 3 条曲线，即可得到翼型的轮廓线，如图 7 - 9 所示。

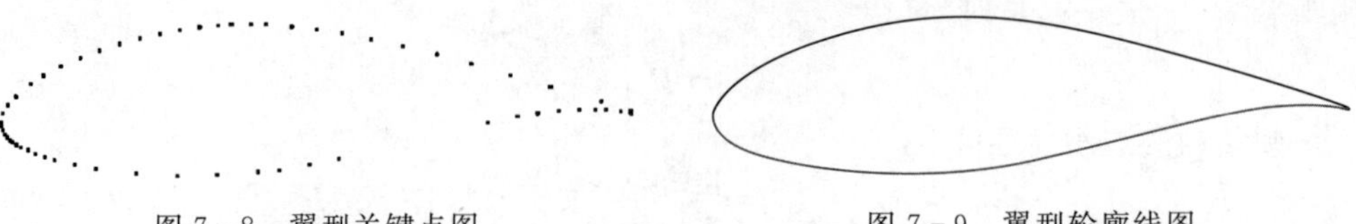

图 7 - 8 翼型关键点图　　　　图 7 - 9 翼型轮廓线图

图 7 - 10 为整体叶片翼型曲线图。在叶片的每两个翼型截面之间，以轮廓线上的曲线端点为关键点建立 3 条纵向直线，将叶片上所有的翼型轮廓线通过纵向直线连接起来，如图 7 - 11 所示。

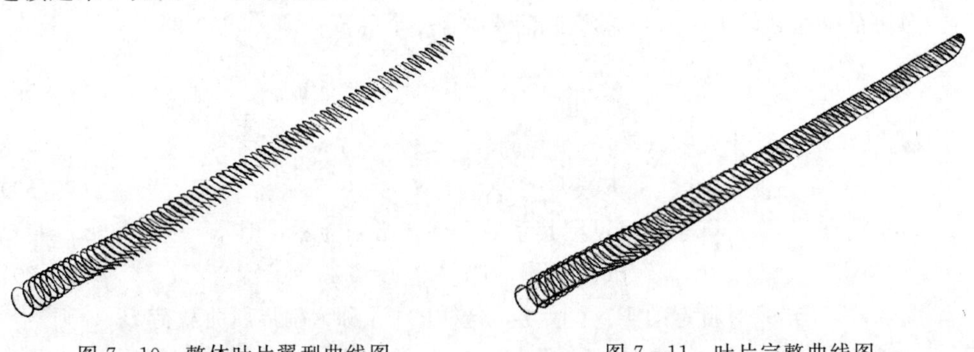

图 7 - 10 整体叶片翼型曲线图　　　　图 7 - 11 叶片完整曲线图

由于每两个截面间的曲线和直线都是对应的，因此通过主菜单→Preprocessor→Modeling→Create→Areas→Arbitrary→By Lines 可以在对应的线段之间建立曲面。每两个翼型截面之间都有 3 个曲面，将所有的曲面建立完毕后即可得到整个叶片的外表面实体模型，如图 7 - 12 所示。

腹板实体模型可以通过平面切割的方式建立。首先确定腹板布置位置与角度，然后将工作平面坐标原点平移到腹板所在位置，再用工作平面对叶片外表面模型进行切割，最终可得到腹板实体模型，如图 7 - 13 所示。

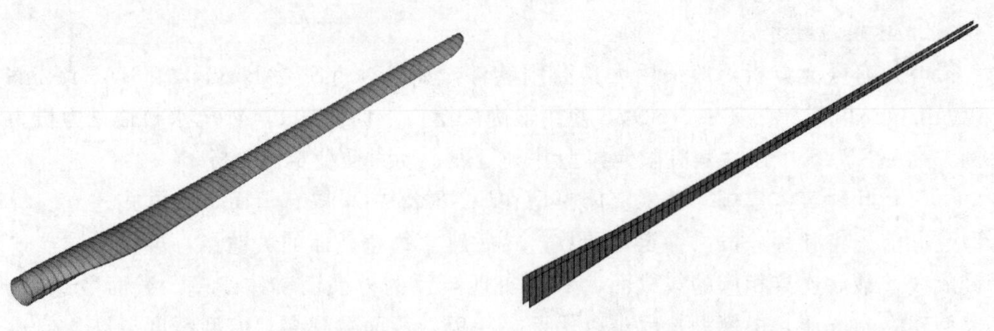

图 7 - 12 叶片外表面实体模型图　　　　图 7 - 13 叶片腹板实体模型图

叶片实体模型也可先在 Pro/E、UG 等 CAD/CAE 软件中建立，然后通过数据接口转换导入 ANSYS 中。

(2) 叶片有限元建模。ANSYS 软件中用于建立复合材料模型的单元有

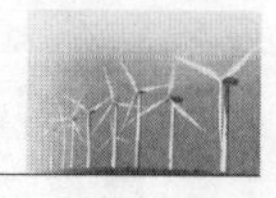

SHELL91、SHELL99、SHELL181、SOLID46 和 SOLID191 五种单元。其中前三种是 3D 壳单元，后两种是 3D 实体单元。单元类型的选择依赖于结构或总体求解域的几何特点和方程类型及求解所希望的精度等。

由于风力机叶片是大宽厚比结构，因此可选择 SHELL91 和 SHELL99 两种单元进行模拟。这两种单元都为 8 节点 3D 单元，SHELL91 可以模拟具有夹芯结构的层合板（叶片前缘、后缘与腹板），允许输入的复合材料多达 100 层；而 SHELL99 可以模拟非夹芯结构层合板（叶片主梁），允许输入的复合材料多达 250 层，且允许用户通过输入自定义的材料矩阵来建立模型。

为了使计算结果合理准确，ANSYS 在选定 SHELL91 的夹芯结构功能时附加了一些限定条件：①夹芯与整个夹芯复合板的厚度比值最好不小于 5/6，但必须不小于 5/7；②蒙皮与夹芯材料杨氏模量的比值最好在 100～10000 范围内，但必须在 4～1000000 内；③在弯曲载荷作用下壳体的曲率半径与夹芯复合板厚度的比值最好不小于 10，但必须不小于 8。对于不能满足以上限定条件的夹芯结构区域，可采用 SHELL99 单元进行模拟，这必然带来误差，但该误差是保守误差，不会对分析结果造成破坏性影响。

叶片实际结构铺层（材料的性能参数、铺层角度以及铺层厚度）由实常数来体现。为方便实常数的输入，一般要根据不同的铺层厚度对叶片进行区域划分，并假定每段区域内的厚度相等。由于叶片铺层结构异常复杂，必须划分较多的区域才能保证等厚度假设不会对叶片结构分析造成较大的误差，因此实常数的输入成为叶片有限元建模中工作量最大的一部分。叶片实常数区域划分如图 7－14 所示，叶片有限元模型如图 7－15 所示。

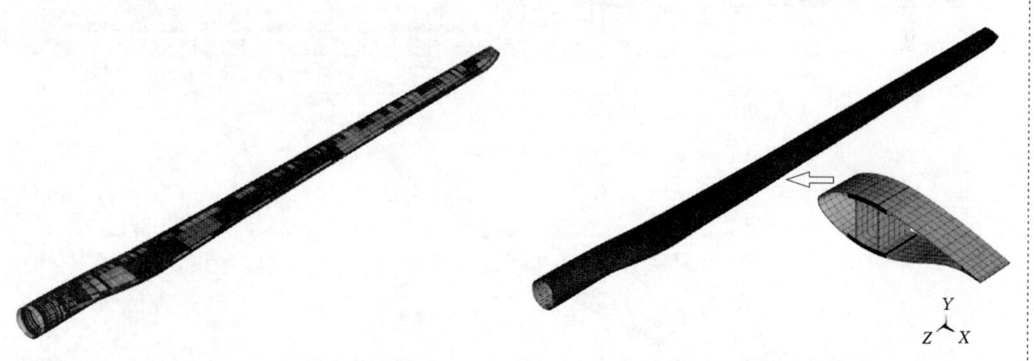

图 7－14 叶片实常数区域划分图　　图 7－15 叶片有限元模型图

(3) 模型加载与分析。在正常运行过程中，叶片的受力情况非常复杂，为研究方便，通常将叶片所受的空气动力载荷简化为集中力载荷，施加于叶片弦线 1/4 处，弯矩载荷为集中力与到叶根距离乘积的代数和。

将叶片视为悬臂梁模型，对叶片根部采用完全约束的边界条件。由于弯矩载荷由集中载荷产生，因此在对叶片有限元模型加载时只需考虑集中载荷与重力载荷。在截面上以力的作用点为中心建立刚性区，将作用点与翼型截面上所有的点固结起来，从而完成对截面集中载荷的施加。某叶片模型的约束条件与载荷如图 7－16 所示。

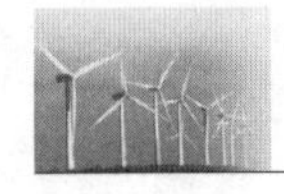

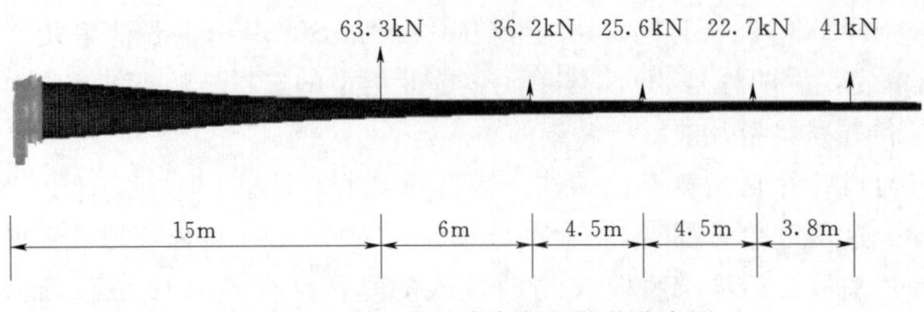

图 7 - 16　某叶片约束条件与载荷分布图

图 7 - 17 为某 1.5MW 风力机叶片在极限挥舞弯矩作用下的静力分析结果。可以看出，叶片最大变形位移发生在叶尖处，而叶根处的变形位移最小，这与悬臂梁非固定端挠度变化一致。从叶片的整体应力、应变水平看，叶根与主梁上的整体应力、应变水平都较高，而剪切腹板和翼板上的整体应力、应变水平较低。说明叶根和主梁是叶片的主要承力部件，而腹板和前后缘的主要作用是维持叶片结构的稳定性。

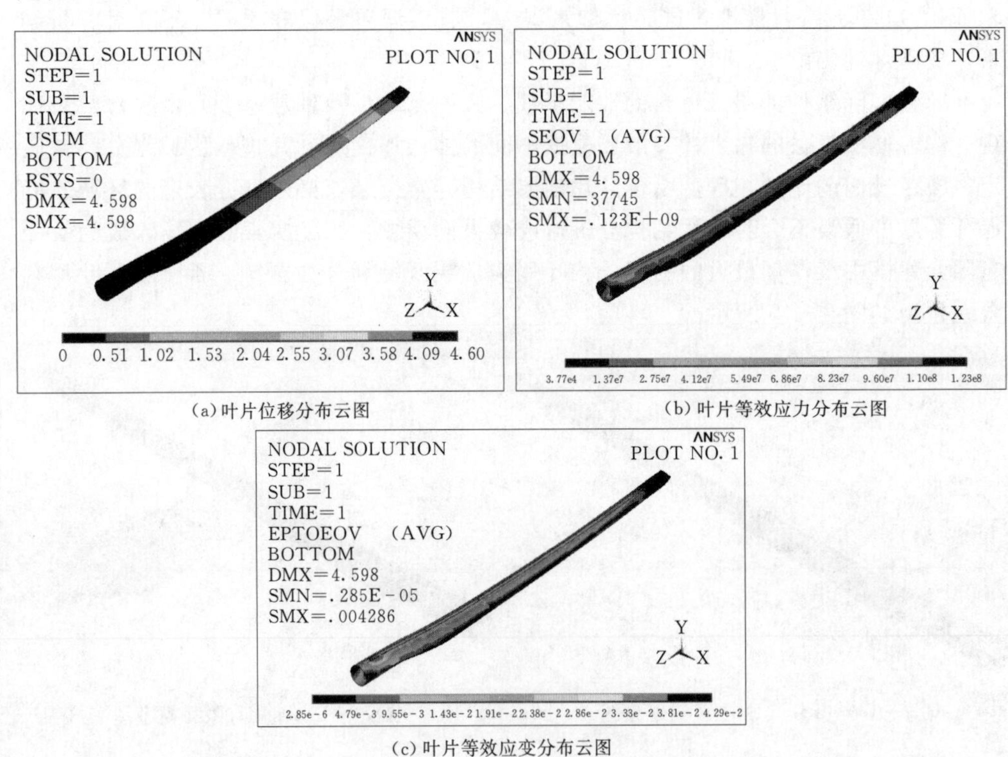

(a) 叶片位移分布云图　　(b) 叶片等效应力分布云图

(c) 叶片等效应变分布云图

图 7 - 17　叶片静力分析结果图

图 7 - 18 为叶片在极限挥舞载荷作用下的整体稳定性分析结果图。可以看到，叶片前 4 阶屈曲因子值都大于 1.0，说明屈曲载荷大于实际载荷，在该工况下叶片不会发生屈曲，满足稳定性要求。如果载荷持续增加，达到或超过屈曲载荷时，叶片结构将发生局部屈曲，屈曲发生的位置主要位于叶片最大弦长截面区域后缘处以及靠近叶尖后缘处。在叶片最大弦长截面区域后缘处，由于后缘与主梁距离较大，

在空间上形成了一个较大的空腔结构，腔体上表面受到的压力较大，又缺少腹板的有力支撑，所以这一段叶片发生屈曲的可能性较大；在靠近叶尖后缘处，由于铺层较少，在叶尖载荷的作用下，也较容易发生失稳。

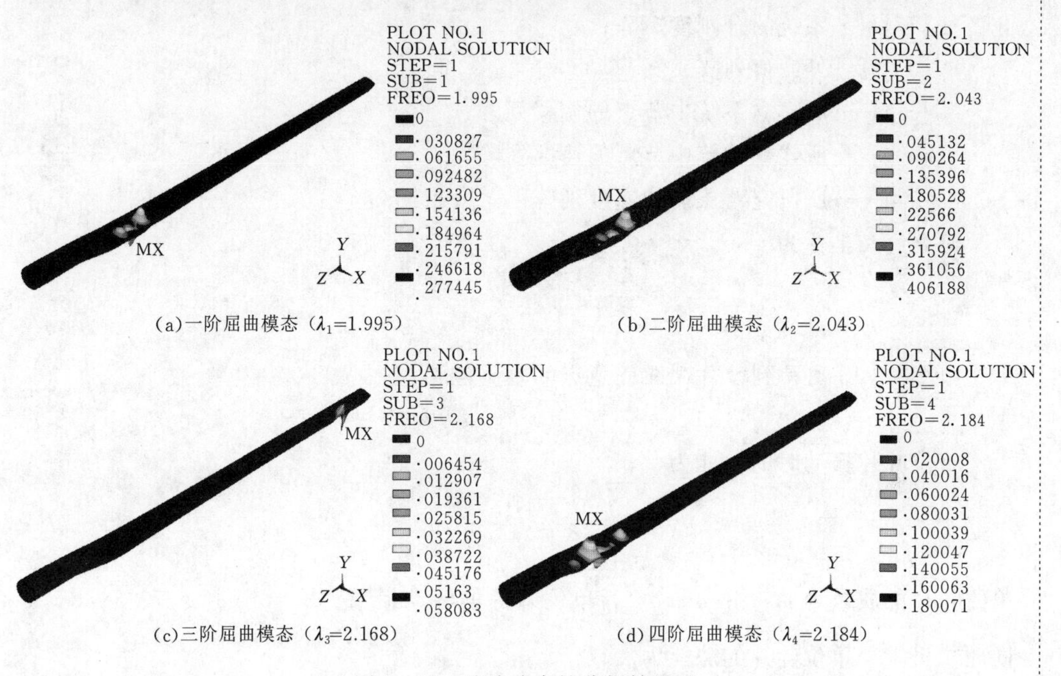

(a)一阶屈曲模态（λ_1=1.995）　(b)二阶屈曲模态（λ_2=2.043）

(c)三阶屈曲模态（λ_3=2.168）　(d)四阶屈曲模态（λ_4=2.184）

图 7-18　叶片稳定性分析结果图

异常振动案例

7.2 叶片动力学特征

叶片在运转过程中很难避免由惯性不平衡而引起的激振力，激振力有可能会引起系统的共振，从而导致风力机机组部件产生很大的变形和动应力，甚至引起破坏性事故。此外，叶片旋转导致的离心刚化效应和空气动力阻尼也是风力机叶片的典型动力学特征。

7.2.1 叶片的运动微分方程

本节采用弹簧阻力质量系统来研究风力机叶片的动力学问题。叶片单位长度截面动力简化模型如图 7-19 所示。其中，G 为叶片截面质心；T 为扭心；质心与扭心相距 x_e；叶片微幅振动时，叶片质心的平均位移为 h，绕质心的角位移为 θ。

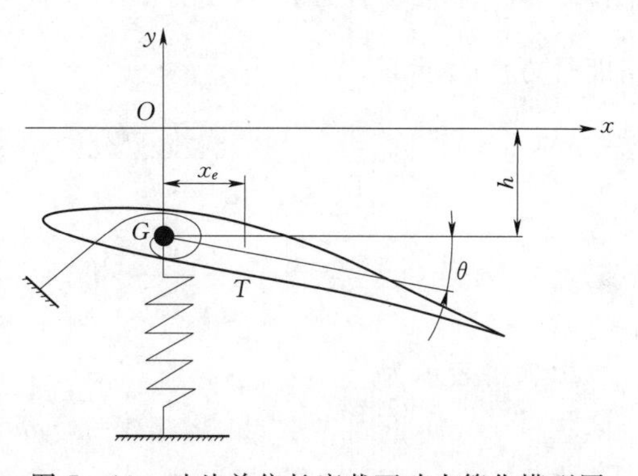

图 7-19　叶片单位长度截面动力简化模型图

该系统中叶片力学模型的基本动力学方程为

$$[\boldsymbol{M}][\ddot{x}]+[\boldsymbol{C}][\dot{x}]+[\boldsymbol{K}][x]=[\boldsymbol{F}] \tag{7-74}$$

式中　$[\boldsymbol{M}]$——整个系统的质量矩阵；

$[\boldsymbol{C}]$——系统的合阻尼矩阵；

$[\boldsymbol{K}]$——系统的合刚度矩阵；

$[\boldsymbol{F}]$——外载荷列阵；

$[x]$——所建立系统中节点的位移列阵；

$[\dot{x}]$——所建立系统中节点的速度列阵；

$[\ddot{x}]$——所研究对象的加速度列阵。

建立广义坐标为

$$\begin{cases} q_1=h \\ q_2=\theta \end{cases} \tag{7-75}$$

由图7-19可得到叶片截面任意点的垂直位移为

$$h_x=-h-x\theta \tag{7-76}$$

单位叶片振动时的动能为

$$T=\frac{1}{2}m\dot{h}^2+\frac{1}{2}J\dot{\theta}^2 \tag{7-77}$$

单位叶片的质量为 $m=\iint_A \rho \mathrm{d}x\mathrm{d}y$ ；单位叶片的转动惯量为 $J=\iint_A \rho(x+y)\mathrm{d}x\mathrm{d}y$ 。同理，可求得单位叶片的势能为

$$U=\frac{1}{2}k_{\mathrm{h}}(h-\theta x_{\mathrm{e}})^2+\frac{1}{2}k_{\theta}\theta^2 \tag{7-78}$$

式中　k_{h}、k_{θ}——弯曲刚度系数和扭转刚度系数。

作用在单位面积叶片上的气动力产生的虚功可表示为

$$\begin{aligned}\delta W&=\int p\delta h_x\mathrm{d}x=\int p(-\delta h-x\delta a)\mathrm{d}x \\ &=\delta h\left(-\int p\mathrm{d}x\right)+\delta a\left(-\int px\mathrm{d}x\right) \\ &=\delta h(-F)+\delta a(-M_y)\end{aligned} \tag{7-79}$$

单位叶片上的垂直力为 $F=\int p\mathrm{d}x$ ；单位叶片绕 y 轴的力矩 $M_y=\int px\mathrm{d}x$ 。对其用拉格朗日方程表示可得

$$\begin{cases} \dfrac{\mathrm{d}}{\mathrm{d}t}\left[\dfrac{\partial(T-U)}{\partial\dot{h}}\right]-\dfrac{\partial(T-U)}{\partial h}-Q_{\mathrm{h}}=0 \\ \dfrac{\mathrm{d}}{\mathrm{d}t}\left[\dfrac{\partial(T-U)}{\partial\dot{\theta}}\right]-\dfrac{\partial(T-U)}{\partial\theta}-Q_{\theta}=0 \end{cases} \tag{7-80}$$

虚功可表示为

$$\delta W=Q_{\mathrm{h}}\delta h+Q_{\theta}\delta\theta \tag{7-81}$$

其中，Q_{h}、Q_{θ} 由广义定义为

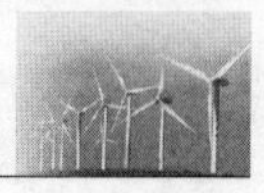

$$\begin{cases}F=Q_{\mathrm{h}}\\M_y=Q_\theta\end{cases}\tag{7-82}$$

将式（7-78）~式（7-80）代入式（7-81）中，整理可得

$$\begin{cases}m\ddot{h}+k_{\mathrm{h}}h-k_{\mathrm{h}}x_{\mathrm{e}}\theta-F=0\\J\ddot{\theta}-k_{\mathrm{h}}x_{\mathrm{e}}h+k_{\mathrm{h}}x_{\mathrm{e}}^2\theta+k_\theta\theta-M_y=0\end{cases}\tag{7-83}$$

将上式以矩阵形式表示，可得

$$\begin{bmatrix}m & 0\\0 & J\end{bmatrix}\begin{Bmatrix}\ddot{h}\\\ddot{\theta}\end{Bmatrix}+\begin{bmatrix}k_{\mathrm{h}} & -k_{\mathrm{h}}x_{\mathrm{e}}\\-k_{\mathrm{h}}x_{\mathrm{e}} & k_{\mathrm{h}}x_{\mathrm{e}}^2+k_\theta\end{bmatrix}\begin{bmatrix}h\\\theta\end{bmatrix}=\begin{bmatrix}F\\M_y\end{bmatrix}\tag{7-84}$$

式（7-84）即为二维叶片截面在广义坐标系中的运动微分方程。

7.2.2 模态特征

结构动力学特性分析的主要工作是研究工程结构的固有频率和振型，从而分析其在预计工况中各种载荷作用下的结构动力响应。目前的分析方法主要为数值模态分析方法和试验测试方法。

1. 数值模态分析方法

数值模态分析方法主要是将图 7-19 中叶片弯扭耦合的运动方程解耦成为相互独立的方程，通过求解独立方程得到模态的特性参数，用所求得的模态参数预测和分析该系统的运动特性。运用于结构动力学分析的数值模态分析主要有有限元方法和通过降阶进行数值积分求解的方法。由于风力机桨叶是形状不对称的弹性结构，用数值方法求解较困难，且降阶的数值计算很难达到需要的计算精度。而用有限元方法对风力机叶片的结构进行适当的简化，构造合理的力学模型，则可以得到满意的计算结果。

采用 Lanczos 方法进行叶片的模态计算。图 7-20 为叶片的模态分析结果图。可以看出，叶片首先在挥舞方向发生振动，接着是摆振方向，前五阶模态振动形式以挥舞和摆振为主，到第七阶模态时，发生了扭转振动，在第八阶模态，振动形式复杂化，是挥舞、摆振和扭转的组合振动。在实际应用中，一般只研究前两阶模态，即挥舞和摆振方向的弯曲振动。

2. 叶片模态试验测试

叶片模态试验测试主要是确定叶片的第一阶、第二阶挥舞和摆振频率以及第一阶扭振频率。风力机大型化的发展趋势促使风力机叶片的尺寸不断增加，常规模态测试方法已不能满足巨型叶片的模态测试要求。工作模态分析亦称环境激励下的模态分析，是指在只有输出或激励未知的条件下的模态分析方法，是近年来模态分析领域发展最活跃的一个研究方向，被视为对传统试验模态分析方法的扩展。该技术已经在桥梁、建筑、机械领域取得了实质性的进展。

本节给出的风力机叶片模态测试案例为某 1.5MW 风力机叶片，测试中叶片根部固定于实验台，另一端悬空。测试目的主要为获取结构模态参数包括固有频率、振型和阻尼。进行模态测试的叶片如图 7-21 所示。

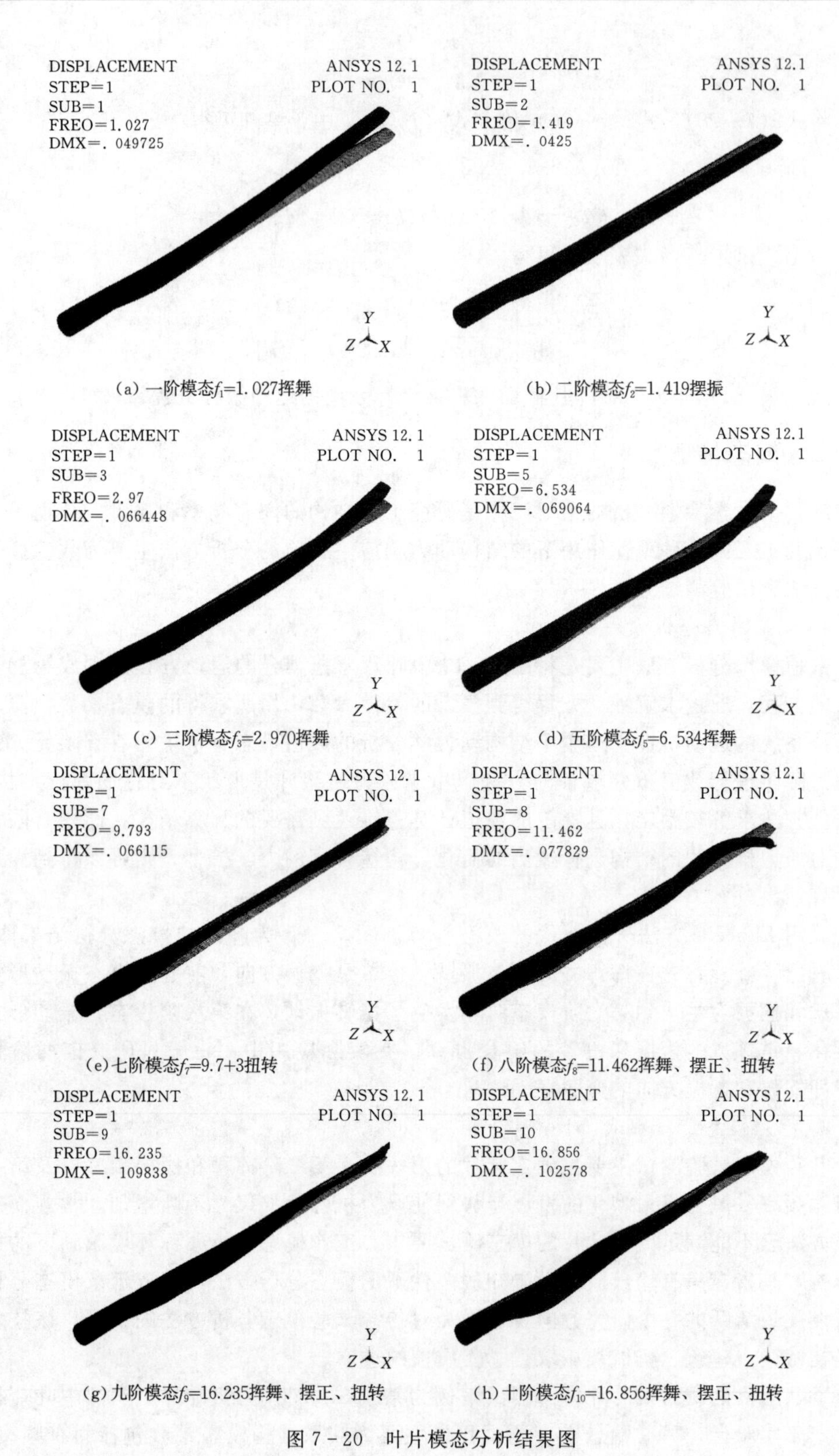

(a) 一阶模态f_1=1.027挥舞　(b) 二阶模态f_2=1.419摆振

(c) 三阶模态f_3=2.970挥舞　(d) 五阶模态f_5=6.534挥舞

(e) 七阶模态f_7=9.7+3扭转　(f) 八阶模态f_8=11.462挥舞、摆正、扭转

(g) 九阶模态f_9=16.235挥舞、摆正、扭转　(h) 十阶模态f_{10}=16.856挥舞、摆正、扭转

图 7-20　叶片模态分析结果图

图 7-21 模态测试叶片图

目前对于大型风力机叶片模态测试主要采用自互功率谱法。自互功率谱法是基于环境振动的简单快捷的频域识别模态参数的方法，其基本原理是基于结构自振频率在其频响函数上会出现峰值，且该峰值是特征频率的良好估计。国外最典型的案例是 1982 年由普林斯顿（Princeton）大学土木工程系和 Kinemetrics 公司联合为著名的美国金门大桥（Gold Gate Bridge）进行的环境激励下的振动测试与分析。该方法识别出大桥的前十阶模态，对大桥的振动安全性做出了评价。

环境激励条件下的激励力是未知的，频响函数失去了意义，代替它的是环境激励响应和参考点响应间的自互功率谱。此时，固有频率仅由平均正规化了的功率谱密度曲线上的峰值来确定。当输入信号和被测结构满足理想化的假定时，利用结构响应点输出的自功率谱和参考点输出的互功率谱幅值、相位、相干函数、传递率就能识别系统的模态参数。环境激励下应用互功率谱法进行的模态试验基本流程如图 7-22 所示。

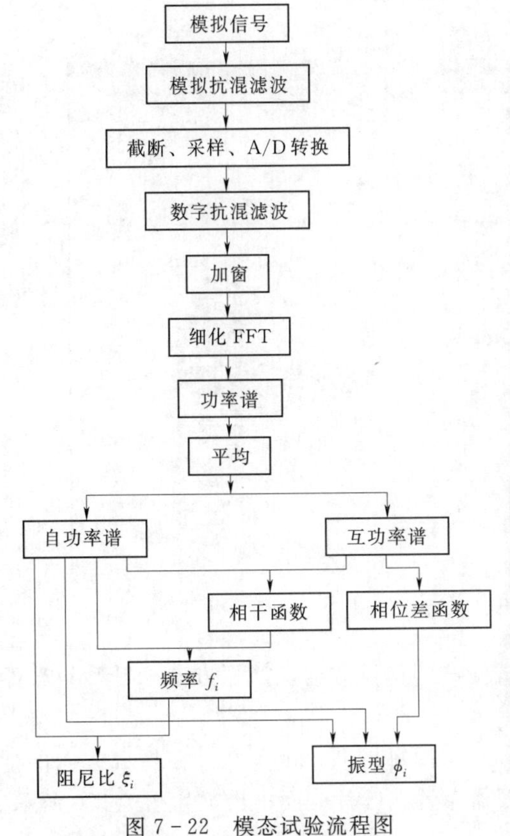

图 7-22 模态试验流程图

叶片的振型由三个自由度（挥舞、摆振和绕桨距轴的扭转）关于半径 r 的函数表示，如图 7-23 所示。

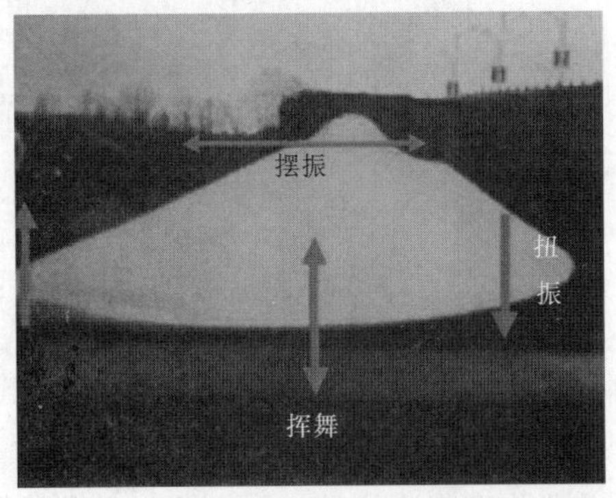

图 7-23 叶片振型方向图

叶片表面布置四个拾振传感器，并与振动测试分析系统相连。对叶片尖部进行一定方向的人工激励，则叶片测点输出的互功率谱如图 7 - 24 所示。同时叶片的模态分析输出如图 7 - 25 所示。

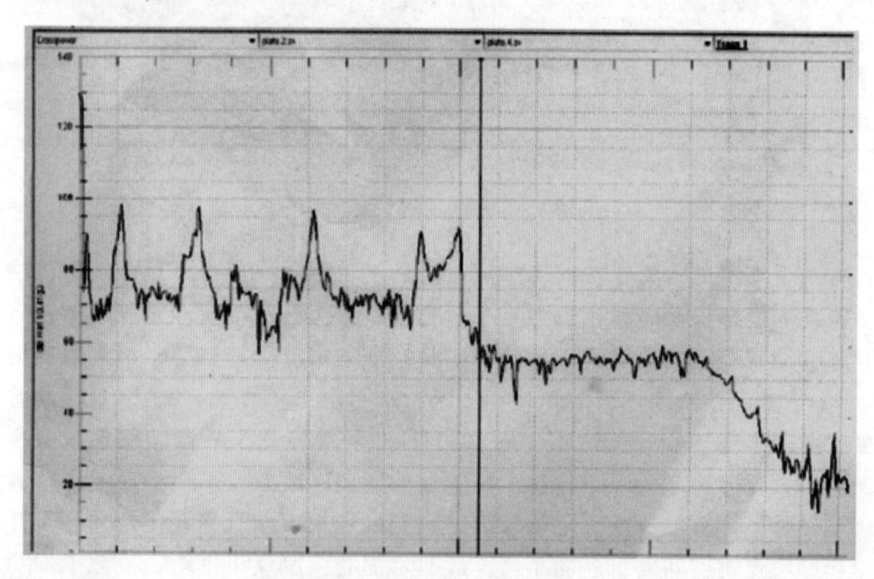

图 7 - 24　信号互功率谱图

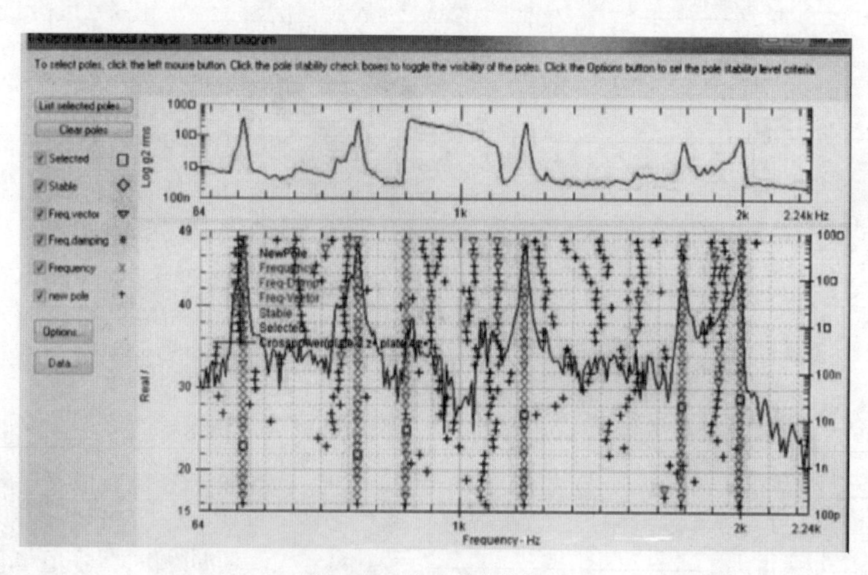

图 7 - 25　叶片模态分析图

对叶片进行三个自由度方向的模态试验，即挥舞方向、摆振方向和叶片绕桨距轴扭转方向。

(1) 挥舞方向模态试验。叶片振动方向为挥舞方向。由于叶片在挥舞方向的前面几阶不会出现扭转，采用四个竖向拾振器布置在叶片表面中央，如图 7 - 26 所示。其对应的摆振方向振型如图 7 - 27 所示。

(2) 摆振方向模态试验。在测试叶片摆振方向模态时，叶片放置位置与测试挥舞方向位置一致，传感器采用横向拾振器。同样，在摆振方向前几阶不会出现扭转，拾振器布置于叶片表面中央，如图7-28所示。其对应的挥舞方向振型如图7-29所示。

图7-26 测试挥舞方向模态拾振器布置位置

(3) 叶片绕桨距轴扭转方向模态试验。在测试叶片扭转方向模态时，叶片放置位置仍与测试挥舞方向振动位置一致，但是在叶片前后缘位置都布置测点，传感器采用竖向拾振器。由于该叶片的前两阶扭转分别为一阶侧翻扭转和二阶缠绕扭转，这就决定了只测一段结构上的两侧数据就能反映整个结构的扭转形态，因此测试叶片扭转模态的传感器布置位置如图

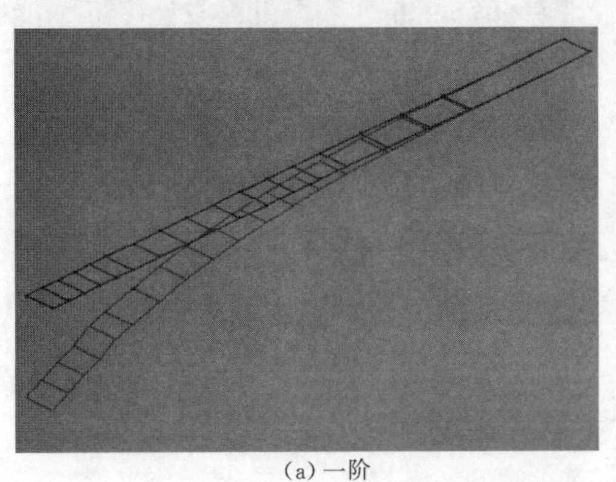

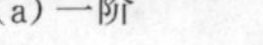

(a) 一阶

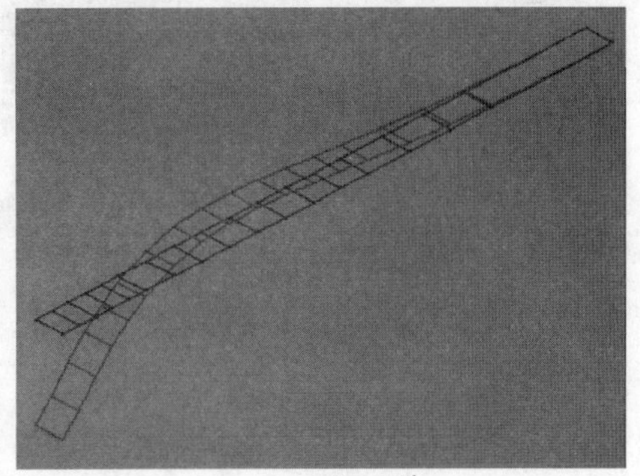

(b) 二阶

图7-27 叶片挥舞模态振型图

图7-28 测试摆振方向模态拾振器布置图

7－30所示。其对应的一阶扭转模态振型如图7－31所示。

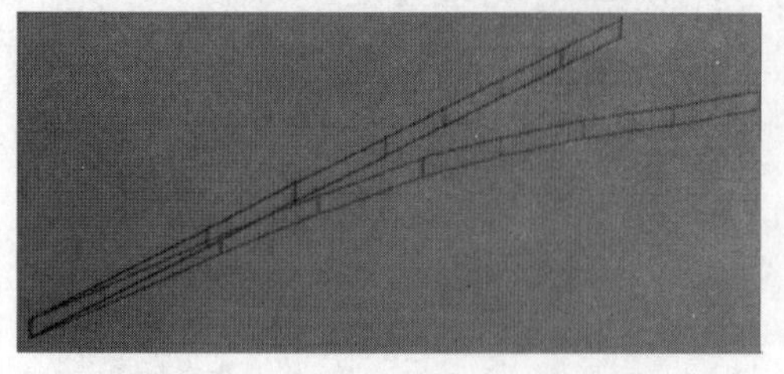
(a)一阶

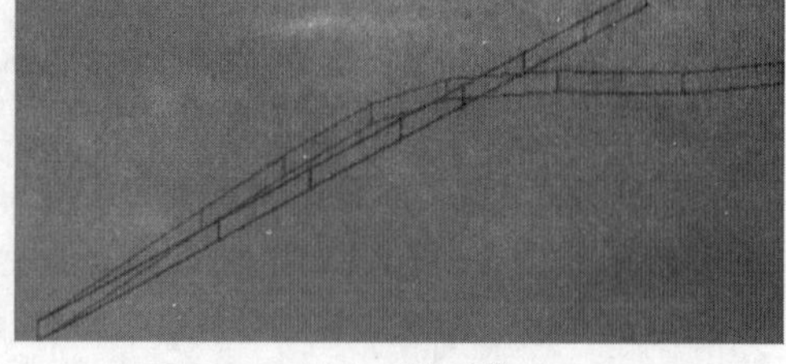
(b)二阶

图7－29　叶片摆振模态振型图

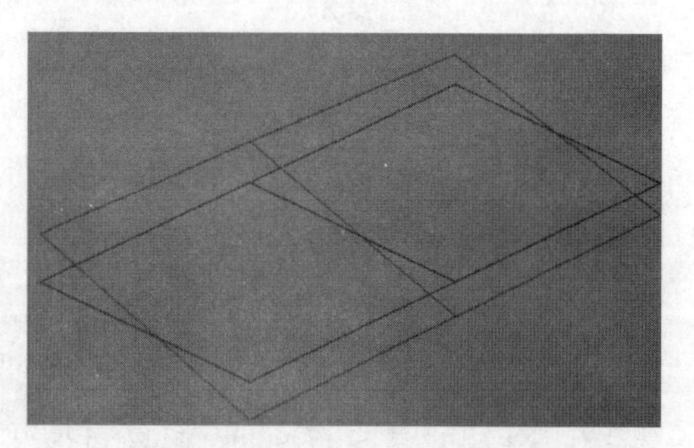

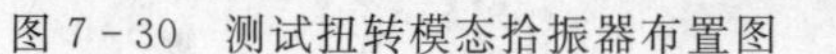

图7－30　测试扭转模态拾振器布置图　　　　图7－31　一阶扭转模态振型图

根据上述测试方法和测试结果分析，可得到叶片在各方向的固有频率值，见表7－1。

表7－1　1.5MW叶片固有自振频率测试值　　　　单位：Hz

阶　数	挥舞方向	摆振方向	扭转方向
一阶	0.895	1.25	2.67
二阶	2.65	2.63	8.75
三阶	5.84	5.85	50.97
四阶	24.32	8.75	
五阶	50	10.59	

3. 影响因素

叶片在实际运转过程中，由于外部环境和内部调节机制的共同作用，叶片的动力特性发生一定的变化。其影响因素分为以下方面：

(1) 当风力机在低于额定风速下运转时，机组通过变转速控制跟踪最佳功率系数C_p，以捕获最大风能。由于风轮转速的不断变化，叶片在重力和变化的离心力合力作用下会影响叶片的几何刚度矩阵，因此风轮转速的变化对叶片旋转平面内和旋转平面外固有动力特性有影响。

(2) 当风力机风轮在高于额定风速下运转时，变桨系统开始工作，调整桨距角以维持发电功率在额定值。在考虑叶片根部固定的变桨系统的柔性特征时，叶片的

实测频率会有所降低。

(3) 当风力机外界环境发生变化时，风力机叶片实际动力特性也会发生变化。例如，当叶片覆冰时，由于冰块会改变叶片的质量分布和刚度分布，影响叶片结构动力计算中的矩阵特征，进而改变其实际的动力特征。

叶片共振

7.2.3 叶片共振

若叶片及塔筒等系统各部件的固有频率与风轮旋转频率或激励力的谐波一致，就会产生风力机共振现象，避免共振对风力机叶片的结构安全性十分重要。在对风力机运行进行模拟仿真时，将风轮与塔筒耦合后的整机系统频率绘制成坎贝尔（Campbell）图，作为设计减少共振的依据。对叶片固有频率进行试验测试或仿真计算，分析其固有频率是否与风轮旋转的频率重合。

目前，国际大型风力机的风轮普遍采用三叶片型式，共振的主要激励源为1P、3P和6P频率。例如，当风轮旋转角速度为18r/min时，则1P＝18/60＝0.3Hz，3P＝0.9Hz，以此类推。因此叶片的固有频率必须在一定范围内避开这个值，工程上要求此范围在±15%左右。为了避免共振，叶片自身的前几阶固有频率应避免与风轮的1P、3P和6P频率一致。图7－32为某1.5MW风力机叶片运行坎贝尔图。

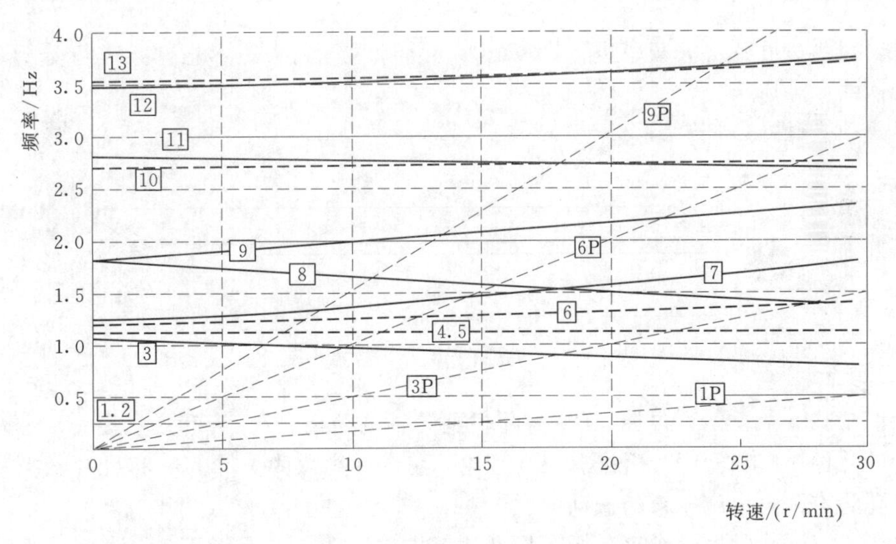

图7－32　某1.5MW风力机叶片运行坎贝尔图

图中从原点发射的虚线为风力机机组激励频率分别为1P、3P、6P和9P。图中直横线与左侧竖向坐标轴交点为叶片在静止状态下的各阶频率，与右侧竖向坐标轴交点为叶片在30r/min转速下的各阶频率。风力机机组的共振点将出现在竖向转速线、横向各阶频率线和斜向激励线的交点位置。

表7－2为该风力机在静止状态下和在30r/min转速下风力机机组振动频率表。机组各部件的振动频率随着转速变化而变化，其中，在离心刚化效应的作用下，叶片集中挥舞方向的频率随着转速的增加而增加。

表7-2　风力机机组振动频率

模态编号	振　动　方　向	静止时振动频率	30r/min时振动频率
1	1st塔筒前后	0.24	0.24
2	1st塔筒左右	0.24	0.24
3	1st叶片倾斜挥舞	1.05	0.80
4	2nd塔筒前后	1.10	1.11
5	2nd塔筒左右	1.13	1.12
6	1st叶片集中挥舞	1.20	1.40
7	1st叶片偏航挥舞	1.25	1.80
8	1st叶片倾斜摆振	1.81	1.35
9	1st叶片偏航摆振	1.83	2.34
10	2nd传动轴扭转	2.70	2.74
11	2nd叶片偏航挥舞	2.81	2.69
12	2nd叶片倾斜挥舞	3.47	3.73
13	2nd叶片集中挥舞	3.54	3.76

7.2.4　离心刚化效应

对风力机叶片自振频率进行计算时，可将叶片等效为矩形悬臂梁进行分析，具体如图7-33所示。

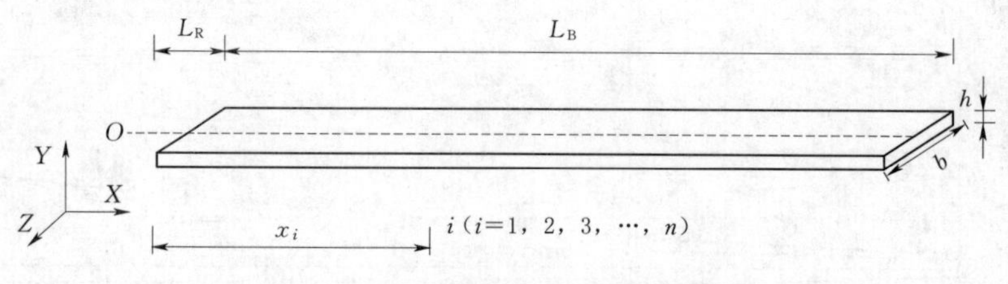

图7-33　单叶片简化计算模型图

图7-33中，O为转轴；L_R为叶根到转轴的距离；L_B为叶片长度；h和b分别为叶片的厚度和宽度。根据有限元理论，将叶片离散为n个点，将叶片的振动问题转化为有限自由度体系的振动问题。

为进行叶片的振动频率分析，根据达朗贝尔原理可得无阻尼多自由度体系的自由振动方程为

$$M\ddot{v}+\overline{\boldsymbol{K}}v=0 \tag{7-85}$$

无阻尼自由振动为简谐振动，可得到其自振频率表达式为

$$\mathrm{DET}\left|\overline{\boldsymbol{K}}-\omega^2\boldsymbol{M}\right|=0 \tag{7-86}$$

式中　$\boldsymbol{M}$——质量矩阵；

ω——体系的自振频率；

$\overline{\boldsymbol{K}}=\boldsymbol{K}+\boldsymbol{K}_G$——考虑离心刚化效应后的叶片刚度矩阵；

$\boldsymbol{K}$——叶片自身刚度矩阵；

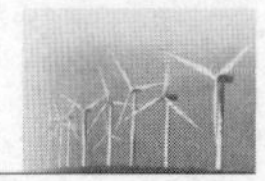

$\boldsymbol{K}_G$——考虑离心力产生的几何刚度矩阵，即

$$\boldsymbol{K}_G=\begin{bmatrix} \frac{N_1}{l_1} & -\frac{N_1}{l_1} & \cdots & 0 \\ -\frac{N_1}{l_1} & \frac{N_1}{l_1}+\frac{N_2}{l_2} & \cdots & 0 \\ \vdots & \vdots & \vdots & \frac{-N_{n-1}}{l_{n-1}} \\ 0 & 0 & \frac{-N_{n-1}}{l_{n-1}} & \frac{N_{n-1}}{l_{n-1}}+\frac{-N_n}{l_n} \end{bmatrix} \tag{7-87}$$

式中 l_i——i 单元长度；

N_i——i 点轴向力。

通过几何刚度矩阵的引入可以考虑由于轴向力产生的叶片刚化效应。

叶片的轴向力为离心力 $T(x)$ 与重力 G 沿叶片轴向分力之和，因此叶片在转动过程中随位置不同将会产生一个周期性变化的轴力，使叶片的刚度不断变化。取 i 点为例，其距中心转轴距离为 x_i，叶片旋转过程中产生的离心力 $T(x_i)$ 为

$$T(x_i)=0.5m_1\Omega^2(L_B^2+2L_BL_R-2L_Rx_i-x_i^2) \tag{7-88}$$

式中 m_1——叶片单位长度的质量；

Ω——风轮旋转角速度。

叶片在旋转过程中，如图 7-34 所示，实线为叶片初始位置，虚线为叶片旋转了 θ 角度后的位置。重力在叶片轴向的分力随 θ 角的变化而变化，根据叶片旋转角速度 $\theta=\Omega t$，其表达式见式（7-89）。

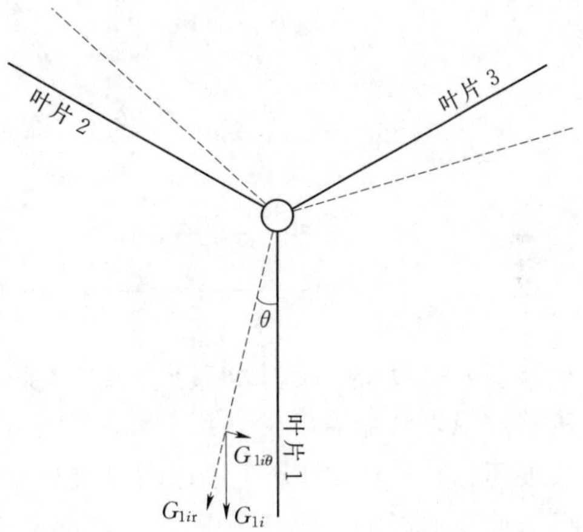

$$\left.\begin{aligned} G_{1ir}&=G_{1i}\cos(\Omega t) \\ G_{2ir}&=G_{2i}\sin(30°+\Omega t) \\ G_{3ir}&=G_{3i}\sin(30°-\Omega t) \end{aligned}\right\} \tag{7-89}$$

图 7-34 旋转叶片重力变化示意图

式中 G_{1ir}——叶片 1 的第 i 单元的重力 G_{1i} 沿叶片轴向的分力；

G_{2ir}——叶片 2 的第 i 单元的重力 G_{2i} 沿叶片轴向的分力；

G_{3ir}——叶片 3 的第 i 单元的重力 G_{3i} 沿叶片轴向的分力。

因此，叶片上各节点 i 处的轴向所受合力为 N_i，其表达式为

$$\begin{cases} N_{1i}=T(x_i)+G_{1ir} \\ N_{2i}=T(x_i)+G_{2ir} \\ N_{3i}=T(x_i)+G_{3ir} \end{cases} \tag{7-90}$$

将上述求得的离心刚化效应下的轴向力代入式（7-87），便可求得旋转叶片下的几何刚度矩阵，从而可以计算风力机叶片在旋转刚化效应下的振动特性。

风力机叶片的气动弹性问题

虎门大桥气弹问题

7.3 气动弹性问题

对于风力机叶片而言，轻质大型化是其结构设计追求的主要目标之一，这就导致了风力机叶片载荷和变形之间的强耦合关系，即气动弹性问题。为获得性能可靠与结构最优的风力机叶片方案，进行考虑气动弹性的结构分析是风力机叶片设计必不可少的步骤。

为研究气动弹性问题与其他学科间的相互关系，曾有学者用一个力三角形对气动弹性问题做了分类，如图 7-35 所示。图中三种类型的力，即气动载荷（aerodynamic）、弹性力（elastica）和惯性力（inertia），分别用符号 A、E 和 I 来表示。这三种力位于力三角形的三个顶点上，是形成气动弹性问题的主要力的类型。

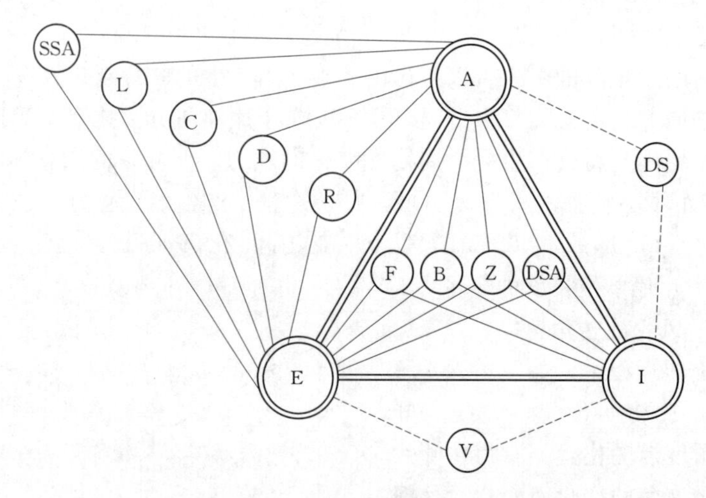

图 7-35　气动弹性问题的力三角形图

其中，字母 A——气动力；F——颤振（动气弹），一种极不稳定现象，转速或风速超过临界颤振速度时，振幅和结构中的动应力可能急剧增加，风力机有可能瞬间被破坏；L——载荷分布，即指风力机叶片的弹性变形对作用在叶片上的空气动力压力分布的影响，结构变形导致气动载荷分布与结构完全刚性情况有显著差别；R——操纵反效；E——弹性力；B——抖振；D——发散；V——机械振动；I——惯性力；Z——动力响应，指结构受到与系统无关、随时间变化的外界干扰力作用而发生的强迫振动，这些激励可以是突然阵风；C——操纵效率；DS——动稳定性；DSA——气动弹性对动稳定性的影响，指风力机叶片结构的弹性变形对风力机动稳定性的影响；SSA——气动弹性对静稳定性的影响，指风力机叶片结构的弹性变形对风力机静稳定性的影响。

7.3.1 静气弹问题

风力机叶片气动弹性稳定性问题主要可分为气动弹性静力学问题和气动弹性动力学问题两大类，均在图 7-35 中得到体现。如动气弹问题涉及空气动力、弹性力

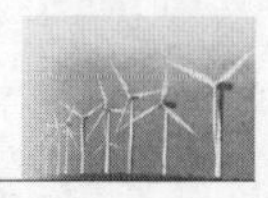

和惯性力的耦合，因此都位于三角形内部，并与力三角形的三个顶点相连接；静气动弹问题涉及空气动力和弹性力，此时惯性力在静气弹问题中作用很小，因此位于三角形外部。

风力机叶片的静气动弹性问题研究的是由定常流引起的气动载荷和由此产生的弹性变形之间相互作用下的叶片形变现象。这些现象的特征是对结构变形的速率和变形加速度不敏感。此时在叶片旋转时不出现明显的振动现象，弹性力和定常气动力起主导作用，如变形发散、变桨机构失效、静稳定性裕度域等。出现在风力机叶片上的静气弹现象主要可分为以下三种形式。

1. 扭转发散

扭转发散属于风力机叶片气动弹性静态不稳定现象，主要取决于叶片气动中心与弹性轴之间的相对位置。叶片叶素气动中心通常位于弹性轴前 1/4 弦长处，此时作用于叶素上的升力所产生的扭转力矩会使叶素的入流角（迎角）增大，其大小与气流速度平方成正比；而由叶片扭转刚度产生的恢复力矩则与速度无关。因此，在一定的临界风速下叶片会发生扭转发散，直到结构破坏。除空气动力产生扭转力矩外，带扭角和锥角的风力机叶片在旋转时所引起的离心力也会产生扭转力矩，引起扭转发散，直到结构破坏。为了避免叶片产生扭转发散，需要合理选用叶片结构参数，尽量提高叶片的扭转刚度。

2. 挥舞—摆振不稳定

挥舞—摆振不稳定是风力机单个叶片在挥舞运动与摆振运动耦合下所产生的不稳定振动。叶片在挥舞运动时，挥舞速度在摆振方向上产生科氏力（力矩）；而叶片在摆振运动时，由于摆振速度在挥舞方向上的不同，会使离心力（力矩）在挥舞方向上的分量发生变化，这种相互作用使得叶片出现不稳定。研究表明：当风力机叶片在载荷作用下产生大幅度挥舞运动和摆振运动时，如果叶片锥角或几何扭角较大，或叶片挥舞频率与摆振频率接近，则容易发生挥舞摆振不稳定。为了避免叶片产生挥舞摆振不稳定，需要合理选用叶片结构参数，使风力机叶片挥舞频率远离摆振频率。此外，还需限制风轮叶片锥角和扭角的大小，并适当增加叶片结构阻尼。

3. 扭转—摆振不稳定

扭转—摆振不稳定是严重的挥舞—摆振不稳定现象。在空气动力载荷作用下，风力机叶片在摆振方向和挥舞方向都产生弯曲，特别是叶片变桨距时更是如此。当叶片扭转变形耦合至摆振运动时，就可能造成这种不稳定。扭转—摆振不稳定一般在接近叶片摆振频率时发生。通常，在风力机叶片设计时可采用变刚度方法合理设计叶片摆振频率，使得叶片的扭转变形减小。除了当叶片摆振方向刚度较小，几何扭角或风轮锥角较大时，叶片一般不会发生扭转—摆振不稳定。

现有技术水平已可以在风力机叶片设计阶段给出上述静气弹问题的合理解决方案，而动气弹问题（颤振）仍是目前研究的重点与难点。

风力机叶片
颤振实验

7.3.2 动气弹问题

动气弹现象存在很多种形式，但目前风力机叶片关注的动气弹问题主要指被称为颤振的动不稳定问题。

1. 颤振问题的常见分类

颤振现象可分为两大类。

（1）第一类颤振问题与气流分离和旋涡形成有关。这类颤振现象经常会出现在具有非流线型剖面的高层钢结构建筑及某些高速旋转机械上。这类颤振被称为“失速颤振（stall flutter）”或“驰振（galloping）”。此时，叶片以恒定的大幅值持续振动，即极限循环振荡。在大幅值振动下，叶片气动特性会发生改变，振动会更加稳定，导致自限振荡。若叶片具有足够大的扭转柔性，扭转会持续发展，直至叶片弯曲或扭转失效，这一不稳定现象也被称为扭转发散或非振动失效。这类颤振可以只与一个典型的单自由度有关。因此这类颤振问题的数学处理比较简单，甚至能得到非线性稳定性方程的解析解。

（2）第二类颤振问题的特征是，它发生在势流中，因此气流分离和边界层效应对颤振过程没有重要影响。这类颤振主要发生在航天飞行器结构的流线型剖面升力系统中，通常被称为经典颤振。是桨叶扭转和挥舞产生的自激不稳定振动。也即弯曲-扭转两自由度耦合系统的自激振动。桨叶的颤振会导致桨叶剧烈地突发振荡，并增长达到破坏性的幅度。其最明显的特征是层流流动基本附着，无明显分离。在这类颤振中，由于气动力对翼面的纯弯曲振动或纯扭转振动起阻尼的作用，因此工程上不会发生单自由度的经典颤振，一般来说，参与经典颤振的弹性自由度比较多。由于风力机叶片不是完全的航空翼型，上述两种颤振都有可能发生。

此外，风力机叶片挠曲一般是挥舞运动、摆振运动和扭转运动相互耦合产生的变形，除了产生以上两种颤振，叶片还会在摆振方向上产生摆振不稳定现象。现代风力机叶片的颤振形态可能发生既不同于单自由度纯扭颤振，也不同于经典颤振，而是介于两者之间的颤振形态，或属于其他未被完全理解的颤振形式。

2. 空气动力阻尼

空气动力阻尼是用来衡量颤振发散的指标之一。叶片在振动过程中不可避免地存在阻尼现象，除考虑结构本身阻尼外，还需引入空气动力阻尼。结构阻尼与叶片材料、截面形状相关，可由试验测定。空气动力阻尼，即空气作用于叶片并和叶片振动速度成正比的力与叶片振动速度之比。当与气动阻尼有关的气动力起到减小叶片结构振动的作用时，称之为正的气动阻尼，反之为负气动阻尼。空气动力阻尼是由叶片截面翼型的固有气动特性引起的，其大小在很大程度上取决于翼型升、阻力系数随攻角的变化特征。当风能所提供的能量大于风力机所能吸收的能量时，变化的气动阻尼就会起到重要作用。

在非失速的情况下，为正气动阻尼，使叶片结构振动趋于衰减；在失速情况下，升力系数随攻角上升而下降，升力系数曲线斜率呈现负值，此时气动阻尼减小，甚至下降为负的气动阻尼。当负的气动阻尼为振动提供的能量大于结构阻尼可以吸收的能量时，叶片就会发生由失速引起的振动，造成叶片损坏。因此在风力机叶片设计过程中考虑气动阻尼并揭示其对结构响应的影响非常重要。在稳态工况下，由于翼型的升、阻力系数随攻角变化的曲线是确定的，因此可以事前求解各个

攻角点的斜率用于气动阻尼的计算。但在动态工况下，由于动态失速效应的影响，翼型的升、阻力系数随攻角变化的幅度和趋势不可预知，因此需要在时域过程中每个时间点进行实时计算。

设半径 r 处的风力机叶片截面在旋转平面内和平面外的扰动速度分别为 $\dot{x}$（顺风向）和 $\dot{y}$（与风轮旋转方向相反），如图 7-36 所示。

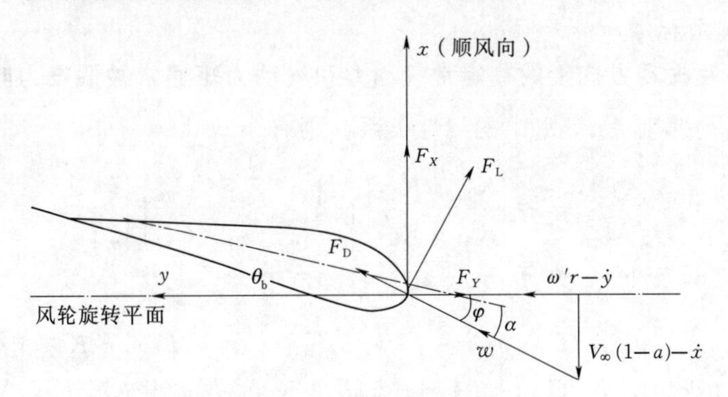

图 7-36　叶片截面振动示意图

截面单位长度上的升力 F_L 和阻力 F_D 可以分解为旋转平面外和旋转平面内的作用力 F_X 和 F_Y，即式（7-91）。

$$\left.\begin{aligned}F_X&=\frac{1}{2}w\{C_L(\omega'r-\dot{y})+C_D[V_\infty(1-a)-\dot{x}]\}\rho c\\F_Y&=\frac{1}{2}w\{-C_L[V_\infty(1-a)-\dot{x}]+C_D(\omega'r-\dot{y})\}\rho c\end{aligned}\right\}\tag{7-91}$$

对于平面内和平面外方向上单位长度的气动阻尼系数可由式（7-92）和式(7-93)表示。

$$\hat{c}_Y(r)=-\frac{\partial F_Y}{\partial\dot{y}}\tag{7-92}$$

$$\hat{c}_X(r)=-\frac{\partial F_X}{\partial\dot{x}}\tag{7-93}$$

设定 $v=V_\infty(1-a)$，由于 $\frac{\partial w}{\partial\dot{y}}=-\frac{\omega'r}{w}$，并且 $\frac{\partial C_L}{\partial\dot{y}}=\frac{\partial C_L}{\partial a}\frac{\partial a}{\partial\dot{y}}=\frac{\partial C_L}{\partial a}\frac{\partial\varphi}{\partial\dot{y}}=\frac{\partial C_L}{\partial a}\frac{v}{w^2}$，可以推出平面内和平面外气动阻尼系数分别为

$$\hat{c}_Y(r)=\frac{1}{2}\rho c\ \frac{\omega'r}{w}\left(-vC_L+\frac{v^2}{\omega'r}\frac{\partial C_L}{\partial a}+\frac{2\omega'^2r^2+v^2}{\omega'r}C_D-v\ \frac{\partial C_D}{\partial a}\right)\tag{7-94}$$

$$\hat{c}_X(r)=\frac{1}{2}\rho c\ \frac{\omega'r}{w}\left(vC_L+\omega'r\ \frac{\partial C_L}{\partial a}+\frac{\omega'^2r^2+2v^2}{\omega'r}C_D+v\ \frac{\partial C_D}{\partial a}\right)\tag{7-95}$$

则叶片第 n 阶模态的气动阻尼比定义为

$$\xi_{an}=\frac{\int_0^R\hat{c}_a(r)\phi_n^2(r)\mathrm{d}r}{2m_n\omega_n}\tag{7-96}$$

式中　$\hat{c}_a(r)$——平面内或平面外气动阻尼系数；

R——风轮旋转半径；

$\phi_n(r)$——第 n 阶结构振型矩阵；

ω_n——固有角频率。

得到叶片的气动阻尼比后，与其结构阻尼比叠加，就得到总的阻尼比。对于复合材料结构而言，其结构阻尼比通常取 0.5%左右。

3. 颤振判定标准

作用在叶片振动方向上的非定常气动力和气动力矩通常被假设为叶片运动位移 $[h, a]^T$ 和运动速度 $[\dot{h}, \dot{a}]^T$ 的线性关系，则有

$$\begin{pmatrix} F \\ M_y \end{pmatrix} = -\begin{bmatrix} K_{11} & K_{12} \\ K_{21} & K_{22} \end{bmatrix}\begin{pmatrix} h \\ a \end{pmatrix} - \begin{bmatrix} C_{11} & C_{12} \\ C_{21} & C_{22} \end{bmatrix}\begin{bmatrix} \dot{h} \\ \dot{a} \end{bmatrix} \tag{7-97}$$

将式（7-97）代入式（7-84）中，整理可得

$$\begin{pmatrix} m & 0 \\ 0 & J \end{pmatrix}\begin{bmatrix} \ddot{h} \\ \ddot{a} \end{bmatrix} + \begin{bmatrix} C_{11} & C_{12} \\ C_{21} & C_{22} \end{bmatrix}\begin{bmatrix} \dot{h} \\ \dot{a} \end{bmatrix} + \begin{bmatrix} k_h + K_{11} & -k_h x_e + K_{12} \\ -k_h x_e + K_{21} & k_h x_e^2 + k_\theta + K_{22} \end{bmatrix}\begin{pmatrix} h \\ a \end{pmatrix} = \begin{pmatrix} 0 \\ 0 \end{pmatrix} \tag{7-98}$$

假设振动为

$$\begin{pmatrix} h \\ a \end{pmatrix} = \begin{bmatrix} h_0 \\ a_0 \end{bmatrix} e^{pi} \tag{7-99}$$

将式（7-98）中各项化简为

$$M = \begin{pmatrix} m & 0 \\ 0 & J \end{pmatrix} \tag{7-100}$$

$$C = \begin{bmatrix} C_{11} & C_{12} \\ C_{21} & C_{22} \end{bmatrix} \tag{7-101}$$

$$S = \begin{bmatrix} k_h + K_{11} & -k_h x_e + K_{12} \\ -k_h x_e + K_{21} & k_h x_e^2 + k_\theta + K_{22} \end{bmatrix} = \begin{bmatrix} S_{11} & S_{12} \\ S_{21} & S_{22} \end{bmatrix} \tag{7-102}$$

$$q_0 = \begin{bmatrix} h_0 \\ a_0 \end{bmatrix} \tag{7-103}$$

将式（7-99）～式（7-103）代入式（7-98），整理可得

$$[p^2 M + pC + S]\{q_0\} = 0 \tag{7-104}$$

式（7-103）存在非零解的条件是

$$|p^2 M + pC + S| = 0 \tag{7-105}$$

将式（7-104）展开得到

$$a_4 p^4 + a_3 p^3 + a_2 p^2 + a_1 p + a_0 = 0 \tag{7-106}$$

$$\left.\begin{aligned} a_4 &= mJ \\ a_3 &= mC_{22} + JC_{11} \\ a_2 &= mS_{22} + JS_{11} + C_{11}C_{22} - C_{12}C_{21} \\ a_1 &= S_{11}C_{22} + S_{22}C_{11} - S_{12}C_{21} - S_{21}C_{12} \\ a_0 &= S_{11}S_{22} + S_{12}S_{21} \end{aligned}\right\} \tag{7-107}$$

系数 a_0、a_1、a_2、a_3、a_4 都是复数，上述复系数方程中的四个根 p_1、p_2、p_3、p_4 是振动系统的特征值。

假设 $p=\sigma+j\omega$，则系统发生颤振的判据如下：

(1) 若所有特征值的实部 $\mathrm{Re}(p_i)<0$，不论是单根还是重根，系统都是稳定的。

(2) 若特征值中有零根或一对虚根，其余特征值的实部 $\mathrm{Re}(p_i)<0$，则系统是稳定的。

(3) 若特征值中至少有一个实部 $\mathrm{Re}(p_i)>0$，则系统不稳定，会发生颤振。

(4) 若特征值中零根或虚根有重根，其余特征值的实部 $\mathrm{Re}(p_i)<0$，则系统是否发生颤振需要做进一步的分析。

思　考　题

1. 叶片需要进行哪几个方面的结构分析?
2. 叶片结构分析有哪些方法？有什么优缺点?
3. 叶片动力特性影响因素有哪些?
4. 如何避免叶片与塔筒等系统部件发生共振?
5. 叶片的气动弹性主要研究哪些问题?

第8章　风力机叶片颤振

随着风力机大型化进程的加快，大功率、长叶片的风力机颤振问题更加凸显，因此，叶片颤振机理及相关控制技术研究具有重要意义。

本章主要从叶片颤振成因、翼型抗颤振优化、最优主动控制和气动弹性剪裁等方面对风力机叶片抗颤振技术研究进展进行介绍。

8.1　颤振现象

本节首先介绍目前已得到较为成熟结论的两类颤振类型的主要形成原因。在此基础上，介绍基于二元翼段风洞试验得到的叶片颤振发生机理和规律。

8.1.1　失速颤振

失速颤振通常发生在失速调节型的风力机上。当风速高于风力机额定风速时，叶片进入失速状态，进而产生一系列不规则的振动。叶片失速颤振振动幅值小于经典颤振振动幅值。对于失速颤振，引发颤振的条件有以下方面：

（1）翼型特征。如风力机叶片具有失速特性快速变化的翼型剖面，则风力机极有可能发生失速颤振。

（2）振动方向。叶片振动方向取决于整机的气动力分布。旋转叶片的振动方向异常对失速颤振具有推波助澜的作用。

（3）结构阻尼。如风力机机组由于失速颤振而生成微小的负气动阻尼，这种阻尼有可能被结构阻尼补偿。

8.1.2　经典颤振

经典颤振比失速颤振更加不稳定，破坏力更大。叶片一阶扭转振型是由挥舞弯曲振型耦合而成。由于扭转导致的攻角变化引起升力快速变化且恢复滞后，经典颤振往往具有比较大的负阻尼，且结构阻尼不足以进行补偿。

随着风力机巨型化发展，其柔性特征越来越明显，经典颤振发生的可能性和破坏性也随之增大，成为叶片设计中必不可少的考虑因素。飞机机翼颤振的研究结果为大型风力机叶片经典颤振研究提供思路。如果下列条件满足，则风力机就有可能发生经典颤振：

（1）附着流情况下的攻角突变工况。若气流有效附着叶片表面，则叶片攻角的突然“抬起”会激增叶片的升力。

（2）叶尖速度达到颤振临界速度。叶片长度的增加带动叶尖速度的增加，较高的相对叶尖速度保证叶片前段有足够大的升力。

(3) 低刚度。扭转振动模式和挥舞振动模式的固有频率要足够低，因为它们可能耦合成颤振模式。

(4) 重心后移。风力机叶片截面的质心须位于气动中心后，即移向后缘，这样可以保证颤振的扭转和摆动有合适的相位差。

8.1.3 风洞试验

风洞试验是进行颤振机理分析的有效手段。目前，国内外有关风力机叶片颤振的试验研究仍较少，这是由于试验的复杂性导致的。这里介绍风力机叶片二元翼段颤振风洞试验及结果，为阐明风力机叶片颤振发生的机理及规律提供参考。

1. 试验简介

开展叶片颤振风洞模型试验时，为确保流动相似须满足模型和原型间的几何相似、运动相似和动力相似。作用在流体微团上的作用力包括各种性质的分力，如重力、黏滞力、压力等，对应着：①黏滞力相似准则；②重力相似准则；③压力相似准则等。为满足动力相似，理论上应考虑以上提到的所有相似准则，使模型和原型流场的各种相似准则数均相等，称为完全动力相似。但实际风洞试验中难以确保所有相似准则都相容，因此通常考虑主要因素而忽略次要因素，开展近似的模型试验。

进行风力机叶片颤振特性的风洞试验，从而揭示颤振发生机理及规律，参照飞行器颤振试验经验，设计模型时采用相似比尺取值为 1∶1 的叶片二元翼段进行试验，这种处理方法可避免比例缩尺难以全部满足空气动力学、结构动力学和几何形状等方面相似律的要求而导致的试验误差。

风力机叶片的叶尖处柔性大，相对入流速度快，是较易发生颤振的部位，因此选取叶尖翼型作为研究对象。以 NREL 5MW 机型的叶片 60m 处截面对应的二元翼段作为研究对象，进行颤振分析。风洞中的试验模型主要包括两个部分：一是二元翼段主体，假设其为刚体，不发生变形；二是模拟翼段所在叶片截面刚度边界条件的钢条，即将翼段的实际弹性概化为钢条的弹性，钢条与翼段固定处的等效刚度与理论模型中的虚拟刚度一致。二元翼段的主要参数有弦长、重心及弹性轴位置、拉伸长度，钢条参数主要是其弹性模量、剪切模量、截面尺寸。

在确定叶片二元翼段试验模型具体尺寸参数时，需综合考虑试验风洞的开口断面尺寸和设计风速范围等试验条件的限制。本次实验在位于河海大学清凉山校区的风洞实验室中进行，实验段尺寸为 2m×2m，实验风速可达 20m/s。该风洞的示意图和实景图如图 8-1 所示。风力机叶片颤振试验中需要的相关配套设施还包括翼状风速仪以及激光测振仪等。

二元翼段模型拉伸长度为 1000mm，弦长取 600mm，翼段中间为桁架结构，用于支持整个翼段以及固定钢条，翼段表面材料要方便构成翼型曲面，这里主要考虑翼段振动特性，忽略翼段本身变形，所以翼面采用薄铁皮材料，在桁架外层用薄铁皮蒙皮，翼段尾缘加装铁块，用来控制翼段重心位置，使其偏向尾缘且距离翼段弦线中心 45mm，翼段中部设置一开口，方便更换钢条。翼段参数设置和实物模型如图 8-2 所示。

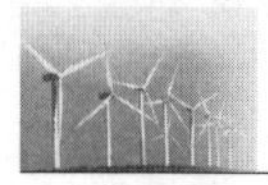

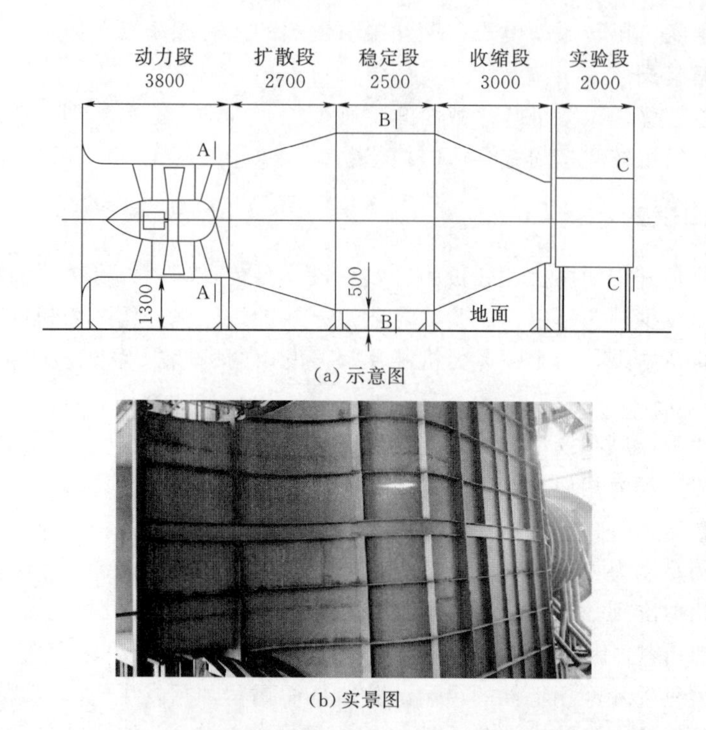

(a) 示意图

(b) 实景图

图 8-1 风洞实验室示意图及实景图（单位：mm）

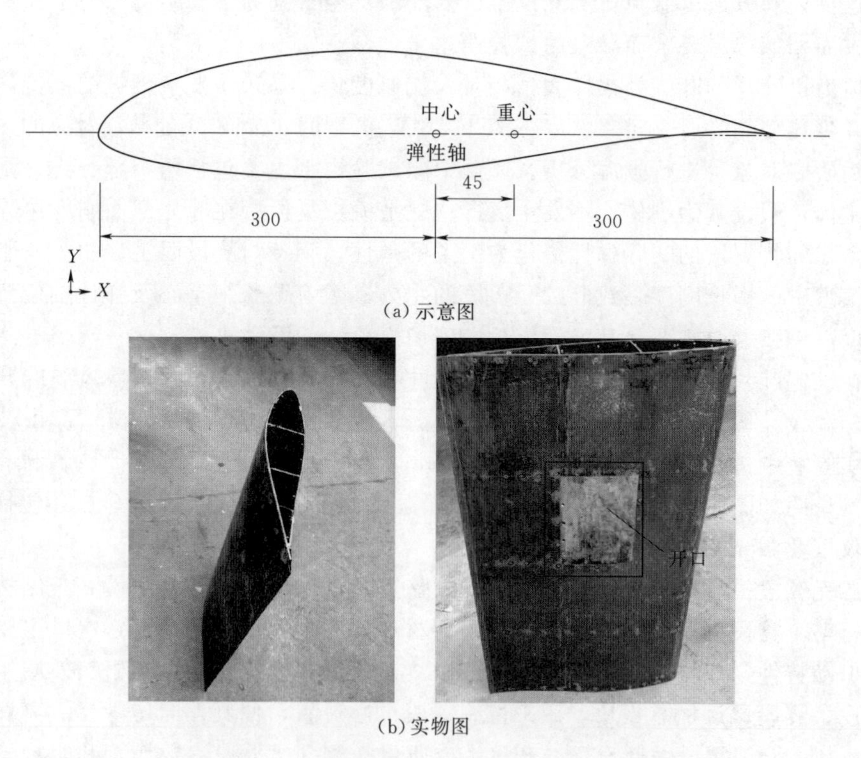

(a) 示意图

(b) 实物图

图 8-2 二元翼段示意图及实物图（单位：mm）

风洞试验现场布置示意及实物图如图 8-3 所示。翼段主体和钢条组合为一体，采取悬置的方式安装于风洞实验段，同时设置好激光测振仪。叶尖处旋转切向速度远大于入流风速，攻角近似为 0°，因此设置试验模型翼段弦长方向与风速方向平行。在垂直于翼段弦线的一侧，布置激光测振仪，激光测振仪能测试平动方向的振动信号，可实时测量记录翼段挥舞方向的振动信号。

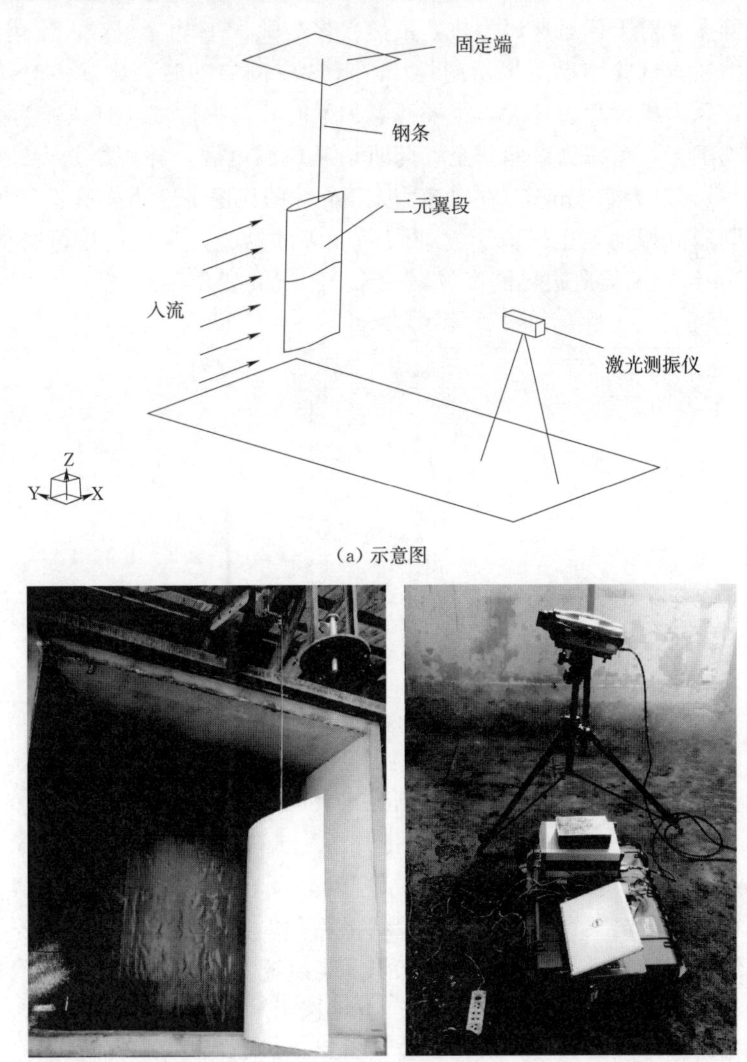

(a) 示意图

(b) 实物图

图 8-3 风洞试验现场布置示意及实物图

具体试验步骤如下：①打开风洞实验室的前后门，确保气流通畅；②检查各个环节，确认设置无误后，开启相关仪器设备电源；③通过调节变频器的频率值实现风速的控制，风洞实验段风速值由翼状风速仪测得，结合设计工况便可形成所需的流场；④在每个风速工况下，首先固定住翼段，待风速稳定后，松开翼段，同时开启激光测振仪，并录制视频，试验时长为 25s 或 50s；⑤完成各个风速下的试验后，

关闭风洞及相关设备；⑥处理数据并分析结果。

2. 结果分析

第一组试验采用规格为 10mm×4.5mm×1500mm 的钢条，当风速为 1m/s、2m/s、3m/s、4m/s、5m/s、6m/s 时，二元翼段均未出现颤振，在这几个风况下，翼段在最初几秒内振动达到最大幅值，后续逐渐减弱直至稳定，这种振动特性说明即使未出现颤振。对于低风速风力机，虽然在多数风况下叶片相对入流速度都不是很高，但根据风洞试验结果所揭示的规律，叶片刚刚启动时会出现短时抖动现象，因此在低风速风力机叶片设计时，也要注意加强叶片防振性能。当风速为 7m/s 时，二元翼段出现颤振，考虑到试验安全，此时切断风洞电源，并将原先设计的风速为 8m/s 的试验风况改为 7.5m/s，在风速为 7.5m/s 的风况下，当实验进行到 18s 时，出现了极其剧烈的振动，也采取了立即切断电源的措施，与理论计算结果 7.2m/s 接近。图 8-4 给出了翼段边界刚度方案一部分工况翼段位移曲线。

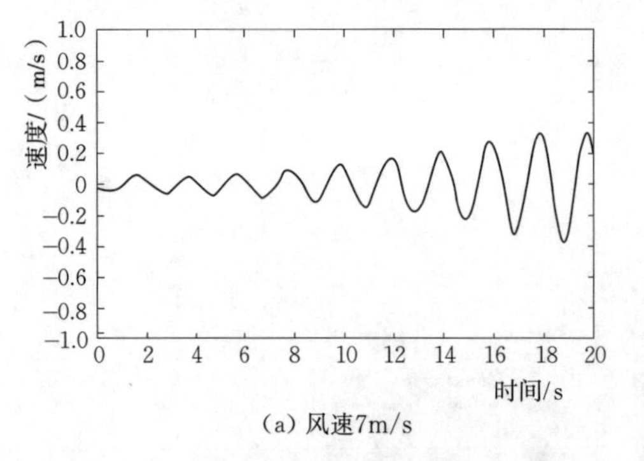

(a) 风速7m/s

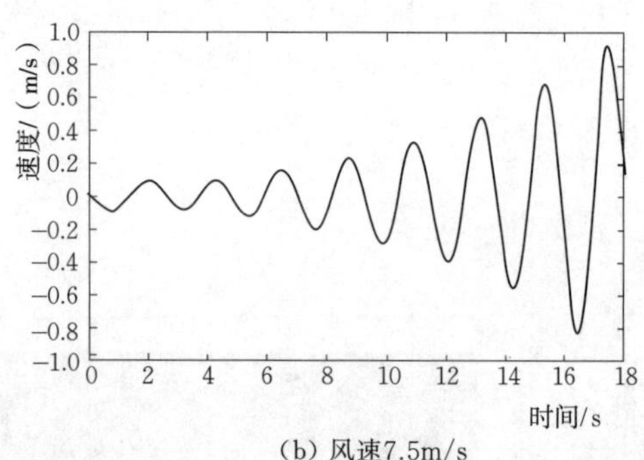

(b) 风速7.5m/s

图 8-4　翼段边界刚度方案一部分工况翼段位移曲线

第二组试验采用规格为 10mm×7.8mm×1500mm 的钢条，设计试验风速分别为 1m/s、2m/s、3m/s、4m/s、5m/s、6m/s、7m/s、8m/s、9m/s、10m/s、11m/s、12m/s。根据具体试验结果观察，当风速为 1～10m/s 时，二元翼段都没有出现颤振，在这些风况下，同第一组试验结果相似，翼段在最初几秒内振动达到最大幅值，后续逐渐减弱，最后达到稳定状态。当风速为 11m/s 时，二元翼段出现颤振，与理论计算结果 10.7m/s 非常接近。当风速为 11m/s 和 12m/s 时，二元翼段发生颤振，振动幅度越来越大，但相对第一组采用较小刚度钢条的试验结果，相同时刻第二组试验的振动幅度相对较小，说明提高翼段边界刚度，不仅能提高其颤振临界速度，还可减缓其振动发散速度。图 8-5 给出了翼段边界刚度方案二部分风速下的振动位移曲线。

此外，第一组试验翼段在 1～6m/s 风况下先出现一个较大幅度振荡再收敛最后稳定，在 7m/s 和 7.5m/s 风况下的初始没有出现大振幅振荡，振动幅值是由小逐渐变大，呈发散趋势；但是在第二组试验，翼段在 1～12m/s 风况下都先出现一个较大幅度振荡，其中 1～10m/s 风况下翼段在出现较大幅度振荡后转为收敛，11m/s 和 12m/s 风况下翼段振幅出现回落，随之逐渐发散。试验结果表明增大翼段

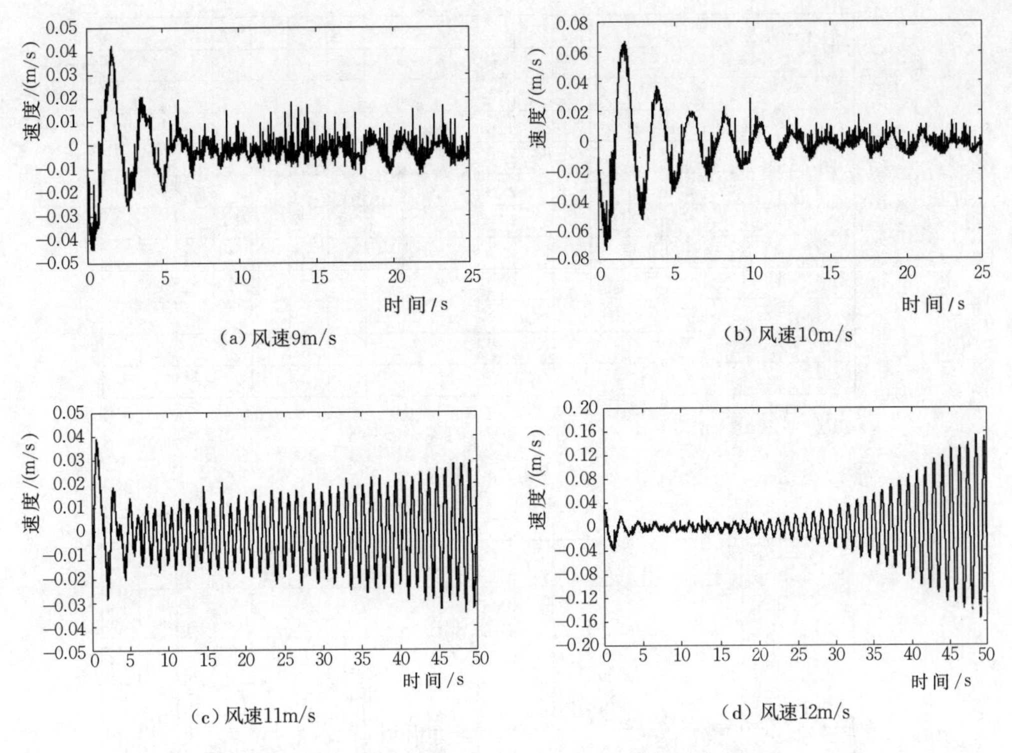

图 8-5 翼段边界刚度方案二部分工况翼段位移曲线

刚度边界，虽然能提高颤振临界速度，减缓颤振发散速度，但在振动初始阶段会出现短时剧烈振动，需加以注意。

颤振影响因素分析

8.2 影 响 因 素

基于三维全尺寸柔性风力机叶片气动弹性分析结果，对比扭转刚度、前缘配重和空气密度等设计影响因素对风力机叶片颤振临界速度的影响规律。采用的原始设计方案均以 NREL 5MW 机型为准。

8.2.1 扭转刚度

将叶片铺层材料的扭转刚度分别设置为 NREL 5MW 风力机叶片初始设计方案的 2 倍、4 倍、6 倍，求解改变扭转刚度后的叶片临界颤振速度。以扭转刚度为初始值 2 倍为例，给出颤振临界速度下叶片变形，如图 8-6 所示。相对初始扭转刚度，叶片扭转刚度增加 2 倍后，摆振方向变形幅度得到减小。转速为 2.7rad/s 时变形响应主要由 2 个不同频率的正弦振动叠加而成，叶片未出现颤振现象。当转速增加至 2.75rad/s 时，叶片出现颤振现象。

图 8-7 给出了叶片扭转刚度增加为初始值的 2 倍、4 倍、6 倍后的颤振临界速度。由图 8-7 可知，叶片扭转刚度对颤振临界转速的影响规律呈现随扭转刚度

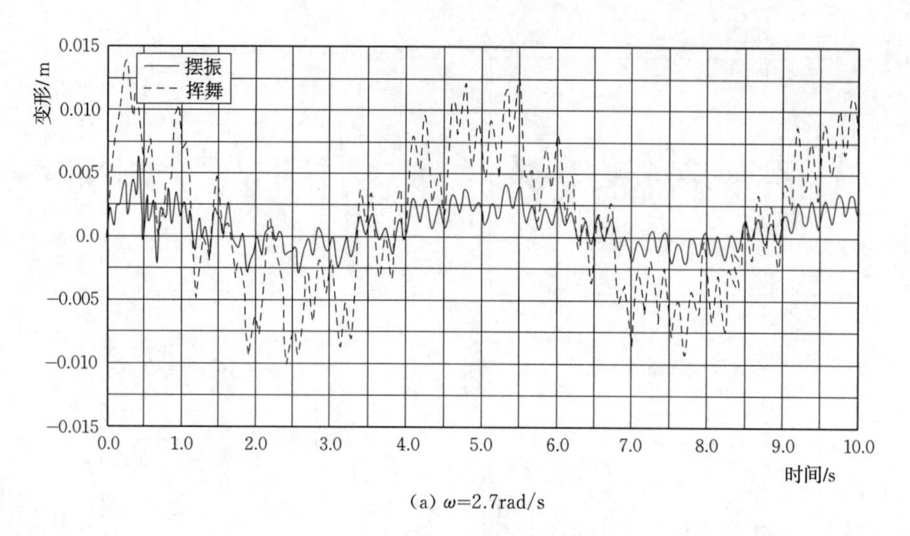

(a) ω=2.7rad/s

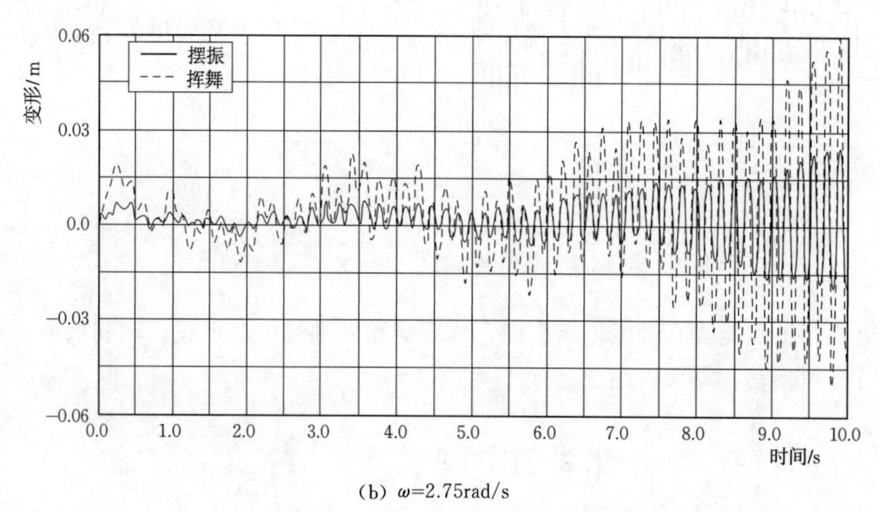

(b) ω=2.75rad/s

图 8-6　扭转刚度为初始值 2 倍时不同转速下的叶片变形响应

增大而增大的趋势，在现有设计规则的基础上提高扭转刚度对提高抗颤振能力有利。

8.2.2　前缘配重

借鉴飞行器颤振抑制技术的前缘分散式配重技术，通过将叶片前缘非夹层铺层材料的厚度分别设置为初始值的 2 倍、4 倍、6 倍等效在风力机叶片前缘均匀增加的材料。以前缘铺层厚度为初始方案 2 倍为例，给出颤振临界速度下叶片变形，如图 8-8 所示。叶片摆振和挥舞方向的运动响应表现为低频正弦状运动和高频锯齿状运动的叠加形式，高频锯齿状运动的存在会造成叶根会产生剧烈抖动，采取 2 倍前缘配重措施之后，应注意适当提高叶根强度。转速 1.75rad/s 时，叶片未出现明显的颤振现象。当转速增加至 2.8rad/s 时，叶片出现颤振现象。

图 8-9 给出了叶片前缘铺层材料厚度增加为初始值的 2 倍、4 倍、6 倍后的颤

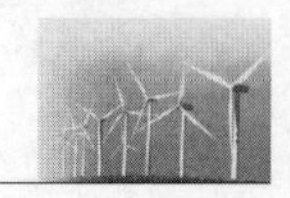

振临界速度。由图可知，前缘铺层材料厚度对颤振临界转速的影响规律呈现随扭转刚度增大而增大的趋势，在合理设计配重的基础上增加叶片前缘质量分布有助于提高叶片抗颤振能力。

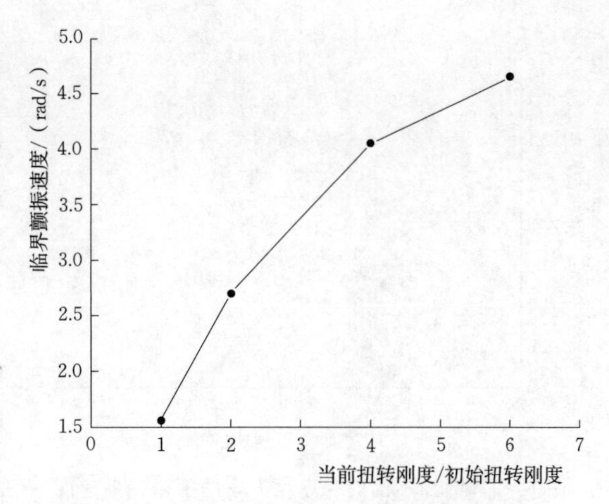

图 8-7 叶片不同扭转刚度下的颤振临界速度

8.2.3 空气密度

随着风力发电不断拓展其利用范围，向海上和高海拔地区等地区的发展趋势已成为进一步开发风能的必要途径之一。这些区域的空气密度相对标准大气压常

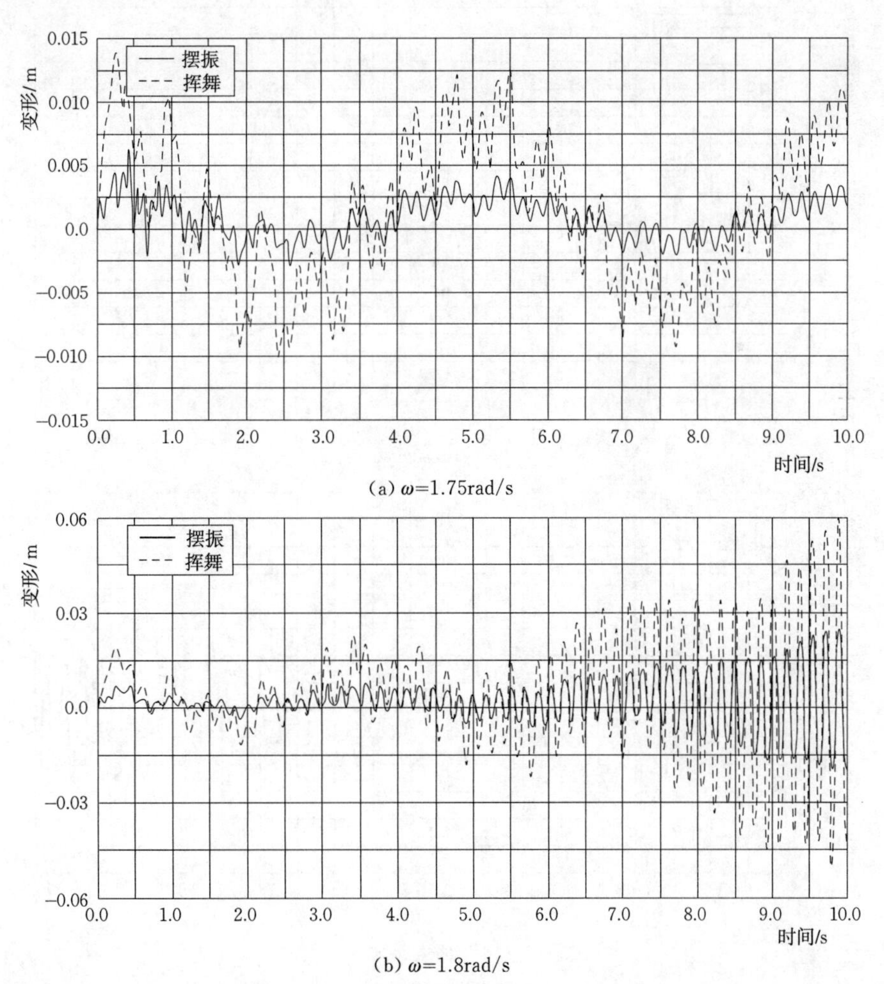

图 8-8 前缘铺层厚度为初始方案 2 倍时不同转速下的叶片变形响应

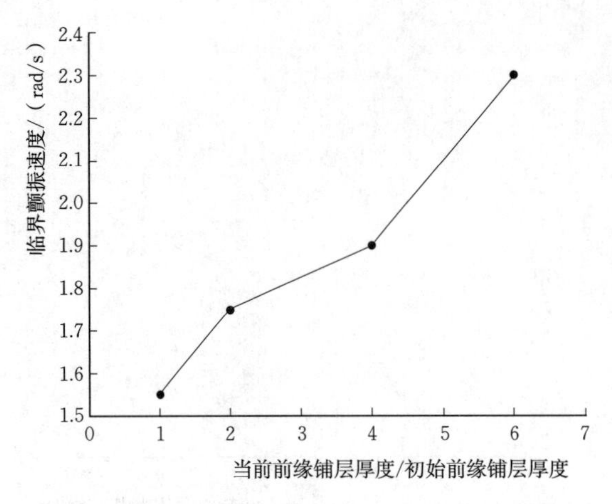

图8-9 叶片不同前缘厚度方案的颤振临界速度

温下的空气密度值偏低。探讨空气密度值为1.225kg/m³的0.8倍、0.6倍、0.4倍的不同工况下风力机叶片的颤振临界速度。以最可能发生的0.8倍工况为例，给出颤振临界速度下叶片变形，如图8-10所示。当转速达到2.55rad/s时叶片出现振幅逐渐增加直至振动发散的现象，即出现颤振现象。

图8-11给出了不同空气密度时叶片颤振临界速度。由图8-11

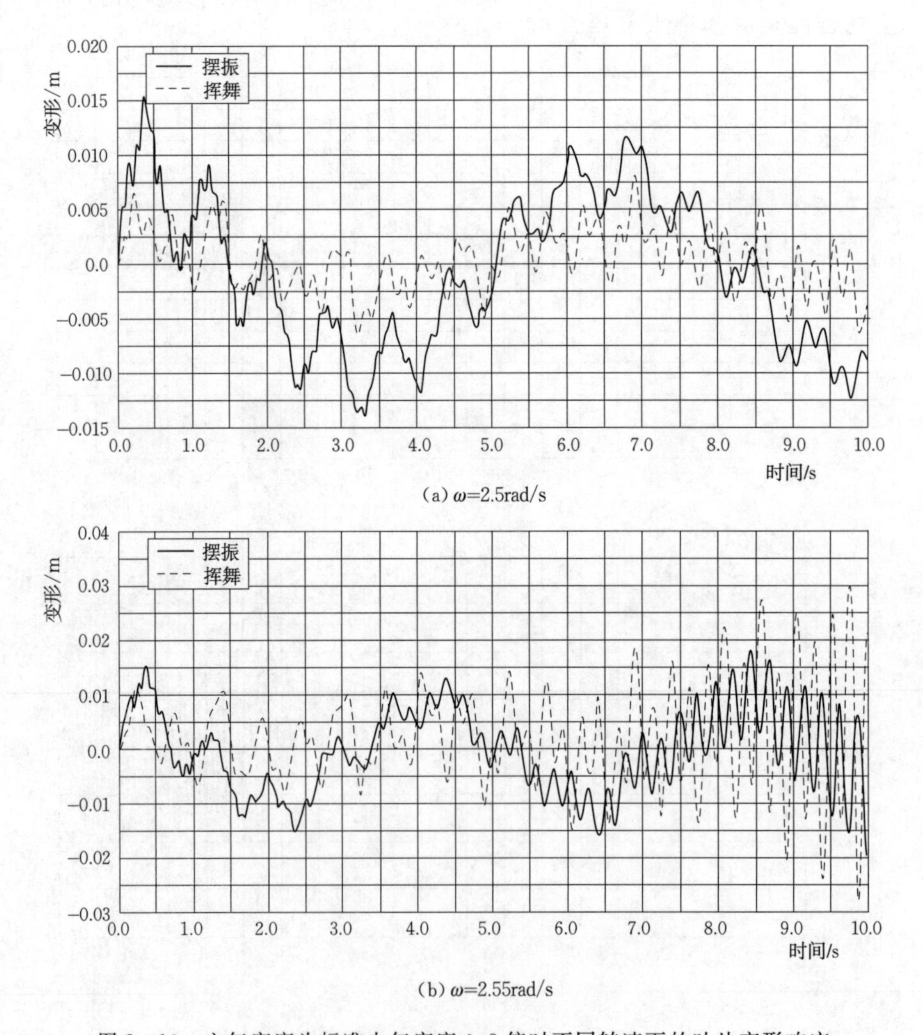

图8-10 空气密度为标准大气密度0.8倍时不同转速下的叶片变形响应

可知，叶片工作环境空气密度越小，其临界颤振速度相对较大。选择空气密度较低的地区进行风力开发会对其风力机叶片防颤带来一定的安全裕度。

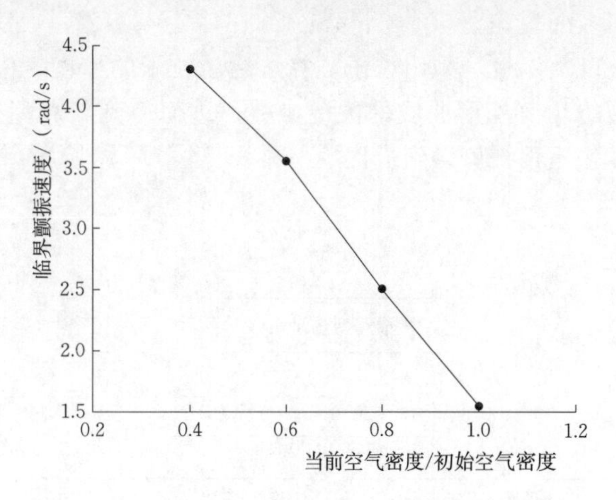

图 8-11　不同空气密度时叶片的颤振临界速度

8.3　翼型抗颤振优化设计

从进行翼型优化设计以提高叶片气弹稳定性的研究思路出发，给出风力机叶片翼型抗颤振优化设计相关内容。基于前述风力机二元翼段和三维全尺寸颤振特征的研究结论，为翼型抗颤振优化目标的选择提供依据。

8.3.1　优化设计思路

扭转刚度、重心位置、弹性轴位置和空气密度等指标对风力机叶片颤振均会产生显著影响。其中对重心位置、弹性轴位置这两个参数的控制相对容易，通过将重心位置、弹性轴位置向翼型前缘移动即可提高叶片颤振临界速度。对于扭转刚度，提高扭转刚度亦可显著提高颤振临界速度，扭转刚度与以下 3 个基本量相关，即

$$k_\alpha = GJ/r \tag{8-1}$$

式中　G——剪切模量，与材料特性有关，可通过选用剪切模量高的材料提高扭转刚度，如碳纤维增强复合材料，其局限在于剪切模量高的材料通常价格较高；

r——翼型所在截面距离叶根的半径，随着叶片增长，这一基本量必然增加，导致叶片扭转刚度降低，增加叶片柔性使得颤振更易发生；

J——翼型极惯性矩，与翼型几何外形密切相关，为几何外形的隐式表达，必须建立极惯性矩 J 与几何外形的关系函数，以翼型极惯性矩 J 最大化为目标，搜寻全局最大值，从而提高叶片截面扭转刚度，可为抗颤振翼型设计提供思路。

图 8-12 给出了风力机叶片抗颤振翼型优化流程。首先，随机生成第一代种群

中的若干个个体，即多个初始翼型。然后，采用 Matlab 编程实现柔性叶片动力学建模，计算初始翼型的极惯性矩。再利用 CFX 软件开展 CFD 数值模拟，计算得到翼型气动性能，即多个攻角（0°、2°、4°、6°、8°、10°、12°、14°）下的升力系数、阻力系数、升阻比以及涡量。采用粒子群算法更新粒子的速度、位置，经计算得到新一代种群中翼型的几何外形曲线的关键参数，进而得到新翼型。重复上述步骤，循环迭代，直至优化流程结束得到最优翼型曲线。

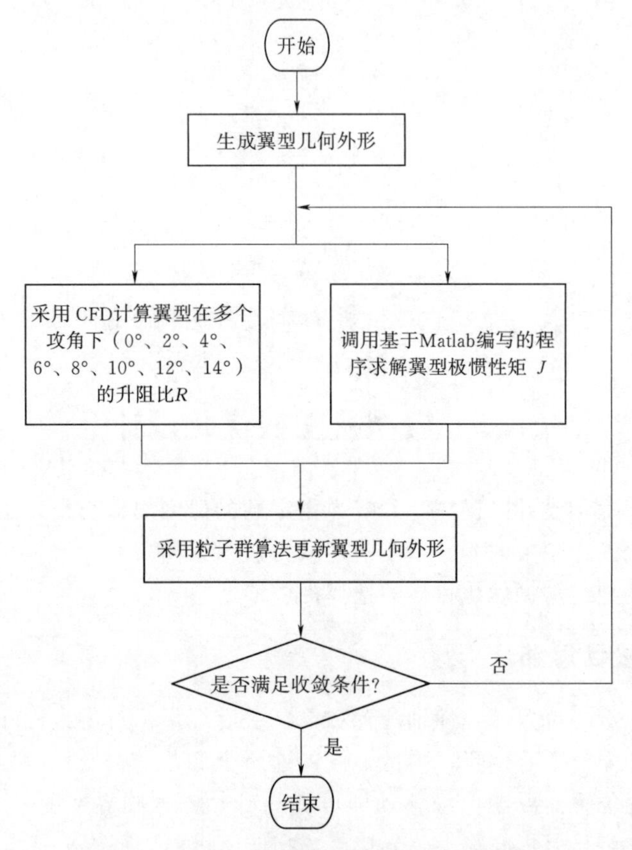

图 8-12　风力机叶片抗颤振翼型优化流程

总结而言，可采用如下优化思路进行风力机叶片翼型抗颤振优化设计。首先建立以翼型形状扰动函数为设计变量、翼型极惯性矩为目标、多个攻角下的升阻比为约束的翼型抗颤振优化设计数学模型；然后，实现对风力机专用翼型的优化，得到抗颤振性能与气动性能均满意的新翼型；最后，用优化得到的系列抗颤振翼型重新设计风力机叶片，以提高风力机叶片防颤振能力。

8.3.2　优化设计实例

NREL 5MW 叶片系列翼型包含 DU40 _ A17、DU35 _ A17、DU30 _ A17、DU25 _ A17、DU21 _ A17、NACA64 _ A17 等 6 个基准翼型，分别编号为 1、2、3、4、5、6，采用上述抗颤振优化设计方法对 NREL 5MW 叶片的系列翼型进行优化，得到了如图 8-13 所示的系列抗颤振翼型。

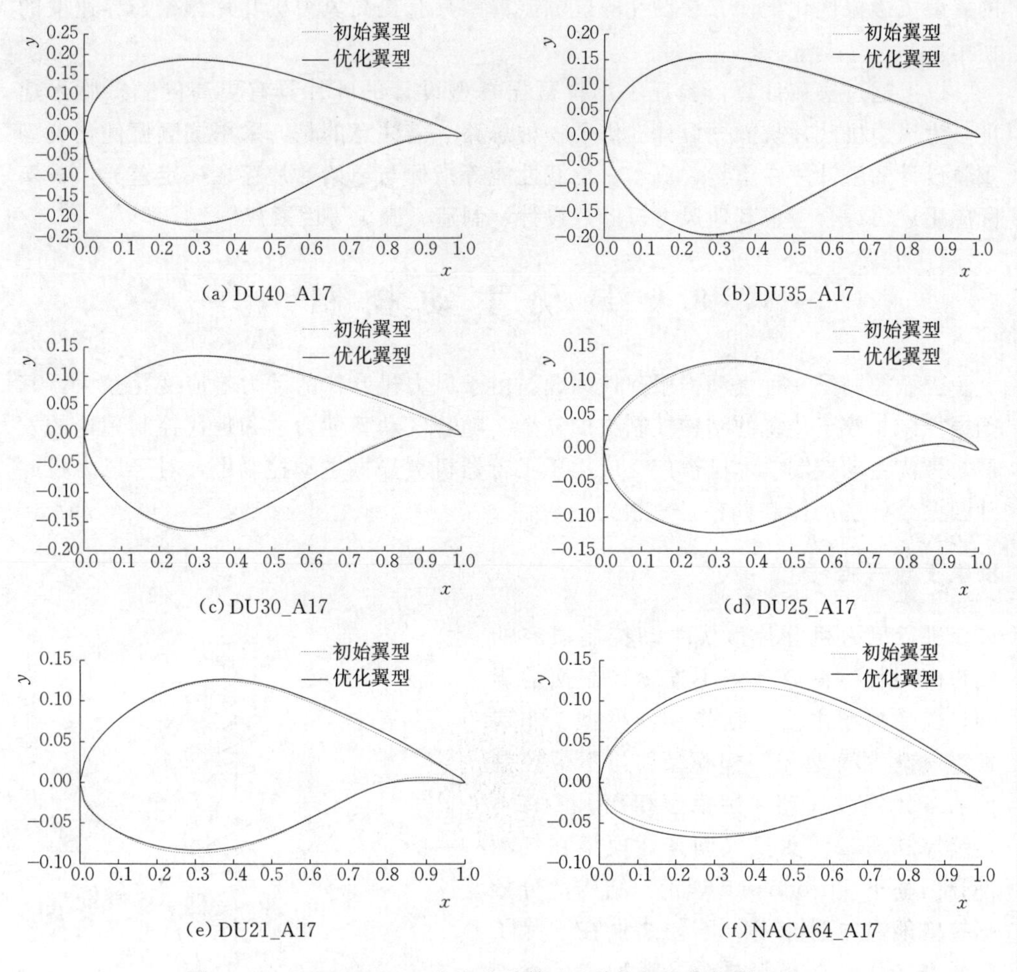

(a) DU40_A17　(b) DU35_A17　(c) DU30_A17　(d) DU25_A17　(e) DU21_A17　(f) NACA64_A17

图 8-13　NREL 5MW 叶片系列翼型及其抗颤振优化翼型对比

图 8-14 给出了抗颤振优化翼型与原始翼型的极惯性矩对比。由图 8-14 可知，优化翼型的极惯性矩均有所提升，采用抗颤振翼型设计叶片对于提高叶片扭转刚度有积极作用，最终反映到风力机叶片抗颤振性能的提升。采用优化得到的抗颤振翼型，并采用原 NREL 5MW 叶片结构参数，设计出的抗颤振叶片颤振临界速度为 1.7rad/s，相比初始叶片的颤振临界速度 1.55rad/s，提高 9.68%。计算结果验证了基于翼型形状扰动函数为设计变量、翼型极惯性矩为目标、多个攻角下的升阻比为约束

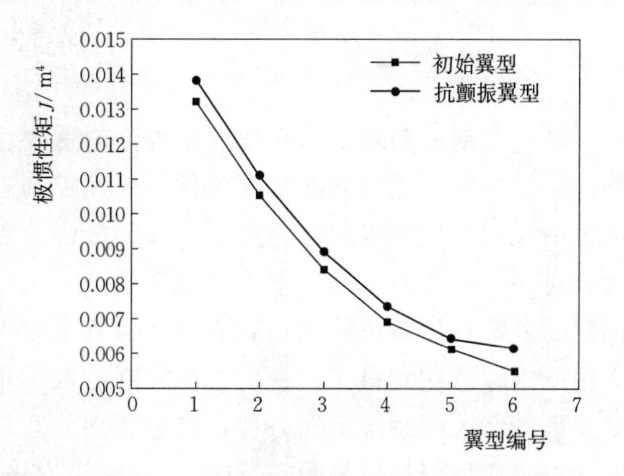

图 8-14　抗颤振优化翼型与原始翼型的极惯性矩对比

的翼型抗颤振优化设计方法设计的抗颤振翼型具有提高风力机叶片颤振临界速度的作用。

以上通过实例计算，验证了用抗颤振翼型设计的叶片具有更高的颤振临界速度，为风力机叶片抗颤振设计提供了一种思路。需注意的是，采用抗颤振优化翼型重新设计的新叶片在质量、成本、承载性能等指标与原始叶片存在一定差异，其实际应用还需综合考虑其他风力机叶片设计、制造、服役等因素。

主动控制

8.4　最优主动控制

颤振控制是一种气动伺服弹性问题。由于风力机叶片的动力响应变化较大，其颤振控制相较于传统的结构控制更加复杂。随着气动弹性力学和现代控制理论的发展，最优主动控制技术已被广泛应用于飞行器机翼颤振主动控制中，对于风力机叶片颤振最优主动控制具有启发意义。

8.4.1　气弹模型

进行风力机叶片最优主动控制研究的气弹模型相对需要考虑不连续控制面的影响，气弹模型主要包括作动器模型、非定常空气动力模型和结构模型。与不带控制面的二元翼段气动弹性模型相比，带有不连续控制面二元翼段气动弹性模型在气动部分仍基于 Theodorsen 理论，结构部分依据拉格朗日方程求解，不同之处在于除了需要增加作动器模型之外，还增加了不连续控制面摆动方向的自由度，尾缘带不连续控制面的二元翼段如图 8-15 所示。

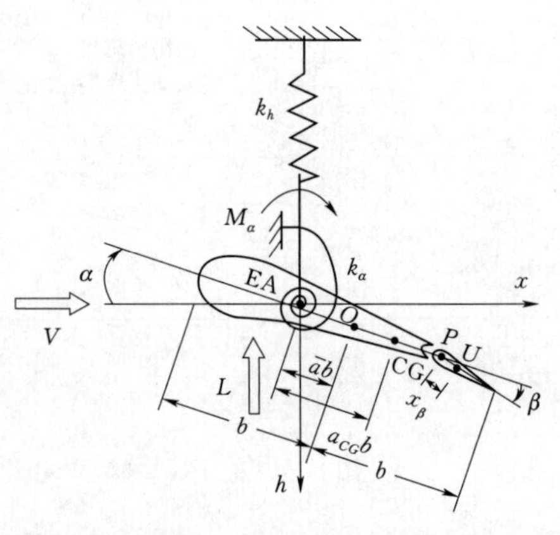

图 8-15　尾缘带不连续控制面的二元翼段

8.4.2　控制算法

最优主动控制理论是现代控制理论的重要组成部分，主要研究使控制系统的性能指标实现最优化所需的基本条件。最优控制理论是研究和解决从所有可能的控制方案中寻找最优策略的综合理论方法，最优控制理论所研究的问题可以简要地描述为：对一个受控的运动过程或动力学系统，从一类可行的控制方案中寻找一个最佳的控制方案，使系统的运动状态在由某个初始状态转换到预期的目标状态的同时，其性能指标值达到最优。最优主动控制的数学求解过程为：①在控制域内，输入控制变量；②求解系统运动方程，确定运动状态；③根据控制变量、系统状态以及最终状态确定性能指标函数（泛函），对其求取极值（极大值或极小值）。目前用于求解性能指标极值的方法主要有古典变分法、极大值原理以及动态规划方法。

风力机叶片颤振主动控制属于系统镇定问题。叶片发生颤振时，通过闭环反馈

控制将振幅逐渐增加的不稳定振动转变为渐近稳定的运动，从数学上看即为在 Laplace 平面上将虚轴右边的极点移至左边。采用最优控制法设计控制律可以使闭环系统有良好的特性，设计最优控制律的关键在于寻求增益反馈矩阵，使性能指标取极小值。

最优主动控制中由状态变量提供反馈信息，选取风力机叶片主翼段挥舞位移、扭转角、控制面偏转角、主翼段挥舞速度、扭转速度、控制面偏转速度以及气动力状态变量为状态变量。在系统状态空间方程中，通过不停调整输入进行闭环反馈控制，以达到目标状态。状态反馈增益矩阵由 LQR 控制律计算获得，依据控制过程中每一时刻下的输入发出电机偏转角指令，进行叶片颤振主动控制。

8.4.3 颤振控制仿真结果

以 NREL 5MW 叶片为研究对象，根据带有控制面的风力机叶片二元翼段气动弹性模型，并基于 MATLAB Simulink 构建仿真模块，如图 8-16 所示。初始入流风速 105m/s，该风速下启动控制算法，叶片动力响应曲线如图 8-17 所示。

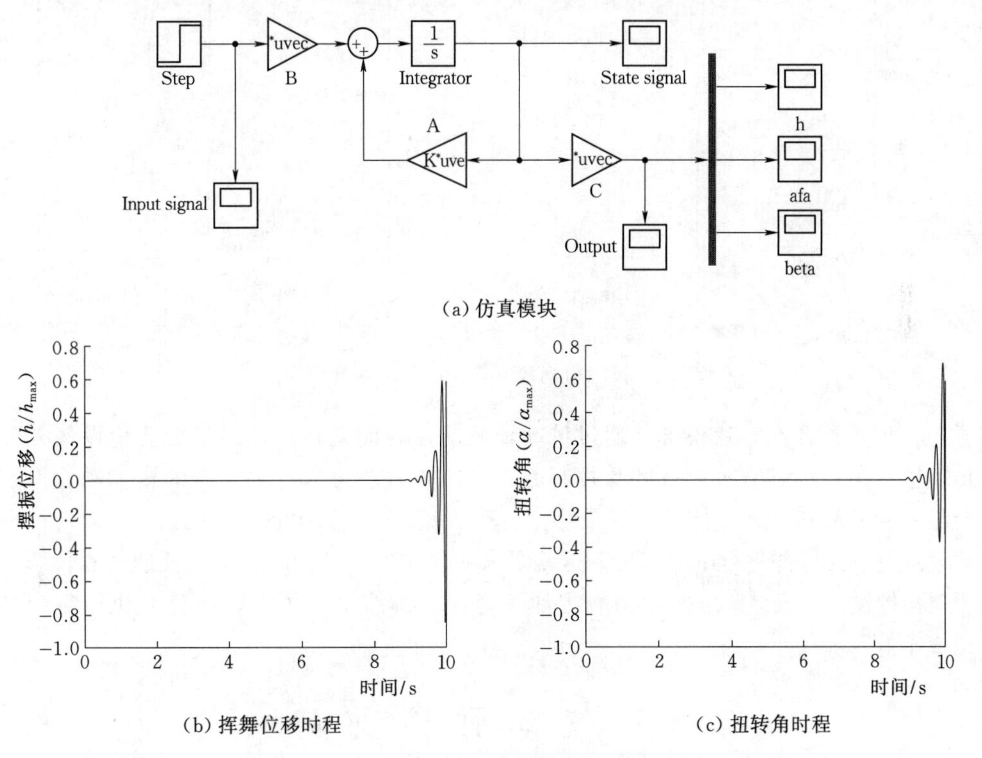

(a) 仿真模块

(b) 挥舞位移时程

(c) 扭转角时程

图 8-16 未启动控制算法的翼段气弹响应

上述结果表明以电机为作动器驱动控制面实现风力机叶片颤振主动控制的效果显著，对于风力机叶片防颤具备可行性。但在实际设计该颤振控制系统时还需要考虑以下几个问题：①叶片尾缘控制面副翼和主翼连接部位连接方式的设计以及制造工艺的复杂程度，同时要重点研究连接部位的强度及疲劳特性；②电机的安装位

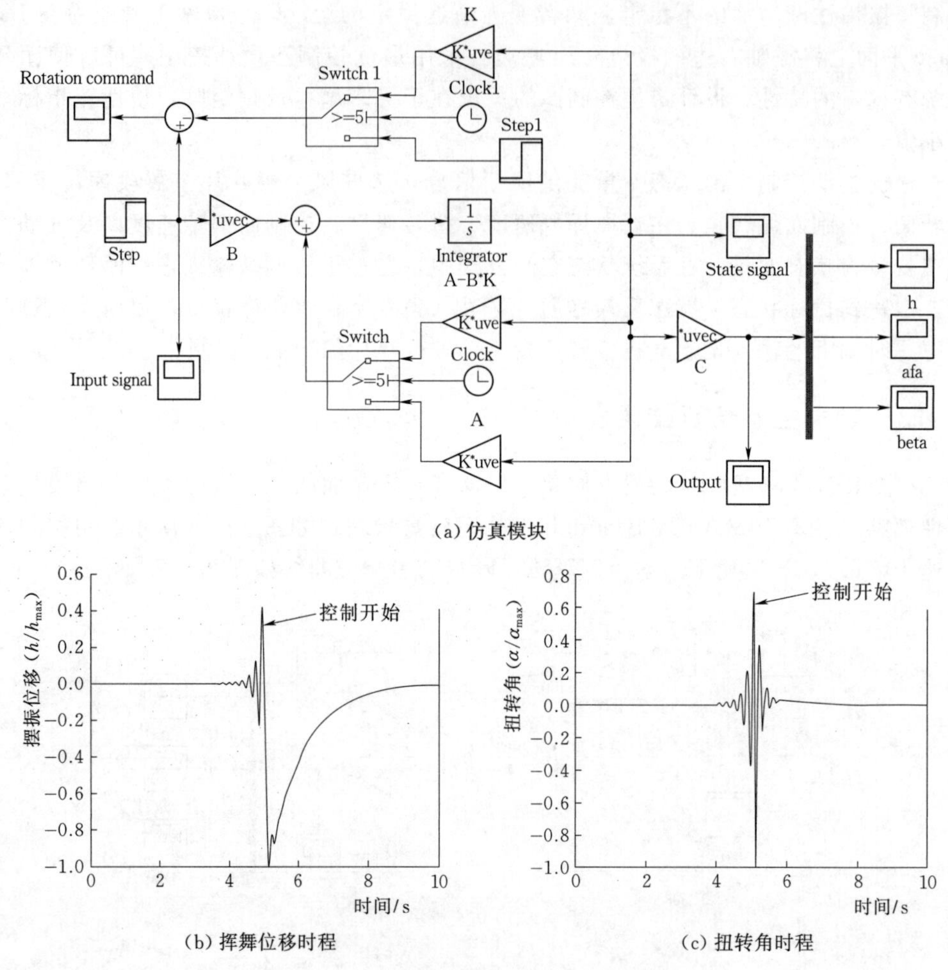

(a) 仿真模块

(b) 挥舞位移时程

(c) 扭转角时程

图 8-17 启动控制算法的翼段气弹响应

置，一种是放置在叶片根部，通过传动轴驱动控制面偏转，缺点是需要增设额外的传动轴；另一种是直接放在叶片控制面处，这种方法可以省去多余的传动轴，但是会增加叶片载荷，还可能引起三个叶片动不平衡问题；③控制系统设计，需在叶片内部设置控制元件并进行电路布置，这就要求叶片在生产设计时预留相关通道和位置用于颤振控制系统安装；④新增附属主动控制设施必然增加风力机叶片和机组生产制造成本。

8.5 气动弹性剪裁

气动剪裁技术的运用也是进行风力机叶片防颤的技术路径之一，是目前应用前景较好的一种风力机叶片被动防颤措施。气动剪裁是指通过调整材料的刚度方向来控制结构的静/动态气动弹性变形，以最小重量满足强度和工艺的要求，实现提高结构颤振速度、减小机动载荷和提升升阻比等目标。通过气动弹性剪裁提高叶片弯扭耦合的自适应性，当叶片在高风速环境中运行时，叶片产生的扭转变形越大，卸

风能力就越强。

8.5.1 弯扭耦合控制系数

利用叶片纤维材料的铺层设计，使得各截面刚度达到弯矩耦合效应即叶片在产生弯曲的同时也能产生一定的扭转效应。这里介绍可用来评估这种耦合效应的参数指标。图 8-18 为含有主梁的两种叶片主梁铺设方式图，通过改变主梁复合材料纤维方向使叶片在弯曲或拉伸的过程中自动改变扭角的设计简图。图 8-18（a）为主梁纤维对称铺设，叶片在弯曲时截面发生扭转；图 8-18（b）为主梁纤维布置呈螺旋状，叶片在拉伸过程中截面发生扭转。

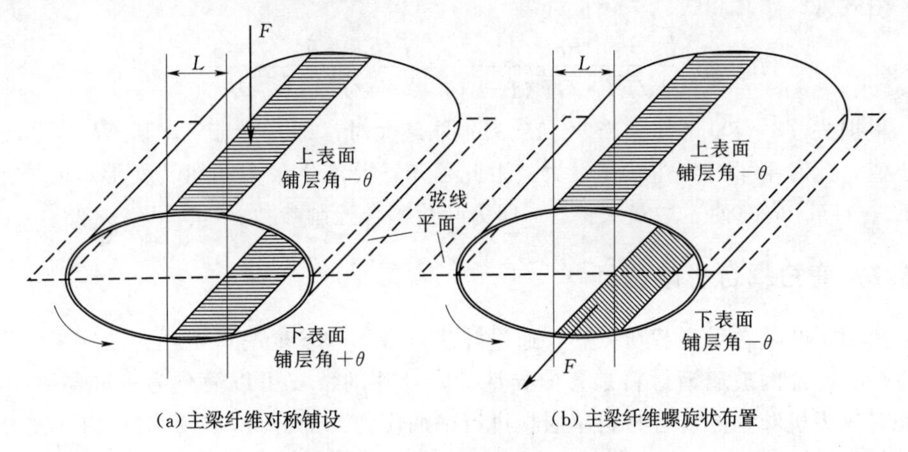

(a) 主梁纤维对称铺设　　(b) 主梁纤维螺旋状布置

图 8-18　叶片主梁铺层方式图

由于叶片主梁通常由对称截面组成，可视为一对称分布的悬臂梁，其弯扭耦合为

$$\begin{bmatrix} EI & -K \\ -K & GJ \end{bmatrix} \begin{bmatrix} \dfrac{\partial \theta}{\partial z} \\ \dfrac{\partial \varphi}{\partial z} \end{bmatrix} = \begin{bmatrix} M_b \\ M_t \end{bmatrix} \tag{8-2}$$

式中　EI——叶片挥舞方向的弯曲刚度；

GJ——叶片翼展方向上的扭转刚度；

K——耦合项；

θ——截面弯曲变形角度；

φ——截面扭转角；

M_b——截面弯矩；

M_t——截面扭矩。

引入梁截面上弯扭耦合系数 α，表达式为

$$\alpha^2 = \frac{K^2}{KI \cdot GJ} \qquad -1 < \alpha < 1 \tag{8-3}$$

主梁简化为等截面梁，由式（8-2）可得

$$\frac{\partial\theta}{\partial z}=\frac{M_b\cdot GJ+M_tK}{EI\cdot GJ-K^2} \tag{8-4}$$

$$\frac{\partial\varphi}{\partial z}=\frac{M_b\cdot K+M_tGJ}{EI\cdot GJ-K^2} \tag{8-5}$$

假设叶片长度为 l，在叶片主梁尾部施加集中载荷 F，此时，沿翼展方向任意截面处主梁弯矩和扭矩分别为：$M_b=F(l-z)$，$M_t=0$，于是在主梁 $z=l$ 处的扭角为

$$\varphi_l=\frac{FKl^2}{2(EI\cdot GJ-K^2)} \tag{8-6}$$

由式（8-3）和式（8-6）可得

$$\varphi_l=\frac{F\alpha l^2}{2\sqrt{EI\cdot GJ}(1-\alpha^2)}=\frac{Fl^2}{2}\frac{1}{\sqrt{EI\cdot GJ}}\frac{\alpha}{1-\alpha^2} \tag{8-7}$$

根据式（8-7）可知，当 $\alpha/(1-\alpha^2)$ 取最大时，即 α 趋于1，则 $EI\cdot GJ$ 趋于最小值，此时主梁叶尖扭转角最大。由此可知，要产生最大的扭转变形，需要最小化 $EI\cdot GJ$，同时使 α 取最大值。α 即为叶片耦合控制参数。

8.5.2　弯扭耦合影响指标

风力机叶片在受到载荷以后，通过叶片自身结构发生的弯扭耦合效应来实现自适应性。叶片的玻璃钢材料是各向异性的，叶片的蒙皮可以简化为一种薄壳结构。首先对风力机叶片的复合材料单层板进行平面应力下的分析，材料的本构方程为

$$\begin{bmatrix}\varepsilon_x\\ \varepsilon_y\\ \gamma_{xy}\end{bmatrix}=\begin{bmatrix}S_{11} & S_{12} & S_{16}\\ S_{21} & S_{22} & S_{26}\\ S_{61} & S_{62} & S_{66}\end{bmatrix}\begin{bmatrix}\sigma_x\\ \sigma_y\\ \tau_{xy}\end{bmatrix} \tag{8-8}$$

式中　σ_x——x 方向正应力；

σ_y——y 方向正应力；

τ_{xy}——x 面上朝 y 面的切应力；

ε_x——x 方向正应变；

ε_y——y 方向正应变；

γ_{xy}——x 面上朝 y 面的切应变。

材料的主轴与坐标轴一致时，S_{ij} 为沿轴柔度，$S_{16}=S_{26}=S_{61}=S_{62}=0$；材料主轴与坐标轴存在夹角 θ 时，S_{ij} 为偏轴柔度。

假设 $\varepsilon_x=0$ 时，则可得到的矩阵为

$$\begin{bmatrix}\varepsilon_y\\ \gamma_{xy}\end{bmatrix}=\begin{bmatrix}S_{22}-\dfrac{S_{12}S_{21}}{S_{11}} & S_{26}-\dfrac{S_{12}S_{21}}{S_{11}}\\ S_{62}-\dfrac{S_{12}S_{61}}{S_{11}} & S_{66}-\dfrac{S_{16}S_{61}}{S_{11}}\end{bmatrix}\begin{bmatrix}\sigma_y\\ \tau_{xy}\end{bmatrix} \tag{8-9}$$

因为偏轴时，S_{12}、S_{16} 均不为0，由式（8-9）可知，偏轴时存在耦合现象。

前面阐述的是复合材料单层板的本构方程，对于风力机叶片，其复合材料是由许多单层板叠合的层压板，依据经典的层压板理论，其层压板的中面内力 N、力矩

M 的本构方程为

$$\begin{bmatrix} N_x \\ N_y \\ N_{xy} \\ M_x \\ M_y \\ M_{xy} \end{bmatrix} = \begin{bmatrix} A_{11} & A_{12} & A_{16} & B_{11} & B_{12} & B_{66} \\ A_{12} & A_{22} & A_{26} & B_{12} & B_{22} & B_{26} \\ A_{16} & A_{26} & A_{66} & B_{16} & B_{26} & B_{66} \\ B_{11} & B_{12} & B_{66} & D_{11} & D_{12} & D_{16} \\ B_{12} & B_{22} & B_{26} & D_{12} & D_{22} & D_{26} \\ B_{16} & B_{26} & B_{66} & D_{16} & D_{26} & D_{66} \end{bmatrix} \begin{bmatrix} \varepsilon_x \\ \varepsilon_y \\ \gamma_{xy} \\ \kappa_x \\ \kappa_y \\ \kappa_{xy} \end{bmatrix} \tag{8-10}$$

式中　N_x、N_y、N_{xy}——中面力；

M_x、M_y、M_{xy}——中面力矩；

A_{ij}——拉剪刚度参数，$A_{ij}=\sum_{k=1}^{n}[S_{ij}^{(k)}]^{-1}\cdot t_k$；

B_{ij}——拉剪-弯扭耦合刚度参数，$B_{ij}=\sum_{k=1}^{n}[S_{ij}^{(k)}]^{-1}\cdot t_k d_k$；

D_{ij}——弯扭刚度参数，$D_{ij}=\sum_{k=1}^{n}[S_{ij}^{(k)}]^{-1}\cdot t_k\left(\frac{t_k^2}{12}+d_k^2\right)$；

t_k、d_k——第 k 层的厚度和其中心线 z 的坐标；

ε_x——中面正应变；

γ_{xy}——中面切应变；

κ_x——中面曲率；

κ_{xy}——扭率。

在弯扭耦合设计中，刚度矩阵 $\boldsymbol{D}$ 中 D_{16}、D_{26} 均不为 0，则弯扭耦合系数可表示为

$$\alpha=\frac{D_{16}}{\sqrt{D_{11}D_{66}}} \tag{8-11}$$

由式（8-11）可知，对于主梁来说，铺层厚度、铺层次序和铺设方向会影响刚度的方向性，进而影响耦合系数，故弯扭耦合控制系数 α 只与铺层材料有关，而与几何形状无关。

思　考　题

1. 叶片颤振现象有哪几种类型？其发生条件有哪几个方面？
2. 颤振风洞试验需要满足哪些相似准则？
3. 颤振风洞试验需要测量哪些变量？
4. 颤振影响因素有哪些？对颤振有什么样的影响？
5. 翼型抗颤振优化设计目标、设计变量是什么？
6. 什么是弹性剪裁？叶片弹性剪裁是如何实现的？

第9章 风力机叶片疲劳

风力机叶片在运行中长期受到动态载荷作用和环境气候条件的影响，将不断产生疲劳损伤，当损伤累积到一定程度，就会导致疲劳破坏，危及运行安全。风力机叶片的使用寿命很大程度上取决于疲劳寿命，因此准确预测叶片疲劳寿命，并以此为依据优化材料铺层，精减材料使用，同时保证风电机组最大功率输出，一直是风力机叶片设计者孜孜不倦的追求。

本章主要介绍叶片疲劳损伤产生的原因，重点探讨恒幅载荷与随机载荷作用下的叶片疲劳寿命预测方法，并以1.5MW风力机叶片为例给出风力机叶片疲劳寿命预测案例。

风力机叶片疲劳损伤

9.1 疲劳损伤现象

图9-1为某疲劳失效后风力机叶片裂纹图。裂纹主要集中在叶片叶根和气动外形区域的过渡区域。叶片气动外形区域为薄壁复合材料结构，外表为光滑翼型，内部由腹板纵向隔离，分为前缘区域和后缘区域。叶根区域为圆柱结构。

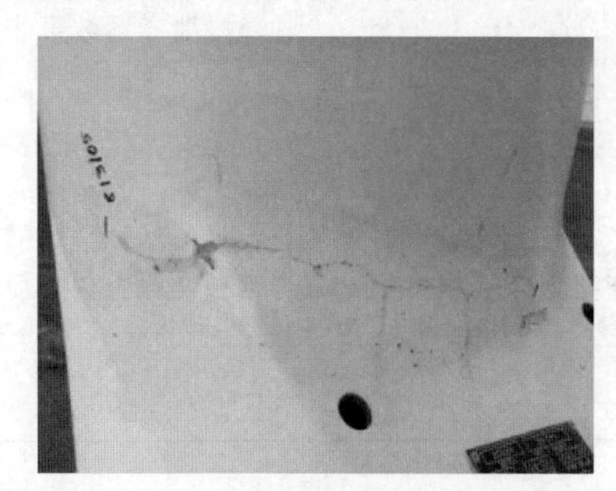

图9-1 某疲劳失效后风力机叶片裂纹图

为深入研究疲劳时效区域裂纹形成原因，该叶片过渡区域被分割为宽度为2～3cm的切块，如图9-2所示。图9-2(a)为气动外形区域；图9-2(b)为各切块分割展开图；完全破坏的区域7切块见图9-2(c)；完全破坏区域5、6切块见图9-2(d)。

由图9-2中的切块，可以总结出以下裂纹区域的层压板现象：

(1) 裂纹由叶片的外表面生成，然后逐渐向层压板中部扩展，如图9-2(c)所示。

(2) 层压板铺层厚度的变化易导致裂纹的发展，如图9-2(d)所示。

(3) 裂纹区域内有基体的缺失现象。

(4) 叶片内部腹板与气动外形交接处有铺层剥落现象。

对上述裂纹现象进行分析，可以得出复合材料叶片疲劳裂纹产生的原因，主要有：复合材料铺层厚度的突变，局部几何外形导致的应力集中，制作工艺缺陷等。

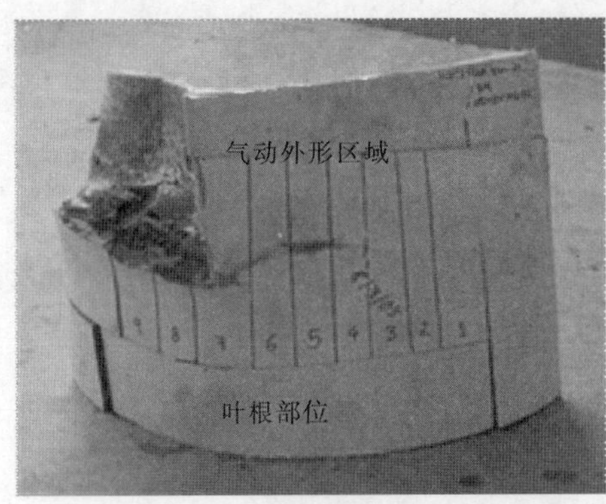

(a) 气动外形区域

(b) 各切块分割展开图

(c) 完全破坏的区域7切块

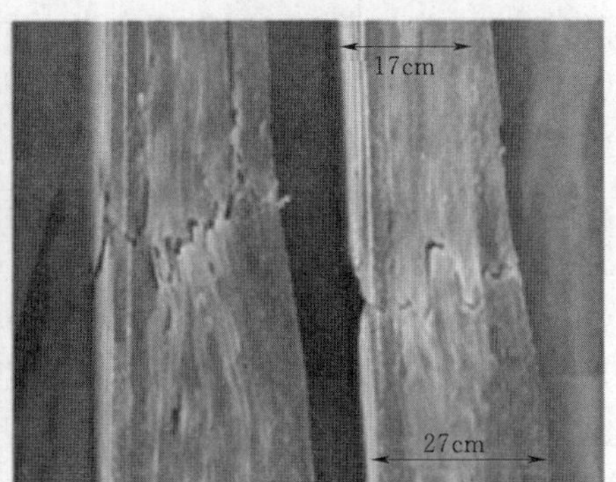

(d) 完全破坏区域5、6切块

图 9-2 叶片疲劳裂纹区域切块图

9.1.1 复合材料铺层厚度的突变

材料破坏最严重的在区域 5 和区域 6 之间，如图 9-2（d）所示，该处裂纹完全贯穿整个铺层厚度，而在区域 7 中，裂纹只集中在复合材料铺层的外表面。

在图 9-2（d）中，裂纹两边存在厚度的突变，厚度的突变致使载荷的传递存在偏心现象，进而生成一定的弯矩，使不同厚度截面之间的复合材料不能均匀一致地工作。交错异向布置的纤维在传递载荷时，载荷方向与纤维方向不对齐，这种不对齐在受压时易导致微屈曲现象，加速复合材料的失效速率。

厚度突变区域内存在复合材料内部的不连续性（ply drop），即某一铺层终止或起始于该处，如图 9-3 所示。这种内部铺层的不连续性也增大了裂纹的生成速率。

9.1.2 局部几何外形导致的应力集中

由图 9-1，叶根与叶片气动外形的过渡区域内几何外形变化明显，该处的外形突变导致了应力的集中。同时，叶根部位也是整根叶片载荷最大的区域，应力集中促使了该过渡区域内材料失效的发生。

现代大型风力机叶片采用更加缓和的叶根位置几何过渡方式，减少了应力集中呈现。

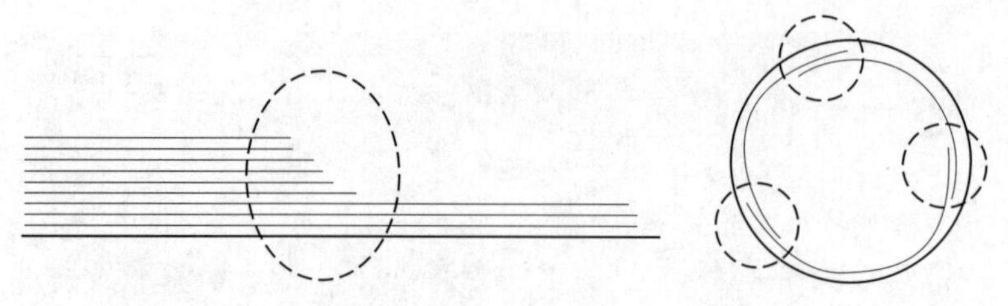

图9-3　复合材料铺层的不连续性"ply drop"图

9.1.3　制作工艺缺陷

接头部位通常是结构中最为薄弱的部位。若是接头部位存在制作缺陷，则该薄弱部位缺陷被进一步加剧。叶根与叶片气动外形过渡区域存在一定的制作工艺缺陷，从图9-2（c）中可知，该处存在基体缺失现象；由图9-2（d）可见，该处的复合材料层压板存在铺层脱胶剥落现象。

虽然基体不具备纤维的承载能力，但如果复合材料铺层缺失基体就不能形成一个整体去承受载荷，尤其是压应力。

对于复合材料叶片疲劳损伤问题，需要研究载荷谱、材料失效模式、构件细节应力、疲劳寿命和抗疲劳设计等内容。然而在分析过程中，由于涉及因素多，问题复杂，难以找到解析的、普遍的寿命预测方法。同时工程应用的需要迫切。因此必须抓住主要因素，建立简化模型，逐步深入认识。本章先研究恒幅循环载荷的简单情况，再考虑变幅载荷下的损伤累积，最后考虑随机载荷谱作用下的疲劳寿命。

9.2　恒幅疲劳寿命

复合材料的疲劳性能，通常用载荷 S（包括应力、力、应变或位移）与到破坏时的寿命 N 之间的关系描述。最简单的载荷谱是恒幅循环应力。描述循环应力水平需要两个量，为方便分析，常采用载荷比 r 和载荷幅值 $\Delta\sigma$ 来描述，如图9-4所示。本节主要研究应力作用下的材料疲劳寿命问题。

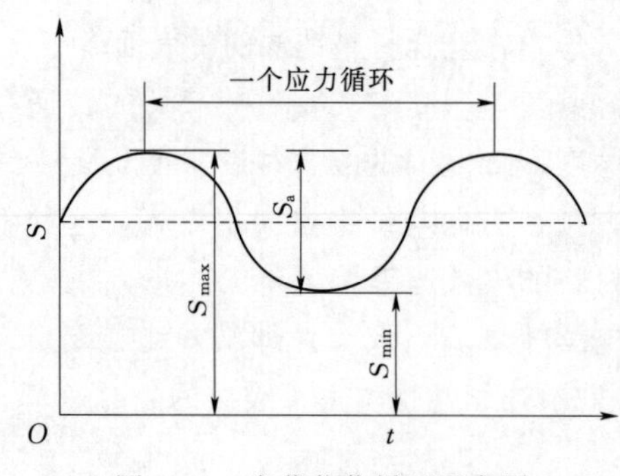

图9-4　疲劳载荷循环示意图

对循环应力而言，用应力比来表示循环特征，即

$$r=\frac{S_{min}}{S_{max}} \tag{9-1}$$

对于该式，当 $r=-1$ 时，为对称循环；当 $r=0$ 时，为脉动循环；当 $r<0$ 时，为拉压循环；当 $r>0$ 时，为拉拉或压压循环。所谓恒幅疲劳寿命，即当 r 值恒定时，叶片材料所达到的破坏时间。

在图9-4中，应力幅 $\Delta\sigma$ 表示为

$$\Delta\sigma = S_a = S_{max} - S_{min} \quad (9-2)$$

平均应力 σ_m 为

$$\sigma_m = S_m = \frac{1}{2}(S_{max} + S_{min}) \quad (9-3)$$

一个非对称循环应力可以看作是在一个平均应力 σ_m 上叠加一个应力幅为 $\Delta\sigma$ 的对称循环应力组合而成。寿命 N 定义为恒幅应力作用下材料破坏时的应力循环次数。

材料的基本 S—N 曲线，表示的是光滑材料在恒幅循环应力作用下裂纹产生的寿命。用一组标准试件（通常为 7～10 件），在给定的应力比 r 下，施加不同的应力幅 S_a 进行疲劳试验，记录对应的寿命 N，即可得到 S—N 曲线，如图 9-5 所示。

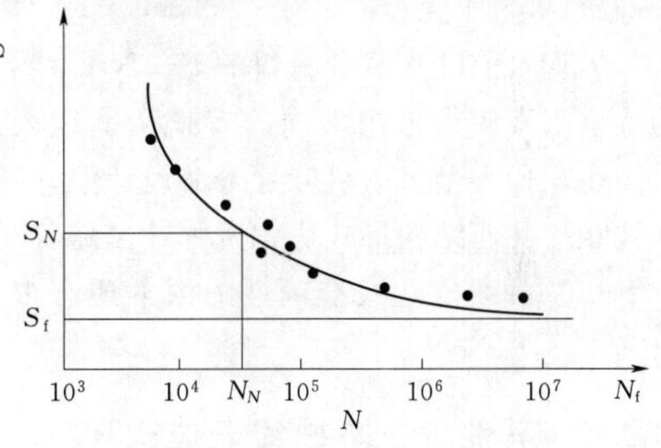

图 9-5　材料 S—N 曲线图

由图可知，在给定应力比下，应力 S 越小，寿命越长。当应力 S 小于某极限时，试件不会发生破坏，寿命趋于无限长。

在 S—N 曲线中，对应于寿命 N_N 的应力，称之为 N 循环的疲劳强度，称为 S_N。寿命 N 趋于无穷大记作 N_f 时，对应的应力 S 的极限值 S_f 称之为材料的疲劳极限。特别的是，当 $r=-1$ 时的疲劳载荷作用下的疲劳极限，记作 S_{-1}。

由图 9-5 可见，试验数据点并非完全吻合光滑 S—N 曲线，这与实验条件和材料自身属性相关。根据试验数据点分布，通常情况下，疲劳寿命 N 的指数形式与应力 S 或应力 S 的指数形式呈线性关系。下面介绍几个较为经典的 S—N 曲线表达式函数。

9.2.1　幂函数形式

描述材料 S—N 曲线最常用形式是幂函数形式，其表达式为

$$S^m N = C \quad (9-4)$$

m 及 C 是与材料、应力比、加载方式等相关的参数，对式（9-4）两边取对数，可转换为

$$\lg S = A + B\lg N \quad (9-5)$$

材料参数 $A=\lg C/m$，$B=-1/m$。

9.2.2　指数函数形式

指数函数形式的 S—N 曲线表达为

$$e^{mS} N = C \quad (9-6)$$

对式（9-6）两边取对数，表达式为

$$S=A+B\lg N \tag{9-7}$$

材料参数定义为$A=\lg C/m\lg e$，$B=1/m\lg e$。

式（9-7）也通常称为半对数线性关系。

9.2.3 三参数函数形式

在预先知道材料疲劳极限S_f的情况下，$S—N$曲线可表示为

$$S=S_f+\frac{C}{N^m} \tag{9-8}$$

此式增加了材料疲劳极限参数S_f，当应力S与疲劳极限应力接近时，材料的疲劳寿命N趋于无穷大。

尽管目前叶片复合材料的$S—N$曲线在叶片设计中起到了很大作用，但是叶片的重量因素使得采用不同的$S—N$曲线表达式，对叶片的寿命预估产生了很大偏差。在现代大型风力机叶片寿命设计中，叶片的质量差异造成的寿命预测偏差已逐渐被叶片几何结构形式优化所弥补。随着对材料疲劳寿命的深入认识，人们发现影响$S—N$曲线表达式准确性的因素还有很多，但早期的表达式都没能详尽地反映出来。

9.2.4 其他$S—N$曲线表达式

1977年，美国学者D. F. Sims提出了改进的指数表达式，表达式中的参数具有应力比r相关性，且参数由最小二乘法求得，即

$$\begin{aligned}N&=[b/(S-a+cA^{-y})]^{\frac{1}{x}}\\A&=(1-r)/(1+r)\end{aligned} \tag{9-9}$$

式中 a、b、x、y——拟合参数。

1998年，意大利学者G. Caprino提出了双参数，并考虑了强度下降的$S—N$曲线表达式为

$$S_0-S=aS_{\max}(1-R)(N^c-1) \tag{9-10}$$

式中 S_0——材料的初始强度；

a、c——拟合参数。

随后，澳大利亚学者Epaarachchi J. A和Clausen P. D将式（9-10）扩展为三参数形式，并将应力比r对纤维方向和实验频率因素考虑其中，即

$$S_0-S=aS_{\max}(1-\psi)^{1.6-\psi|\sin\theta|}\cdot\left(\frac{S_{\max}}{S_0}\right)^{0.6-\psi|\sin\theta|}\cdot\frac{1}{f^c}(N^c-1) \tag{9-11}$$

式中 ψ——应力比相关参数；

θ——主方向纤维角；

f——实验频率。

大多数情况下，$S—N$曲线被用来描述在恒幅疲劳载荷作用下试件寿命，为了描述不同成活率P下的$S—N$曲线集，在疲劳寿命研究中引入了$P—S—N$曲线。该曲线给出了：①在给定应力水平下失效循环次数N的分布数据；②在给定的有

限寿命下的疲劳强度 S 的分布数据；③无限寿命或 $N > N_f$ 的疲劳强度—疲劳极限的分布数据。

9.2.5 等寿命疲劳

反映材料疲劳性能的 S—N 曲线，是在给定应力比 r 下得到的。当应力比 r 增大时，所表示的循环平均应力 S_m 也增大，当应力幅给定时，它们的关系为

$$S_m=(1+r)S_a/(1-r) \tag{9-12}$$

当循环应力幅值 S_a 恒定时，应力比 r 增大，平均应力 S_m 也增大，循环载荷中的拉伸部分增大，这对于疲劳裂纹的产生和扩展是不利的，将使疲劳寿命 N_f 降低。

9.2.5.1 平均应力影响

平均应力对 S—N 曲线影响的一般趋势如图 9-6 所示。

平均应力 $S_m=0$ 时，即 $r=-1$ 时 S—N 曲线是基本曲线。当 $S_m>0$ 时，即拉伸平均应力作用时，S—N 曲线向下移动。这表示在同样的应力幅作用下寿命下降，或者在同样寿命下的疲劳强度降低，对材料的疲劳性能不利；当 $S_m<0$ 时，在压缩平均应力作用下，S—N 曲线向上移动，即在同样的应力幅作用下寿命增大，或者说在同样的寿命下疲劳强度提升，压缩平均应力对材料的疲劳性能有利。

9.2.5.2 S_a—S_m 关系

当给定疲劳寿命 N 恒定时，循环应力幅值 S_a 和平均应力 S_m 关系图如图 9-7 所示。图中曲线为等寿命曲线，当寿命恒定时，平均应力 S_m 越大，对应的应力幅值 S_a 就越小。但是，S_m 不可能大于材料的极限强度 S_u。极限强度 S_u 通常以高强脆性材料的极限抗拉强度或延性材料的屈服强度来表示。

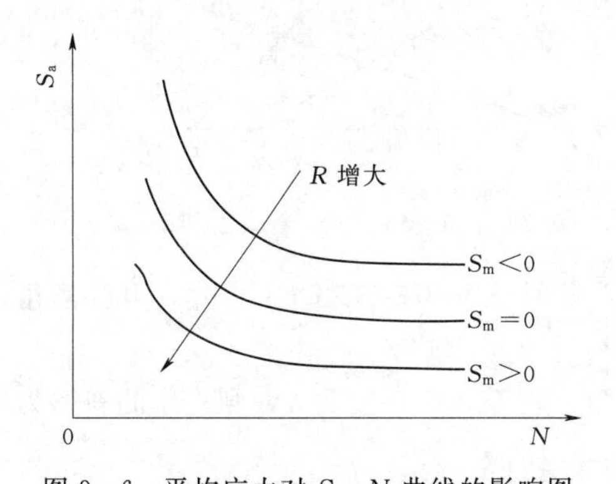

图 9-6 平均应力对 S—N 曲线的影响图

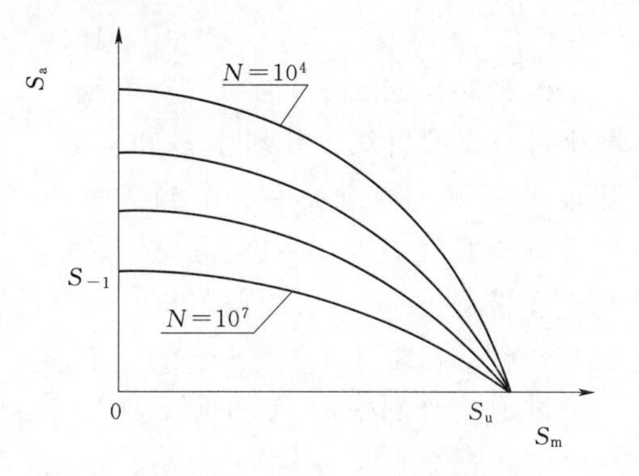

图 9-7 S_a—S_m 关系图

对于给定的疲劳寿命 N，S_a—S_m 关系曲线还可以被表示成无量纲形式，如图 9-8 所示，该图也被称作 Haigh 图。图 9-8 为某材料在疲劳寿命 $N=10^7$ 时，S_a—S_m 关系。对循环应力幅值 S_a 和平均应力 S_m 进行无量纲处理后，当 $S_m=0$ 时，S_a 就是 $r=-1$ 时的疲劳极限 S_{-1}；当 $S_a=0$ 时，载荷为静载，即 $S_m=S_u$，材料在极限强度下被破坏。

因此，在恒定疲劳寿命的条件下，S_a—S_m 的关系式为

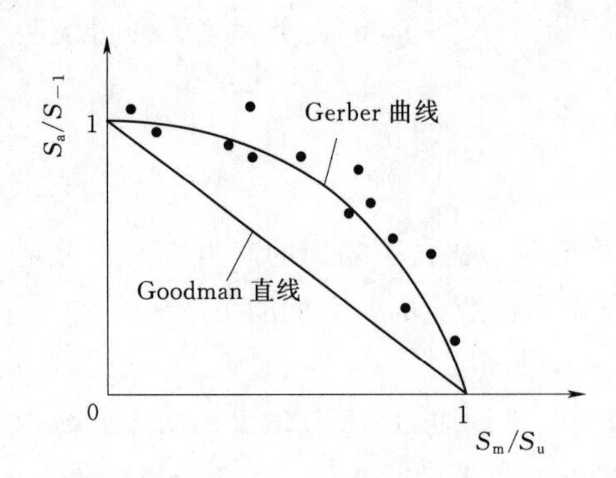

图 9-8　S_a—S_m 关系无量纲图

$$(S_a/S_{-1})+(S_m/S_u)^2=1 \tag{9-13}$$

该式所描述的图形为图 9-8 中抛物线，又被称为 Gerber 曲线，数据点基本都在此抛物线附近。

图 9-8 中直线为 Goodman 直线，其表达式为

$$(S_a/S_{-1})+(S_m/S_u)=1 \tag{9-14}$$

由图 9-8 可见，基本上所有的试验点都在此直线上方。在既定寿命下，由此直线求得的 S_a—S_m 关系是偏于保守的，故在工程设计中被常用。

对于其他设定的疲劳寿命 N，只需将上面公式中的 S_{-1} 换为 $S_{N(R=-1)}$，该值可由基本S—N曲线给出，即为 N 次循环寿命下对应的疲劳强度。

9.2.5.3　等寿命疲劳图（CLD）

现将图 9-7 中 S_a—S_m 关系以 Goodman 直线方式重新画出，如图 9-9 所示。设任一过原点的射线 OB，其斜率为 k，根据图示，k 的斜率表示为

$$k=\frac{S_a}{S_m} \tag{9-15}$$

应力比 r 为

$$r=\frac{S_{min}}{S_{max}}=\frac{S_m-S_a}{S_m+S_a}=\frac{1-k}{1+k} \tag{9-16}$$

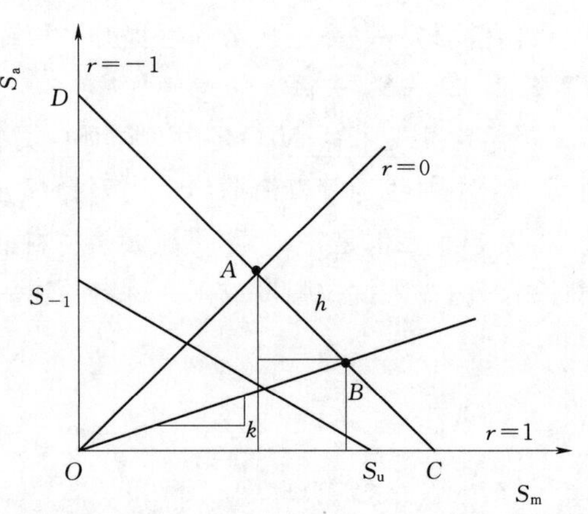

图 9-9　S_a—S_m 与 r 关系图

由式（9-16）和图 9-9 可得，每个过原点的射线，其斜率 k 和应力比 r 存在一一对应关系：①当 $k=1$ 时，射线偏角 45°，$r=0$，此时 $S_m=S_a$；②当 $k=\infty$时，射线偏角 90°，$r=-1$，此时 $S_m=0$；③当 $k=0$ 时，射线偏角为 0°，$r=1$，此时 $S_a=0$。

过 B 点作斜率 $k=1$ 的垂线 DC，交点为 A，设 AB 长度为 h，则 OB 的斜率为

$$k=\frac{S_a}{S_m}=\frac{OA\sin 45°-h\sin 45°}{OA\cos 45°+h\cos 45°}=\frac{OA-h}{OA+h} \tag{9-17}$$

由式（9-16）可得

$$r=\frac{h}{OA}=\frac{h}{AC} \tag{9-18}$$

由式（9-18）可看出，CD 线可作为应力比 r 的坐标轴线，其中 A 点处$r=0$；C 点处 $r=1$；D 点处 $r=-1$。其他的 r 值可在 CD 线上线性标定。

将图 9-9 逆时针旋转 45°后成图 9-10。

对图上任一点 P，有

$$\left.\begin{aligned}\sin\alpha=\frac{S_a}{OP}\\ \cos\alpha=\frac{S_m}{OP}\end{aligned}\right\} \tag{9-19}$$

进而，E 点坐标为

$$S_1=OE=OP\sin(45°-\alpha)=OP(\sin 45°\cos\alpha-\cos 45°\sin\alpha)=\frac{\sqrt{2}}{2}OP\cdot\left(\frac{S_m-S_a}{OA}\right)=\frac{\sqrt{2}}{2}S_{min}$$

可见，旋转后坐标系中任一点横坐标为循环应力最小值 S_{min} 的 $\frac{\sqrt{2}}{2}$，即坐标轴 S_1 按 S_{min} 的 $\frac{\sqrt{2}}{2}$ 标定。同理，旋转后坐标系的纵坐标 S_2 按 S_{max} 的 $\frac{\sqrt{2}}{2}$ 标定。即所得图 9-10 为等寿命坐标图。

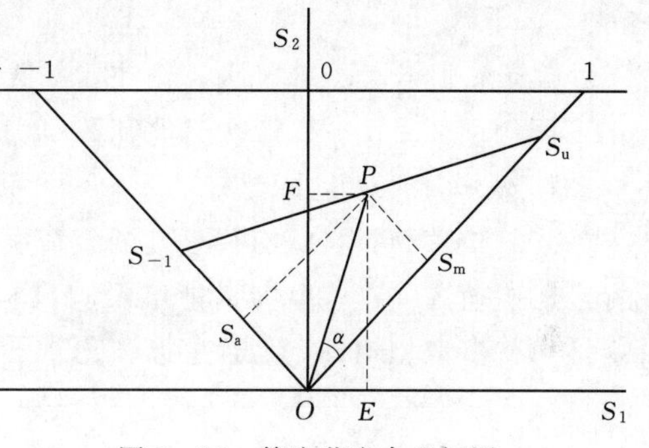

图 9-10　等疲劳寿命坐标图

对于该式，当 $r=-1$ 时，为对称循环；当 $r=0$ 时，为脉动循环；当 $r<0$ 时，为拉压循环；当 $r>0$ 时，为拉拉或压压循环。

作为等寿命坐标图的经典应用，图 9-11 为 7075-T6 铝合金材料的疲劳寿命分布。从该图中可直接读出给定寿命 N 下的 S_a、S_m、S_{max}、S_{min} 和 r 等各种疲劳循环应力参数。同时在给定应力比 r 下，读取图中相应的射线与等寿命线交点的数据，可得到不同 r 下的 $S—N$ 曲线。此外，利用此图可进行载荷间的等寿命转换。因此在对材料疲劳寿命预测和抗疲劳设计中发挥了很好的作用。

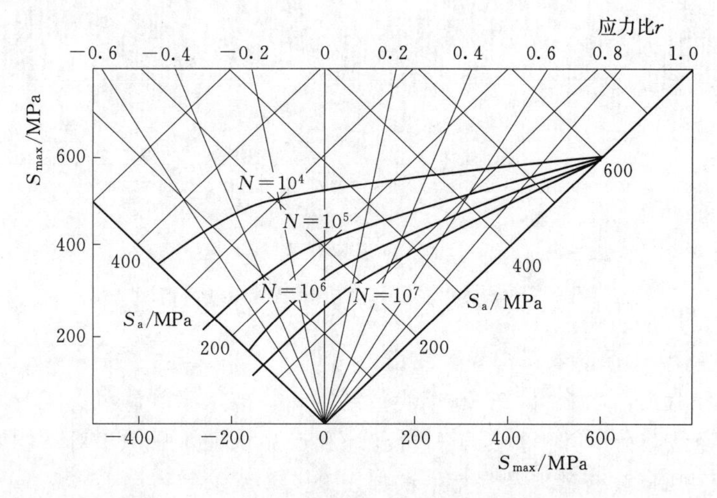

图 9-11　7075-T6 铝合金材料等寿命疲劳图

风力机叶片载荷谱下的疲劳寿命

9.3　载荷谱下的疲劳寿命

在恒幅载荷作用下，利用等寿命疲劳图，在已知应力水平（如应力幅 S_a 和应力比 r）时，可以预估构件的使用寿命；若已给定构件的设计寿命，则可推出构件能承受的应力水平，然而绝大部分构件在实际工作中承受载荷的幅值或频率都是随机的。

9.3.1　随机载荷谱

在风力机叶片的寿命期内，由于载荷来源的复杂性，叶片承受的载荷呈现许多大小不同的循环。图 9-12 为某兆瓦级风力机在湍流大气环境中，其叶根部位挥舞方向和摆振方向的弯矩图谱。

为了将构件材料在具有代表性的载荷谱里进行疲劳测试，国际上已制定出一系列标准的载荷谱。这些载荷谱能够反映出构件承受随机载荷的种类和疲劳循环数，并能适用许多典型构件。但这些载荷通常不被使用在构件的疲劳设计中。

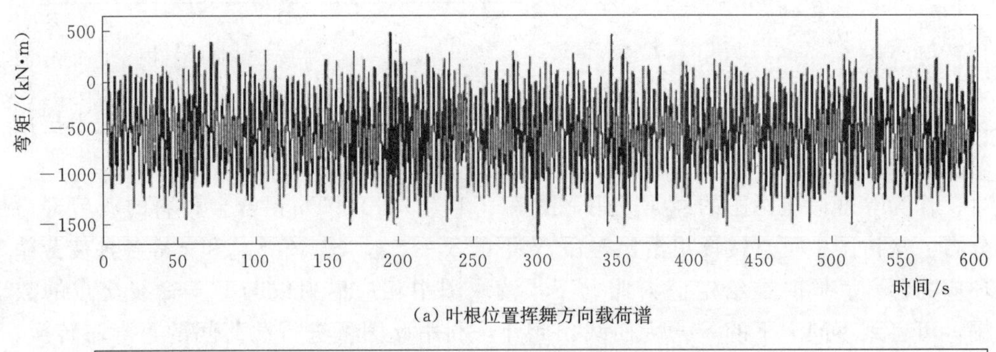

(a) 叶根位置挥舞方向载荷谱

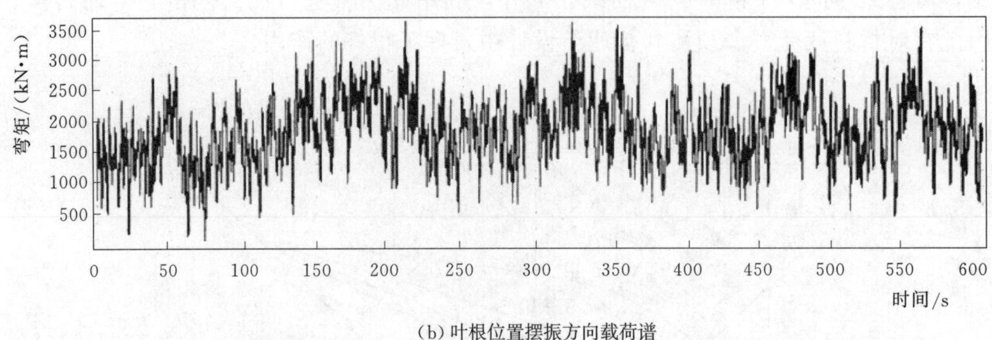

(b) 叶根位置摆振方向载荷谱

图 9-12　某兆瓦级风力机叶根弯矩载荷谱图

9.3.1.1　WISPER 标准载荷谱和衍生谱

WISPER 载荷谱于 20 世纪 80 年代被制定，并被用于测试风力机叶片材料和其他部件。然而该载荷谱并不被用于材料设计和产品认证，只用于对不同叶片进行比较测试。WISPER 载荷谱以及其衍生谱如图 9-13 所示。

WISPER 载荷谱的续程中用整数 1～64 表示载荷量程，每个载荷量程用转折点

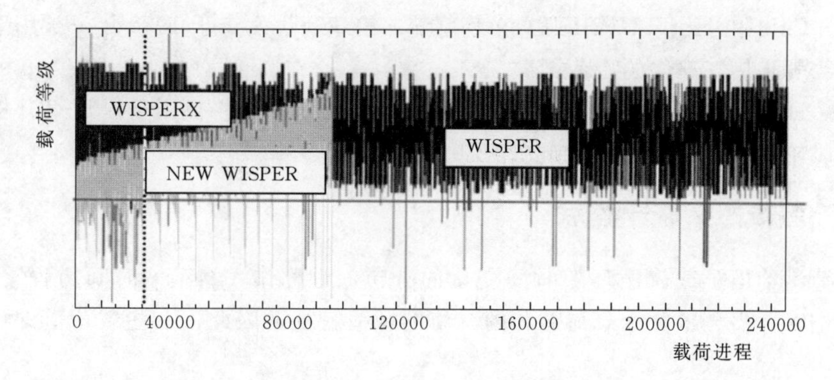

图 9-13 WISPER 载荷谱以及其衍生谱图

标注，因此在整个 WISPER 载荷谱中有 265423 个转折点，共 132711 个载荷循环。在实际应用中，载荷等级被设定成由－24 增至 39。图中水平线对应载荷谱载荷等级的 0 值线，对应载荷量程中的整数 25。根据需要，WISPER 载荷谱被乘某一系数来获得较大的载荷水平。值得注意的是，该载荷谱中的载荷峰值大于其他应用的载荷谱。在测试和分析中，该峰值直接促使破坏现象的产生。

为了节约测试时间，WISPER 载荷谱中等级 8 以下的载荷等级被抹去，便生成了较为常用的 WISPERX 载荷谱（名称中罗马数字“X”表示该载荷谱中载荷循环数是 WISPER 载荷谱的 1/10，即 12831 个载荷循环）。WISPERX 载荷谱的时间历程是 WISPER 载荷谱的 1/10，见图 9-13 虚线隔离部位左侧。

随着大部分风力机的功率控制由失速型转为变桨距型，载荷谱的设计也逐渐跟上了风力机改进的步骤。一种新型载荷谱——NEW WISPER 也随即被提出，见图 9-13 中载荷谱灰色部位。

三个载荷谱详细技术参数见表 9-1。

表 9-1 载荷谱技术参数

载荷谱	最小整数	最大整数	零应力对应整数	载荷循环数	平均应力比
WISPER	1	64	25	132711	0.394
WISPERX	1	64	25	12831	0.248
NEW WISPER	5	59	22	47735	0.213

9.3.1.2 其他载荷谱

荷兰国家航天试验室（NLR）曾参与开发一系列航空相关的标准载荷谱，该系列载荷谱被广泛用于飞行器的疲劳分析与测试中。该系列载荷谱列举如下：

（1）FALSTAFF 载荷谱。该载荷谱于 1975 年被制定，主要用于测试战斗机机翼根部疲劳损伤变化。

（2）ENSTAFF 载荷谱。该载荷谱颁布于 1987 年，其与 FALSTAFF 载荷谱类似，但是将环境影响因素考虑其中，例如，温度和湿度对载荷变化的影响。

（3）TWIST 载荷谱。该载荷谱是运输飞机的标准载荷谱，于 1973 年被制定。其精简版 MINITWIST 是运输飞机叶根部位载荷历程典型代表。

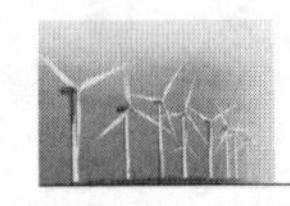

(4) Cold 和 Hot TURBISTAN 载荷谱。该载荷谱发布于 1985 年，被用于汽轮机叶片冷气和热气部位的疲劳测试。

(5) Helix 和 Felix 载荷谱。该载荷谱制定于 1984 年，被用于测试直升机铰接部位和风轮半刚度部位的疲劳损伤情况。

9.3.2　载荷谱循环计数法

载荷谱给出了载荷循环随时间变化的分布，也称作“载荷—时间历程”。在处理载荷谱时，需分析每个载荷循环内具体的载荷特征，因此，一些载荷谱的计数方法被提出。

9.3.2.1　峰值计数法

峰值计数法主要是识别载荷谱中发生相对最大或最小的载荷值。对平均值以上的各个峰值和平均值以下的各个谷值进行计数。计数结果一般分别记录，这种方法简单，可以应用于峰值和谷值分别分布于平均值上下两侧的窄带正态随机载荷，但对于任意随机载荷，这种峰值计数法会产生较大的误差。峰值计数法的另一种形式为均值穿越峰值计数法，它忽略小幅度的载荷，在两次连续穿越均值之间，不对所有的峰值和谷值进行计数，只统计最大的峰、谷值。

在运用峰值计数法之前，应对子样进行一次峰值计数法的预处理，求得子样的均值，再分别求得峰值和谷值。如果大部分峰值都在均值以上，大部分谷值处在均值以下，则用峰值计数法所得的结果不会造成很大的偏差。图 9-14 为采集载荷谱设定载荷水平以上峰值计数示意图，右侧黑点即为所要采集的载荷峰值。

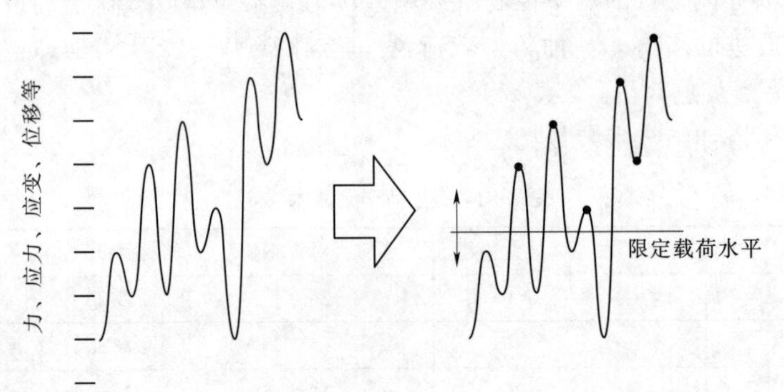

图 9-14　峰值计数法示意图

9.3.2.2　振程—平均计数法

振程—平均计数法（Rang-mean）认为构件的疲劳损伤不仅取决于载荷变化的大小，也取决于载荷循环发生的时序。该方法将载荷谱划分成若干块，每个块由一个峰值和其相邻的谷值组成。该块由其振程，即谷峰值之间的距离和其平均值表示。图 9-15 为振程—平均计数法示意图，图中每个载荷循环在谷、峰值处断开。

在剩余强度理论中，材料强度下降取决于谷峰值所对应的峰值—峰值循环载荷，载荷循环发生时序被考虑进去，因此振程—平均计数法适合采用剩余强度理论对构件进行疲劳寿命预测。而雨流法（见 9.3.2.3 节）恰恰缺乏对载荷时序性的

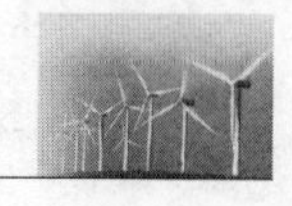

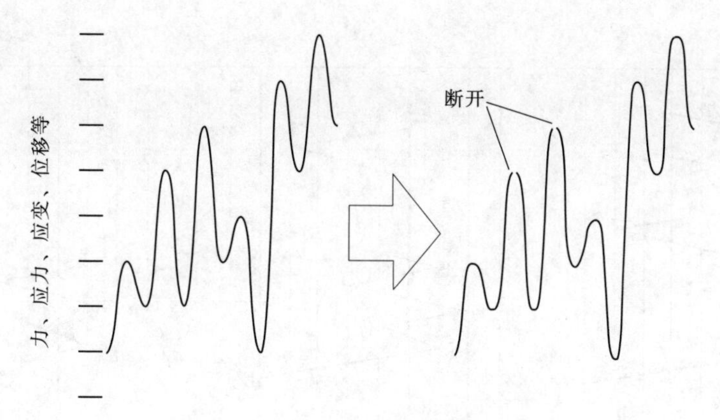

图 9－15　振程—平均计数法示意图

考虑。

9.3.2.3　雨流计数法

雨流计数法考虑了材料应力—应变间的非线性关系，将应力统计分析的滞回线和疲劳损伤理论结合起来。而且应力—时间历程的每一部分都参与计数，并且只计数一次。该计数法适合于以典型载荷谱段为基础的重复历程。假设载荷是某典型段的重复，则取最大峰、谷值处的起止段为典型段，如图 9－16 所示。

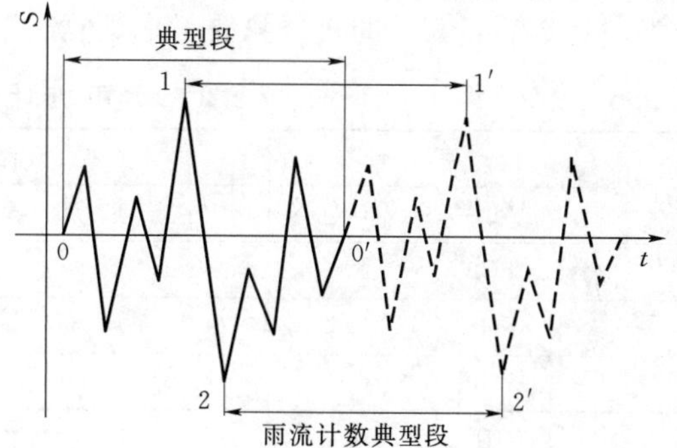

图 9－16　雨流计数典型段选取图

雨流计数法如下：

（1）由随机载荷谱中选取适合雨流计数的、最大峰或谷处起止的典型段作为计数典型段，如图 9－16 中的 1－1′（最大峰起止）或 2－2′段（最大谷起止）。

（2）将典型段载荷谱历程曲线顺时针旋转 90°放置，如图 9－17 所示。将载荷历程看做多层叠合的屋顶，假想有雨滴沿最大峰或谷处向下流动，若无屋顶阻拦，则雨滴反向，继续流至端点。图中雨滴从 A 处开始，沿 AB 流动，至 B 点后落至 CD 屋面，继续流至 D 处；因再无屋顶阻拦，雨滴反向沿 DE 流动至 E 处，下落至屋面 JA′，至 A′处流动结束。雨流经过路径为 ABDEA′。

（3）记下雨滴流过的最大峰、谷值，作为一个循环。图 9－17 中第一次流经的路径，所给出的循环为 ADA′。循环参量（载荷量程和平均载荷）可由图 9－17 中读出，如 ADA′循环的载荷量程 $\Delta S=5-(-4)=9$，平均载荷 $S_{m}=[5+(-4)]/2=0.5$。

（4）从载荷历程中删除雨滴流过的部分，对各剩余历程段，重复上述雨滴计数。直至再无剩余历程为止。如图 9－17（b）、（c）所示，第二次雨流得到 BCB′和 EHE′循环；第三次雨流得到 FGF′和 IJI′循环，则计数完毕。

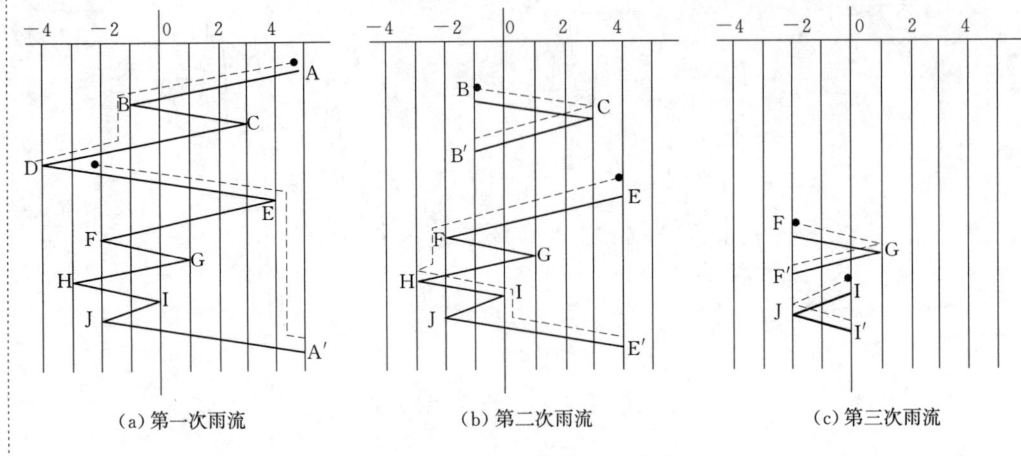

图 9-17 雨流法计数过程图

上述雨流计数的结果列入表 9-2。表中给出了各载荷循环和循环参数。本章讨论的疲劳载荷是应力，则表中所给出的应力量程为 ΔS，应力幅值为 $S_a=\Delta S/2$，均值为 S_m。所以，雨流计数是二参数计数。有了上述两个参数，疲劳载荷循环就完全确定了。与其他计数法相比，雨流计数法的一大优点是计数的结果均为全循环。典型段计数后，其后的重复只要考虑重复次数即可。

表 9-2 雨流计数结果表

循 环	变 程	均 值
ADA′	9	0.5
BCB′	4	1
EHE′	7	0.5
FGF′	3	−0.5
IJI′	2	−1

9.3.3 Miner 损伤累积理论

变幅应力循环下疲劳强度设计的基本思想是：允许构件上危险点应力循环中的最大应力值超过疲劳极限。当最大应力超过疲劳极限时，构件内部就会产生一定量的损伤（damage）。而且，这种损伤是可以累积的。当损伤累积到一定数值（即所谓“临界值”）时，便发生疲劳破坏。这种损伤称为累积损伤。

1945 年迈因纳（Miner M. A.）根据材料损伤时吸收的静功（不考虑其他形式的能量损耗）的原理，提出了线性累积损伤的数学模型，其具体内容如下：

构件在某一应力水平 S_1 作用下，发生疲劳断裂的载荷循环数为 N_1，此时材料所吸收的静功为 W。在该应力水平下，载荷循环次数为 n_1（$n_1<N_1$）时，材料吸收的静功为 W_1，则有

$$\frac{W_1}{W}=\frac{n_1}{N_1} \tag{9-20}$$

同理，在另一应力水平 S_2 下同样有

$$\frac{W_2}{W}=\frac{n_2}{N_2} \tag{9-21}$$

对于任意应力水平（$S_i, i=1,2,\cdots,n$），亦有

$$\frac{W_i}{W}=\frac{n_i}{N_i} \quad (i=1,2,\cdots,n) \tag{9-22}$$

上述各式中的 W 均为材料发生破坏时所吸收的静功，它与应力水平无关，因而是相等的。经过 k 次应力幅的改变，材料发生破坏，则有

$$W_1+W_2+\cdots+W_k=W \tag{9-23}$$

进而有

$$\sum_{i=1}^{k}\frac{n_i}{N_i}=1 \tag{9-24}$$

此式即为线性累积损伤的基本方程，称为 Miner 线性累积损伤理论。其中$\frac{n_i}{N_i}$为应力水平 $S_i(i=1,2,\cdots,n)$ 下的损伤率。

利用 Miner 线性累积损伤理论进行疲劳分析的一般步骤如下：

（1）确定构件在设计寿命期的载荷谱，选取拟用的设计载荷或应力水平。

（2）选用适合构件使用的 S—N 曲线（通常需要考虑构件的具体情况，对材料 S—N 曲线进行修正）。

（3）再由 S—N 曲线和载荷谱计算材料损伤，即 $D_i=n_i/N_i$，根据式（9-24）计算总的损伤量。

（4）判断是否满足疲劳设计要求。若在设计寿命内，则总损伤 $D<1$，构件安全；若 $D>1$，则构件将发生疲劳破坏。

9.3.4 剩余强度理论

Miner 线性累积损伤理论是构件疲劳寿命设计与测试中应用最广泛的数学理论。然而，在相同的载荷谱下，采用该理论预测的构件疲劳寿命往往要长于试验测试寿命。该理论存在两个明显的缺陷，具体如下：

（1）该理论中的参数没有物理意义，即式（9-24）右侧的“1”不能有效地反映疲劳失效。

（2）Miner 线性累积损伤理论没有考虑实际疲劳载荷作用次序的影响，不管载荷谱的载荷时序如何变化，其计算出的损伤量相同。

剩余强度理论最早由美国帕特森空军基地非金属材料研究所的 Whitney 和 Halpin 等在研究金属疲劳寿命预测方法过程中提出的。假设树脂基复合材料的损伤累积过程可以用类似金属材料中主裂纹扩展的机理来构建数学模型模拟。虽然他们没有建立一个类似于金属的标准裂纹扩展方程，但得到了剩余强度随载荷循环数变化的方程。由于主裂纹假设应用到复合材料寿命预测上存在很大的缺陷，许多学者重新提出了自己的剩余强度理论。

一般来说，剩余强度理论是在以下三个假设的基础上建立起来的：

(1) 假设材料的静强度服从一定的统计分布。这样的假设是由大量的试验观察得到的，并用双参数 Weibull 分布拟合复合材料静强度数据可得到令人满意的效果，同时采用双参数 Weibull 分布可在建立模型时简化理论推导的过程。此外也可采用其他的统计分布类型，常见的如三参数 Weibull 分布、对数正态分布等。

(2) 假设在恒幅载荷下 n 个循环后剩余强度 σ_r 与初始静强度 σ_e 的关系可以用一个确定性方程表示，该方程可根据损伤累积模型推导出来，也可在经验假设的基础上提出来。

(3) 假设当构件的剩余强度降低到最大施加循环应力水平（绝对值）时发生疲劳失效。

9.3.4.1 剩余强度数学模型

一个常用的强度衰减数学模型为

$$S_r = S_{r-1} - (S_0 - S_{\max})\left(\frac{n + n_{eq}}{N}\right)^C \tag{9-25}$$

式中 S_r——载荷 $S_{\max}$ 在 n 次循环作用后剩余的强度；

S_{r-1}——材料当前剩余强度；

S_0——材料初始强度；

$S_{\max}$——载荷谱中最大载荷；

n——载荷 $S_{\max}$ 作用循环数；

n_{eq}——载荷 $S_{\max}$ 作用后所达到的与当前强度 S_r 等效的次数；

N——在载荷 $S_{\max}$ 作用下材料失效的次数。

该模型表示，在恒幅疲劳载荷作用下，材料当前的强度与在静态测试下材料初始强度无关，并且材料的失效是由于剩余强度不足以维持下一个施加在构件上的瞬间载荷。在变幅载荷作用下，材料剩余强度需根据逐个循环的载荷确定。由于大部分循环载荷具有不同的幅值 S_a 和均值 S_m，因此等效载荷循环次数 n_{eq} 需根据当前材料强度和名义疲劳寿命 N 确定。

值得注意的是，在式 (9-25) 中，虽然当前载荷循环中的幅值 S_a 和均值 S_m 没有被表明，但它们已经隐含在循环次数 N 中，该循环次数可由等寿命疲劳图 (CLD) 求得。因此等寿命疲劳图不管在 Miner 线性理论还是剩余强度理论中都发挥重要作用。

式 (9-25) 中参数 C 表明了强度衰减特征：当 $C=1$ 时，表示强度线性衰减；当 $C<1$ 时，表示强度过早衰减；当 $C>1$ 时，即出现“突然死亡”现象，如图 9-18所示。

为更准确确定材料疲劳测试中参数 C 的值，需进行以下步骤：

(1) 至少进行三种典型的试件疲劳测试，即拉—拉疲劳、压—压疲劳和拉—压疲劳。

(2) 进行多种不同应力比 r 的材料拉、压剩余强度测试。

(3) 进行多种应力水平的测试，即低应力—多次循环和高应力—少次循环。

(4) 进行大量基本完全相同的材料试件测试，以满足方程中对数据的需求。

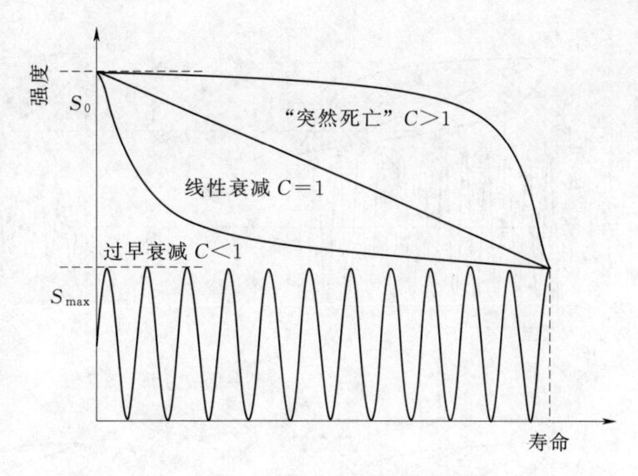

图 9-18 不同的强度衰减模式图

9.3.4.2 疲劳载荷作用次序影响

在分析疲劳载荷作用次序对疲劳寿命的影响中，将一个载荷谱分为两组，即高→低应力水平组或低→高应力水平组。决定材料剩余强度衰减参数 C 由前期试验获得。在试件加载第二组载荷谱时，其当前强度为第一组载荷谱加载后的剩余强度，在当前材料强度下，第二组载荷谱作用循环数 $n_{current}\neq 0$，可按剩余强度值、当前载荷水平以及等寿命疲劳图（CLD）进行等效代换。载荷谱中第二组载荷加载后剩余强度模型可表示为

$$S_{next}=S_0-(S_0-S_{max,next})\left(\frac{n+n_{eq}}{N}\right)^C \tag{9-26}$$

$$\frac{n_{eq}}{N_{next}}=\left(\frac{n_{current}}{N_{current}}\cdot\frac{S_0-S_{max,current}}{S_0-S_{max,next}}\right)^{\frac{1}{C}} \tag{9-27}$$

在两种不同的载荷方式（高→低应力水平组和低→高应力水平组）作用下，其疲劳寿命效果图如图 9-19 所示。每个图中包括了三种强度衰减方式（过早衰减、线性衰减和"突然死亡"）。

由图 9-19 中可见，材料在低应力循环载荷作用下，材料强度衰减较为缓和。而在高应力循环载荷下强度衰减急促。当材料的剩余强度衰减参数 $C>1$ 时，材料在两种载荷模式下，其疲劳寿命都与采用 Miner 理论计算值接近，即

$$\frac{n_1}{N_1}+\frac{n_2}{N_2}\approx 1 \tag{9-28}$$

究其原因是，在"突然死亡"模式中，材料大部分强度衰减区域没有呈现强度急促下降的特征。

当衰减参数 $C=1$ 时，材料的疲劳寿命并没有呈现与 Miner 线性累积理论相同的特征。而是在应力水平组合为高→低模式中，采用剩余强度理论计算的寿命值大于 Miner 线性累积理论计算值；在应力水平组合为低→高模式中，采用剩余强度理论计算的寿命值低于 Miner 线性累积理论计算值。

当衰减参数 $C<1$ 时，材料的疲劳寿命特征与线性衰减呈现相同的特征，只是在低→高应力水平组合时，其寿命计算值远远低于按线性衰减理论计算值，见图 9-19（b）。

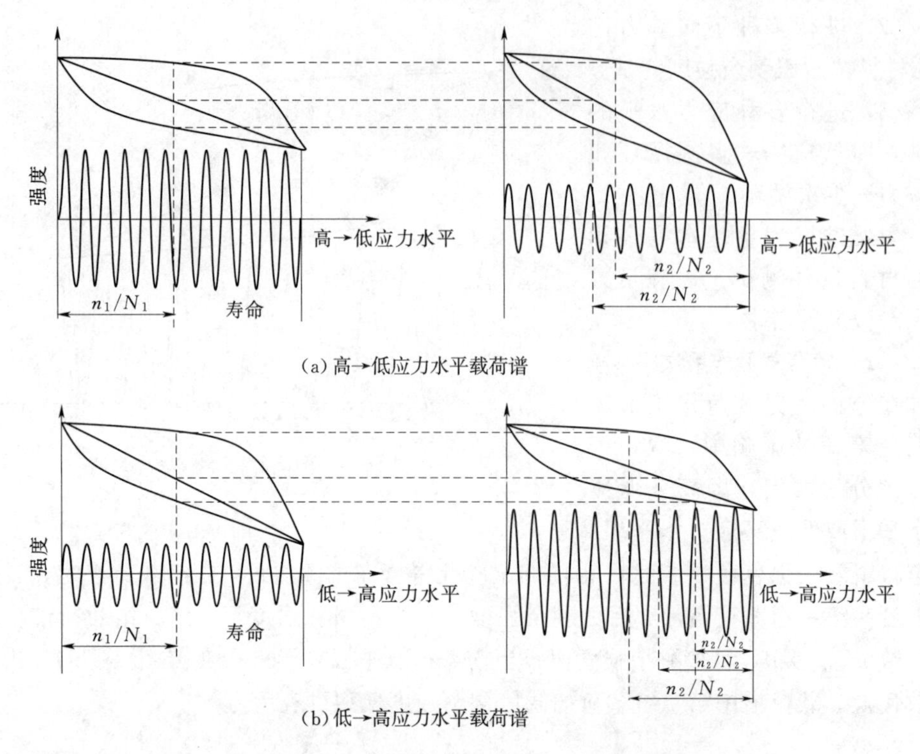

图 9-19 不同次序载荷谱对疲劳寿命影响图

另外，从图中可以推出 Miner 累积损伤 D 的表达式为

$$D=\frac{n_1}{N_1}+\frac{n_2}{N_2}=\frac{n_1}{N_1}+1-\frac{n_{\mathrm{eq}}}{N_2}=\frac{n_1}{N_1}\left[1-\left(\frac{S_0-S_{1,\max}}{S_0-S_{2,\max}}\right)^{\frac{1}{C}}\right]+1 \qquad (9-29)$$

式中 $S_{1,\max}$，$S_{2,\max}$——载荷组 1 和载荷组 2 中最大应力，当最大应力相等时，Miner 累积损伤 D 值为 1。

9.4 叶片疲劳分析工程案例

9.4.1 工程背景及数值模型

选取某 1.5MW 商用风力机组叶片为研究对象，叶片长度为 37.5m，质量约 6600kg，叶片实体如图 9-20 所示。轮毂中心高度为 65m，工作风速为 6～24m/s，额定风速为 10m/s，设计寿命 20 年。叶片主要采用 DU 系列的翼型，相对厚度为 40%～18%，由 10 种不同复合材料层叠铺设而成。

在 ANSYS 中通过 APDL 语言建立叶片几何模型。根据叶片铺层材料的特点，采用 SHELL99 壳体单元模拟叶片主梁帽与加强梁帽以及 SHELL91 单元模拟叶片前、后缘和腹板。在划分叶片网格时，选用四边形网格，网格的精度采用映射划分的方式进行控制。图 9-21 为叶片有限元模型，该模型共有 50488 个单元，149727

图 9-20 1.5MW 风力机叶片实体图

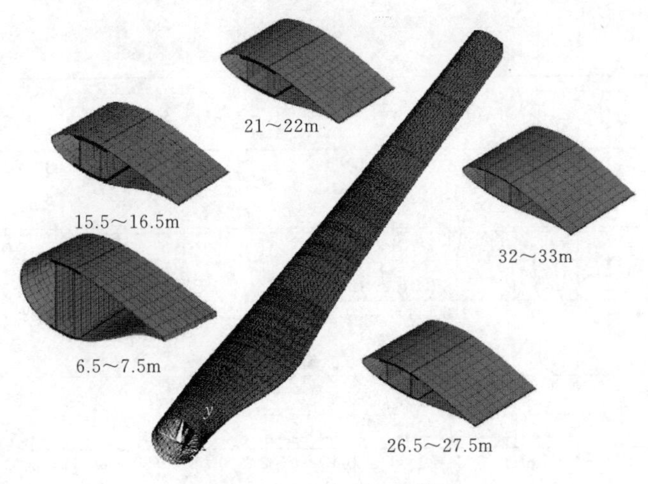

图 9-21 叶片有限元模型

个结点。

9.4.2 疲劳载荷计算

叶片长期受到交变载荷的作用，其疲劳载荷谱的编制对疲劳损伤的准确分析非常关键。一般通过模拟风机在各种可能发生的风况中的运行情况，然后计算获取可以反映叶片在真实工作环境中的疲劳载荷谱。叶片上的载荷主要考虑气动载荷、重力载荷和离心力载荷。

根据德国劳氏船级社 GL—2010 规范，在 Bladed 软件中对叶片进行了包括发电、停机、断网等 179 种疲劳工况下的载荷计算，各个工况的基本参数见表 9-3。

图 9-22 是风速 10m/s，纵向湍流强度 20.03%风况下的疲劳载荷。

表9-3　疲劳工况参数

工况编号	风速/(m/s)	纵向湍流强度/%	发生次数占比/%	工况编号	风速/(m/s)	纵向湍流强度/%	发生次数占比/%
1～18	6	30.1	9.07	136～144	24	14.06	0.14
19～36	8	23.57	17.45	145～154	10.4	18.04	0.02
37～54	10	20.03	19.28	155～164	25	13.64	0.02
55～72	12	18.34	13.26	165	4	—	3.65
73～90	14	17.03	8.66	166	10.4	—	0.18
91～108	16	16.1	4.92	167	25	—	0.18
109～117	18	15.4	2.45	168～173	3	36.63	19.22
118～126	20	14.86	1.08	174～179	26.25	13.64	0.02
127～135	22	14.42	0.42				

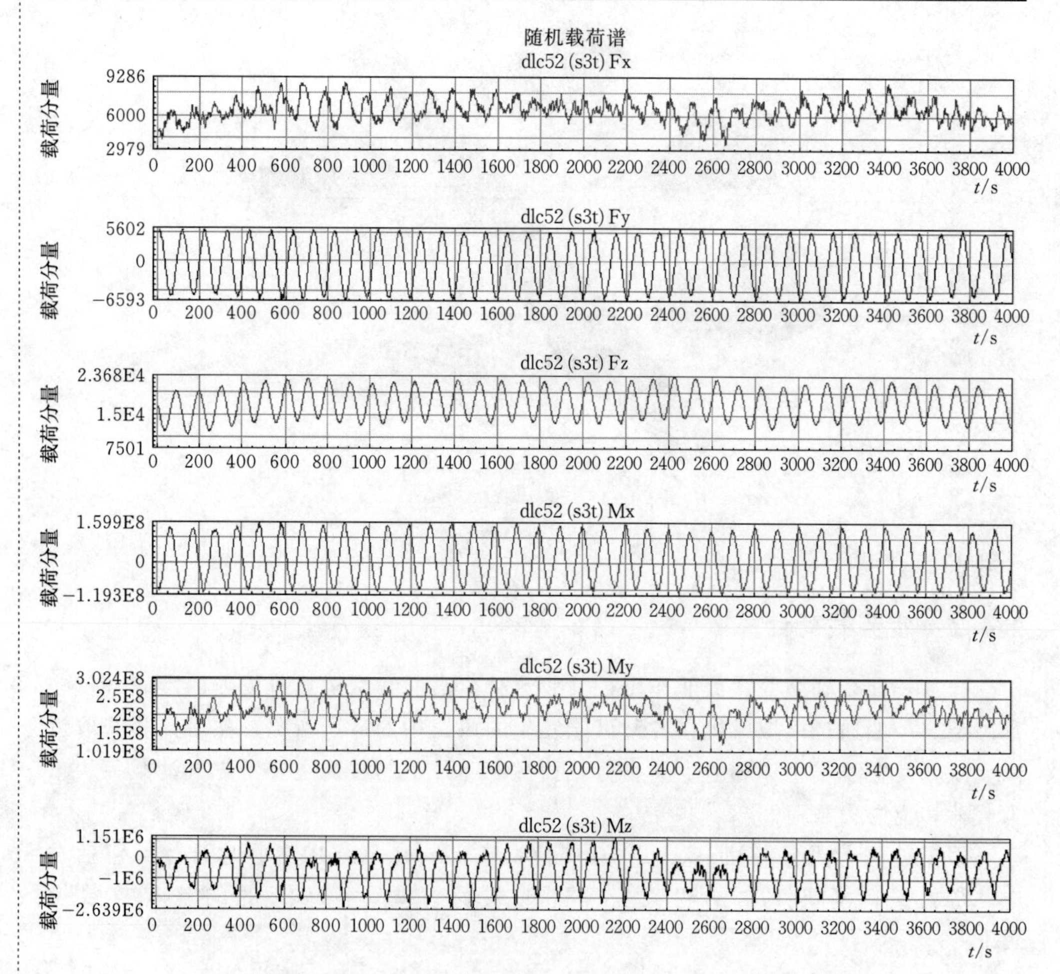

图9-22　风速10m/s，纵向湍流强度20.03%风况下风力机叶片疲劳载荷

9.4.3 疲劳寿命分析

准确的预测疲劳寿命有赖于准确的疲劳应力谱、材料的 $S—N$ 曲线以及合适的损伤累积法则。在叶片的设计寿命周期中，经受的随机载荷多数处于高周疲劳区，选用线性累积损伤理论进行预测比较合适。

由于风电机组在运行过程中承受随机载荷，为了便于计算分析结构的使用寿命必须有反映真实工作状态的疲劳载荷谱。疲劳载荷施加到结构上进行仿真计算，获得较为真实的疲劳应力谱。然后按照疲劳损伤等效的原则进行简化处理应力—时间历程，将其简化为能反映真实情况并具有代表性的“典型应力谱”。雨流计数法是比较常用的一种双参数计数方法，一直被公认为是最好的计数法则，计数结果用应力幅值和应力均值的向量来表示。

在 nCode 软件中可以选取雨流计数法对载荷谱处理分析。统计结果用图的形式表示如图 9－23 所示，Cycles 表示载荷循环的次数。

由图 9－23 可以看出，统计后的疲劳载荷频次较大，也就是出现次数较多的载荷幅值较小，而出现频次较小的载荷幅值较大，这和风力机自然环境下运行的情况也比较吻合，但是幅值较大载荷也会造成疲劳损伤，不能忽略其影响。

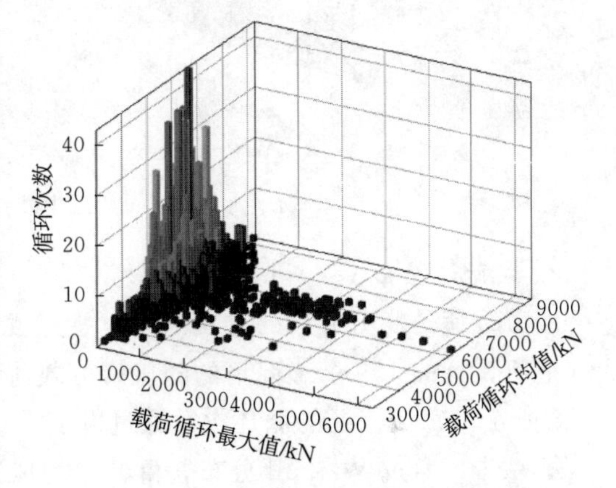

图 9－23　疲劳载荷雨流计数结果

根据名义应力法分析结构疲劳寿命的思路，在 nCode 软件中进行了疲劳分析。分析流程如图 9－24 所示。把在 ANSYS 中加载单位载荷的有限元结果导入到 FEinput 模块中，结合叶片在 TimeseriesInput 模块中随机疲劳载荷谱，采用稳态法获得叶片的疲劳应力谱。在 SNstresslife Analysis 计算模块中通过雨流计数法对疲劳应力谱进行应力循环频次

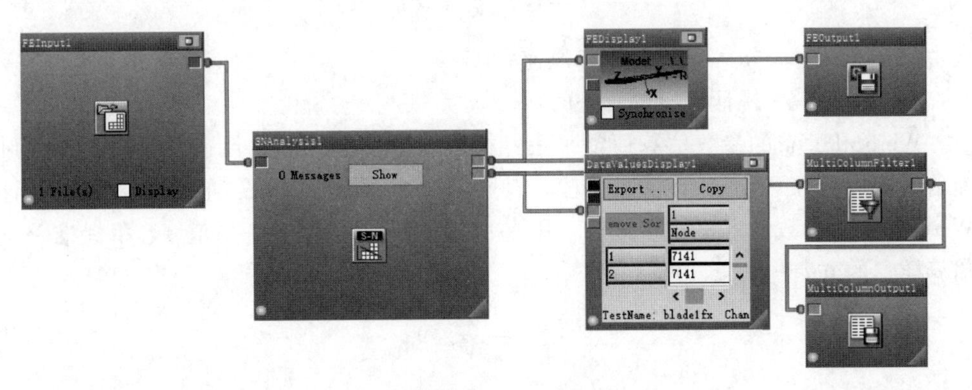

图 9－24　nCode 疲劳分析流程

统计，平均应力修正设置为 Goodman 模型修正。FEDisplay 为疲劳结果图像输出模块，DataValuesDisplay 为节点结果显示模块，其他为数据保存模块。

1. 有限元模型导入

首先在 ANSYS 中对叶片各个截面分别施加单位载荷并进行计算，计算后 6 个方向 6 截面单位载荷有限元结果导入 nCode 软件 FEInput 模块中。各区域 130 个实常数如图 9-25 所示。

图 9-25　nCode 中叶片实常数分布

2. 载荷设置

疲劳载荷是疲劳分析的重要部分，疲劳载荷谱的编制对疲劳分析结果的影响很大。把所计算的 179 个工况下的随机疲劳载荷编制为 Duty Cycle 文件并导入，如图 9-26 所示。每个工况的循环次数通过以下方式获得。

第一步，通过 Weibull 分布获得各平均风速全年累计时长，分布描述的风速概率密度函数为

$$P_W(V_{\mathrm{hub}})=\frac{K}{C}\left(\frac{V_{\mathrm{hub}}}{C}\right)^{k-1}\exp\left[-\left(\frac{V_{\mathrm{hub}}}{C}\right)^{k}\right] \tag{9-30}$$

把整个风速分成若干段，则某一风速段的全年累计小时数为

$$t=N\int_{v_1}^{v_2}f(v)\mathrm{d}v \tag{9-31}$$

式中　v_1、v_2——切入风速和切出风速；

N——统计时段的总小时数。

Weibull 分布的参数估算通常采用：标准差估算法、平均风速估计法、最大风速估计法以及累积分布函数拟合法。其中，根据平均风速 $\overline{v}$ 和标准差 S 来估计 Weibull 分布参数的方法效果最好。用平均风速 $\overline{v}$ 估算样本平均值 μ，用标准差 S 估算样本的方差 σ，即

$$\mu=\overline{v}=\frac{1}{W}\sum v_i \tag{9-32}$$

$$\sigma=S=\sqrt{\frac{1}{W}\sum(v-\overline{v})^2} \tag{9-33}$$

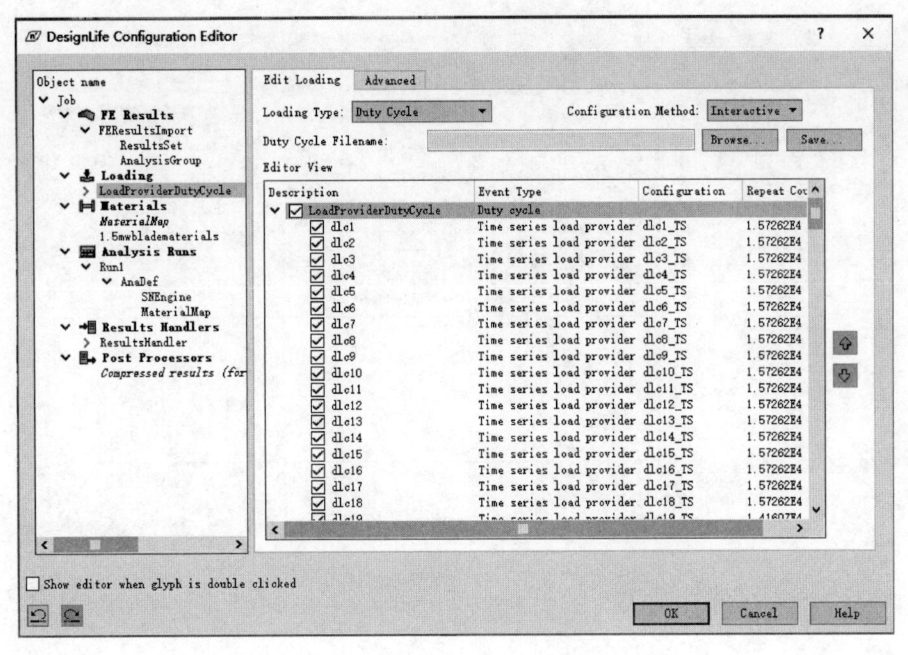

图 9-26 Duty Cycle 文件导入

式中 W——观测总次数；

v_i——计算时段中每次的风速观测值。

$$K=\left(\frac{\sigma}{\mu}\right)^{-1.086} \tag{9-34}$$

$$C=\frac{\mu}{\Gamma\left(1+\frac{1}{K}\right)} \tag{9-35}$$

根据式（9-34）和式（9-35）可以估算形状参数 K 和尺寸参数 C。

第二步，根据公式（9-31）计算出每个工况所属风速段的全年累计小时数 t_i，则每个工况循环次数 n 为

$$n=t_i/T_{\mathrm{dlc}} \tag{9-36}$$

式中 T_{dlc}——工况模拟时长。

载荷谱 Duty Cycle 文件导入后，需要把每个工况的载荷与导入的有限元结果进行映射，如图 9-27 所示。

3. 材料设置

首先打开 Advanced Edit，把 AnalysisGroup 中的 MaterialAssignmentGroup 设置为按材料分配，如图 9-28 所示。

然后在 MaterialMap 中对叶片所用 10 种材料赋予相对应的疲劳属性，如图 9-29所示。

4. 疲劳分析设置

在 SNanalysis 中对疲劳分析进行设置，如图 9-30 所示。应力组合方式采用临

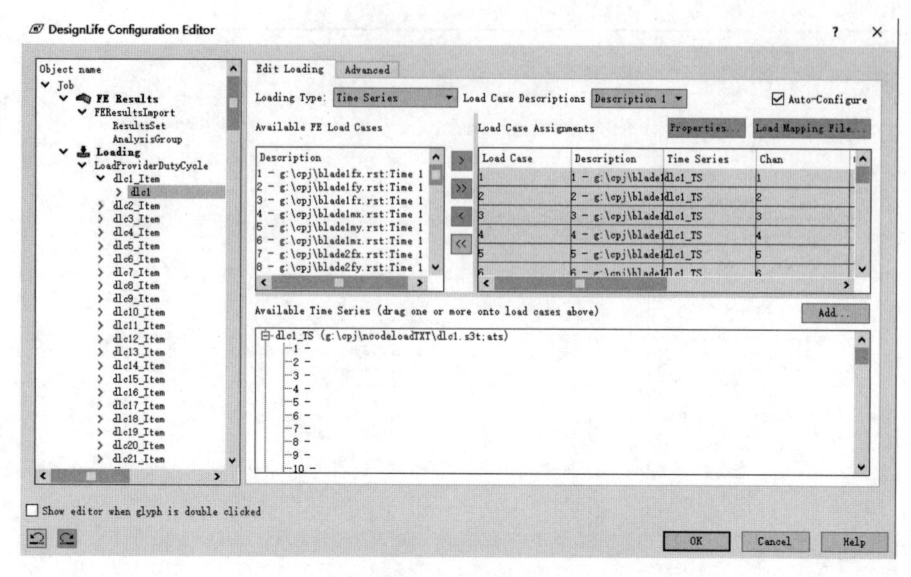

图 9-27　载荷映射

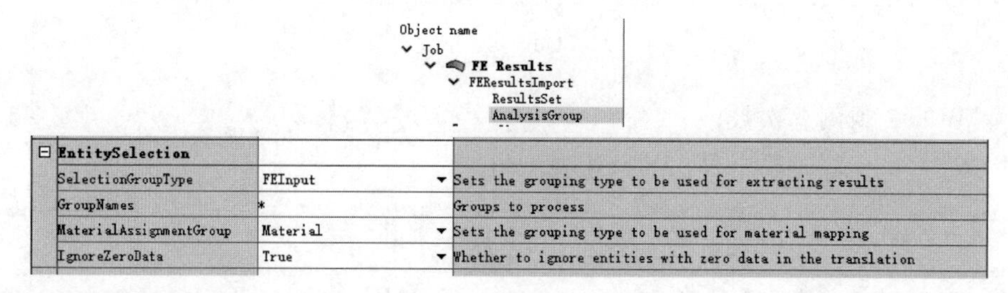

图 9-28　材料分配方式设置

Edit Material Map　Advanced

Editing material map : MaterialMap　　Validate Before Run

Material Type　SN R-ratio multi-curve　　Create Memory Materials　Group Properties...

Material Group	Material Name	Database	Scale	Offset	KTreatment	KUser	Roughness
Default Material			**1**	**0 MPa**	**1**	**1**	**Polished**
MAT_1	mat1	1.5mwbladematerials	1	0 MPa	1	1	Polished
MAT_10	mat10	1.5mwbladematerials	1	0 MPa	1	1	Polished
MAT_2	mat2	1.5mwbladematerials	1	0 MPa	1	1	Polished
MAT_3	mat3	1.5mwbladematerials	1	0 MPa	1	1	Polished
MAT_4	mat4	1.5mwbladematerials	1	0 MPa	1	1	Polished
MAT_5	mat5	1.5mwbladematerials	1	0 MPa	1	1	Polished
MAT_6	mat6	1.5mwbladematerials	1	0 MPa	1	1	Polished
MAT_7	mat7	1.5mwbladematerials	1	0 MPa	1	1	Polished
MAT_8	mat8	1.5mwbladematerials	1	0 MPa	1	1	Polished
MAT_9	mat9	1.5mwbladematerials	1	0 MPa	1	1	Polished

图 9-29　叶片材料疲劳属性分配

界平面法，平均应力修正采用 Goodman 修正。多轴应力分析采用标准方法。179 个工况的组合方式采用全组合方式。

对各模块参数进行设定后，在 nCode 中计算分析得到叶片的疲劳累积损伤如图 9-31 所示。在叶片靠近根部的前 1/3 处，疲劳损伤前缘、主梁及后缘均有分布；

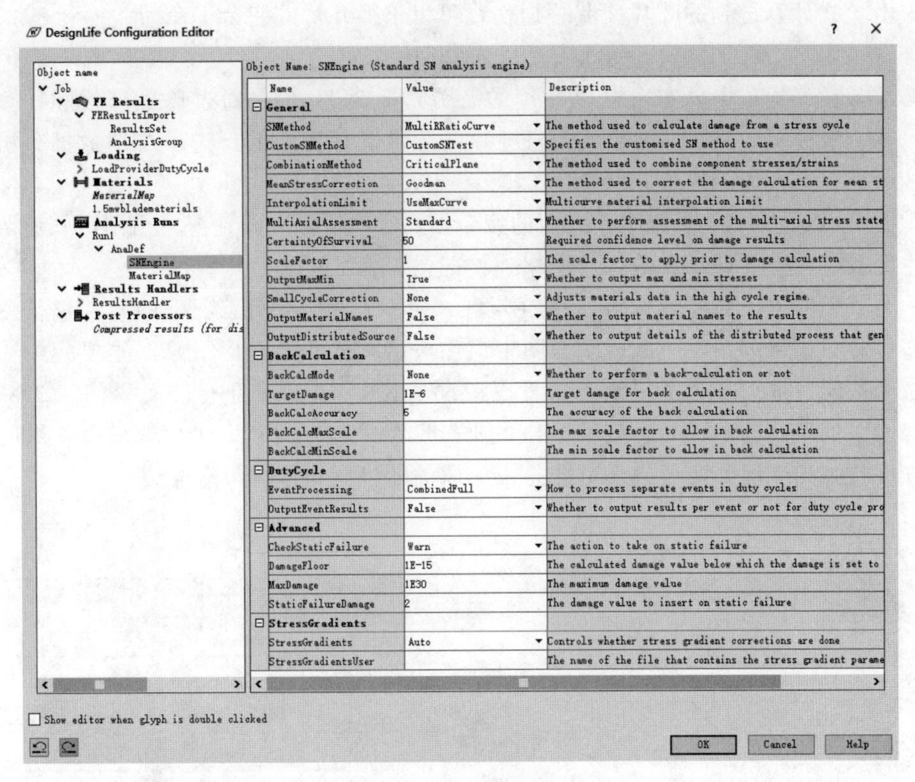

图 9-30 疲劳分析设置

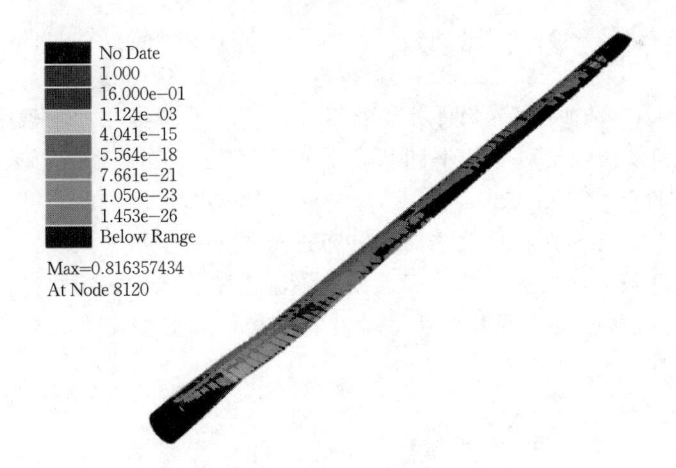

图 9-31 叶片疲劳累积损伤图

叶片中段到叶尖部位，疲劳损伤主要分布在叶片主梁附近。

风力机叶片在 20 年载荷工作条件下，线性累积疲劳总损伤为

$$D=\sum\frac{n_i}{N_i}=0.816$$

其中，应力幅值 σ_i 作用下的疲劳寿命为 N_i，应力幅值 σ_i 作用下的循环次数为 n_i。

由上式计算得到的叶片疲劳总损伤，可以求得叶片的疲劳寿命为

$$Y=20/D=20\div 0.816\approx 24.5(\text{年})$$

通常设计规范中风力发电机叶片的疲劳寿命为20年，通过以上分析和计算可知，本文所分析的某1.5MW风力机叶片是满足设计要求的。进一步的数据分析显示疲劳损伤最大值，发生在叶片第8120节点，距离叶根9.3m处。

图9-32是8120节点所在截面的疲劳损伤危险截面分布情况。由图可知疲劳损伤主要发生在叶片前缘和前缘与主梁连接部位。

为了研究风况对叶片疲劳损伤的影响，对各个疲劳载荷工况下的叶片进行疲劳损伤计算，结果如图9-33所示。图中损伤值呈阶梯状上升后下降，主要集中在中间三个区间。前144个工况为正常发电工况，其中52工况处有最大损伤0.02275。结合表中的风况参数可知，疲劳损伤主要出现在风速较大、发生次数较多、纵向湍流强度较强的工况，疲劳损伤可能是由于风的随机性和偏航角造成。

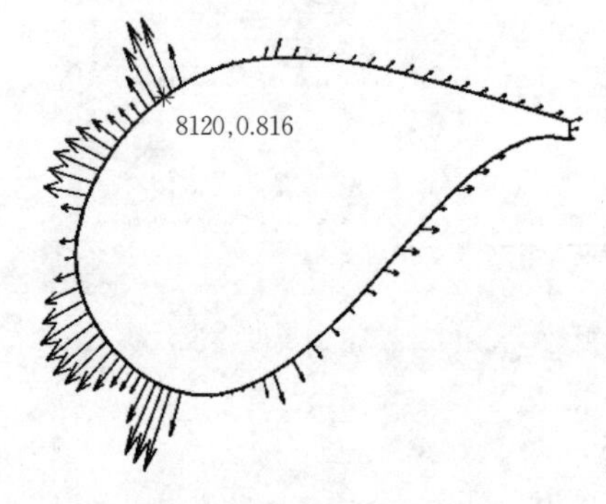

图9-32　疲劳损伤危险截面分布图

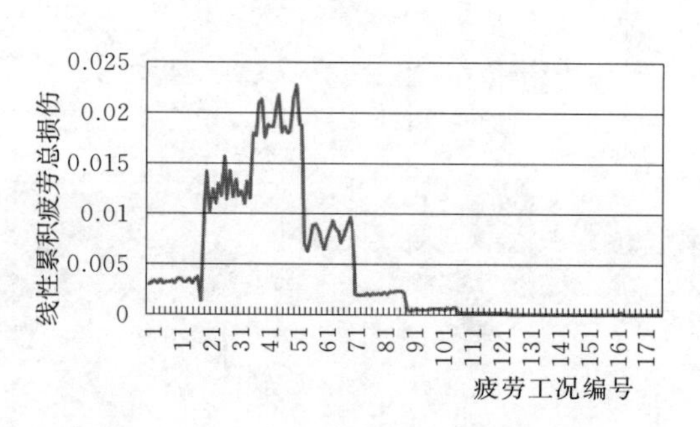

图9-33　各个疲劳工况损伤分布图

本节根据GL—2010规范，计算了符合1.5MW风力机叶片的疲劳载荷，采用Miner线性累积损伤理论对叶片不同状态下的疲劳损伤进行计算，通过ANSYS软件和nCode软件联合分析方式，对某1.5MW商用风力机复合材料叶片进行了疲劳寿命估算并针对疲劳损伤在危险截面的分布进行了分析。结果表明，叶片疲劳损伤主要分布在风速较大、发生次数较多、纵向湍流强度较强的工况；叶片疲劳寿命约为24.5年，危险截面位于距叶根1/3叶片长度处；疲劳损伤主要集中在叶根前缘和前缘与主梁连接处。

思　考　题

1. 叶片疲劳损伤产生的原因是什么？
2. 什么是材料的 S—N 曲线？
3. 平均应力对疲劳寿命有什么影响？
4. 雨流计数法是如何进行计数的？
5. 叶片的疲劳损伤如何计算？

第 10 章　风力机叶片最优体型设计

叶片体型设计涉及复杂的寻优搜索过程。须满足多项技术指标，其中某些指标之间会互相制约，因此优化设计技术对于提高风力机叶片的经济性、安全性和适用性十分重要。同时考虑气动外形和结构两方面对风力机叶片进行整体最优体型设计，已成业内共识和追求的目标。

本章主要介绍风力机叶片优化设计基本理论及方法，着重讨论叶片气动外形优化设计、结构优化设计以及整体最优体型设计，并给出相应的优化实例。

风力机叶片优化设计理论及方法

10.1　优化设计理论及方法

工程结构优化设计就是追求最好的结果或最优目标，从所有可能的方案中选择最合理的一种方案。目前，优化设计技术在工程领域、自动控制、系统工程等方面都得到了广泛的应用。

10.1.1　优化设计理论

工程结构优化设计的数学模型主要由设计变量、目标函数和约束条件组成。

1. 设计变量

优化设计中待确定的某些参数，称为设计变量。一个结构的设计方案是由若干个变量来描述的，这些变量可以是结构的几何尺寸，如叶片半径、弦长、扭角、相对厚度等，也可以是构件的截面尺寸，如叶片主梁宽度、主梁厚度、腹板布置位置等，还可以是结构材料的力学或物理特性参数。

这些参数中的一部分是按照某些具体要求事先给定的，它们在优化设计过程中始终保持不变，称为预定参数；另一部分参数在优化设计过程中是可以变化的量，即为设计变量。设计变量是优化设计数学模型的基本成分，是优化设计最后需确定的参数，一般记为

$$X=[x_1 \quad x_2 \quad \cdots \quad x_n]^T \tag{10-1}$$

式中　n——设计变量个数。

2. 目标函数

优化设计时判别设计方案优劣标准的数学表达式称为目标函数。它是设计变量的函数，代表所设计结构的某个最重要的特征或指标。优化设计就是从许多的可行设计中，以目标函数为标准，找出这个函数的极值（极大或极小），从而选出最优设计方案。

目标函数一般记为 $F(X)$。叶片的年发电量、成本、重量、自振特性等都可以

根据需要作为优化设计中的目标函数。

3. 约束条件

优化设计寻求目标函数极值时的某些限制条件，称为约束条件。它反映了有关设计规范、施工、构造等各方面的要求，有的约束条件还反映了优化设计工作者的设计意图。

约束条件包括常量约束与约束方程两类。常量约束也称界限约束，它表明设计变量的允许取值范围，一般是设计规范等有关规定和要求的数值，如叶片的最大弦长、最小厚度等。约束方程式以所选定的设计变量为自变量，以要求加以限制的设计参数为因变量，按一定关系建立起来的函数式，如叶片的应变约束、频率约束等。约束条件又可分为等式约束和不等式约束。

优化问题的一般表达式可表示如下：

求设计变量

$$X=[x_1 \quad x_2 \quad \cdots \quad x_n]^{\mathrm{T}} \tag{10-2}$$

使目标函数

$$F(X)\rightarrow \min(\text{或 } \max) \tag{10-3}$$

满足约束条件

$$\begin{cases} h_j(X)=0 \quad (j=1,2,\cdots,k) \\ G_i(X)\leqslant 0 \quad (i=1,2,\cdots,m) \\ X\geqslant 0 \end{cases} \tag{10-4}$$

式中　n——设计变量个数；

k——等式约束的个数；

m——不等式约束的个数。

10.1.2　优化设计方法

风力机叶片设计过程中涉及的参数多、约束多、目标多、计算模型复杂，很难通过采用数学分析的方法直接得到参数与叶片性能之间的关系，因此传统的优化设计方法并不完全满足有关要求，需要借助现代优化设计方法来实现，其中运用较多的为遗传算法（GA）和粒子群算法（PSO）。

1. 遗传算法

遗传算法是一种模仿生物界中“物竞天择，适者生存”的规律，通过繁殖—竞争—再繁殖—再竞争，实现优胜劣汰，一步步地逼近问题最优解的搜索寻优技术。

遗传算法的优化机理是从随机生成的初始群体出发，采用基于优胜劣汰的选择策略选择优良个体作为父代。通过父代个体的杂交和变异来繁衍进化子代种群。子代种群继续被评价优劣，从父代种群和子代种群中选择比较优秀的个体形成了新的种群。经过多代的进化，种群的适应性会逐渐增强，最后收敛到最优解。其优化流程如图10-1所示。

遗传算法可与 Pareto 解集概念相结合，形成 Pareto 遗传算法（PGA）来求解

多目标优化问题。Pareto 最优解的概念被广泛应用于多目标优化问题，具体定义为：对于 $\min f(x)=[f_1(x),f_2(x),\cdots,f_n(x)]$，$x^*$ 为其一可行解，当且仅当不存在可行解 x，使：①$f_i(x)\leqslant f_i(x^*)$，$i\in\{1,2,\cdots,n\}$；②至少存在一个 $j\in\{1,2,\cdots,n\}$，使得 $f_i(x)\leqslant f_i(x^*)$。两个条件都满足时，x^* 可行解为一个 Pareto 最优解。一般情况下存在多个最优解，组成一个最优解集，设计者可根据具体要求选择合适的结果。Pareto 遗传算法优化流程如图 10-2 所示。

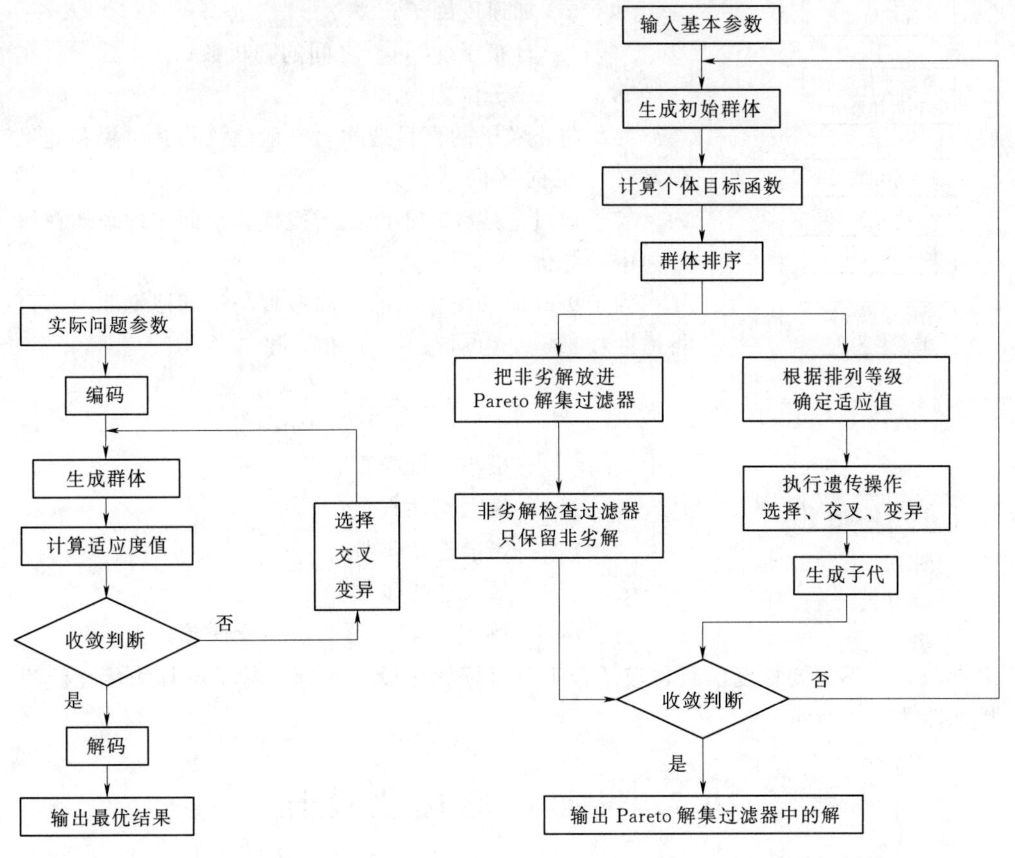

图 10-1 遗传算法优化流程图

图 10-2 Pareto 遗传算法优化流程图

2. 粒子群算法

粒子群算法的基本模型与遗传算法类似，也是根据环境的适应度将群体中的个体移动到好的区域。不同之处在于它不像遗传算法一样对个体使用交叉变异操作，而是将每个个体看作是 D 维搜索空间中的一个没有体积与质量的粒子，在搜索空间中以一定的速度飞行，并根据对个体和集体的飞行经验的综合分析对速度进行动态调整。

在粒子群算法中，第 i 个粒子可表示为 $X_i=(x_{i1},x_{i2},\cdots,x_{iD})^{\mathrm{T}}$，代表其在 D 维搜索空间中的位置，亦代表问题的一个潜在解。根据目标函数即可计算出每个粒子 X_i 对应的适应度值。第 i 个粒子的速度为 $V_i=(V_{i1},V_{i2},\cdots,V_{iD})^{\mathrm{T}}$，其个体极值为 $P_i=(P_{i1},P_{i2},\cdots,P_{iD})^{\mathrm{T}}$，种群的全局极值为 $P_g=(P_{g1},P_{g2},\cdots,P_{gD})^{\mathrm{T}}$。

在每一次迭代过程中，粒子通过个体极值和全局极值更新自身的速度和位置，更新公式如下：

$$V_{id}^{k+1}=\omega V_{id}^{k}+c_1r_1(P_{id}^{k}-X_{id}^{k})+c_2r_2(P_{gd}^{k}-X_{gd}^{k}) \tag{10-5}$$

$$X_{id}^{k+1}=X_{id}^{k}+V_{id}^{k+1} \tag{10-6}$$

式中　ω——惯性权重；

V_{id}——粒子的速度；

c_1、c_2——加速度因子；

r_1、r_2——分布于［0,1］之间的随机数；

X_{id}——粒子位置。

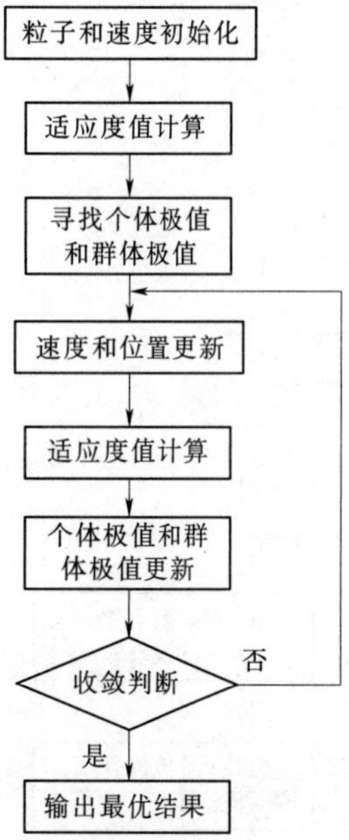

为了防止粒子的盲目搜索，一般建议将其位置和速度限制在一定的区间［$-X_{max}$，X_{max}］、［$-V_{max}$，V_{max}］内。粒子通过上述公式不断更新换代，从而实现个体在解空间中的寻优。

为了更好地平衡算法的全局搜索与局部搜索能力，可将惯性权重定义为动态变化的值，即

$$\omega=\omega_{max}-\frac{(\omega_{max}-\omega_{min})\times\lg(1+iter)}{\lg(1+iter_{max})} \tag{10-7}$$

式中　ω_{min}——最小惯性权重；

ω_{max}——最大惯性权重；

$iter$——当前迭代步数；

$iter_{max}$——最大迭代步数。

粒子和速度初始化 → 适应度值计算 → 寻找个体极值和群体极值 → 速度和位置更新 → 适应度值计算 → 个体极值和群体极值更新 → 收敛判断（否：返回速度和位置更新；是：输出最优结果）

图 10-3　粒子群算法优化流程图

与遗传算法相比，粒子群算法概念简单，无需调整太多参数，且不需要梯度信息，较适合于单目标优化设计问题。粒子群算法优化流程图如图 10-3 所示。

10.2　气动外形优化设计

气动外形优化设计是指叶片外表面最优几何形状的选择，它是由翼型族、弦长、扭角和相对厚度的分布来定义的。叶片气动外形优化设计包括翼型优化、弦长优化、扭角优化、翼型布置位置优化、叶片长度优化等。

10.2.1　传统方法

1. 葛劳渥特方法

葛劳渥特（Glauert）方法认为若要使叶片的风能利用系数 C_P 值最大，必须使各叶素的风能利用系数 dC_P 值达到最大。该方法考虑了风轮后涡流流动，采用诱导速度均匀的假设，可根据相应要求对叶片进行初步的气动外形优化设计。

叶片的风能利用系数 C_P 见式（3-38），对该式求极值就可获得最大风能利用系数 C_{Pmax}，然后根据式（3-40）和式（3-41），对每一个 λ_r 值可求得相应的诱导

因子 a 和 a' 值，具体计算步骤可见 3.3.2 节的介绍。在此基础上，可计算得到弦长和扭角，即

$$C=\frac{8\pi ar\sin^2\varphi}{(1-a)BC_L\cos\varphi} \tag{10-8}$$

$$\beta=\arctan\frac{1-a}{(1+a')\lambda_r}-\alpha \tag{10-9}$$

对求得的叶片弦长和扭角必须进行线性修正，以满足加工、结构等方面的要求。

葛劳渥特方法由于忽略了叶尖损失和升阻比对叶片性能的影响，存在着较大的局限性，不适用于设计叶尖速比变化的风力机叶片。

2. 威尔逊方法

威尔逊（Wilson）方法在葛劳渥特方法的基础上作了一些改进，考虑了叶尖损失和升阻比对叶片性能的影响，是目前初步设计使用最普遍的方法之一。

考虑叶尖损失的叶片局部风能利用系数为

$$dC_P=\frac{8}{\lambda^2}a'(1-a)F\lambda_r^3 d\lambda \tag{10-10}$$

其中

$$F=\frac{2}{\pi}\arccos e^{-f} \tag{10-11}$$

$$f=\frac{B(R-r)}{2R\sin\varphi} \tag{10-12}$$

要使 dC_P 达到最大，可在满足以下两式的条件下，通过迭代计算出诱导因子 a 和 a' 值，即

$$\frac{BC_L\cos\varphi}{8\pi r\sin^2\varphi}=\frac{(1-aF)aF}{(1-a)^2} \tag{10-13}$$

$$\frac{BC_L}{8\pi r\cos\varphi}=\frac{a'F}{1+a'} \tag{10-14}$$

由以上两式可得

$$\tan^2\varphi=\frac{(1-a)^2a'}{a(1-aF)(1+a')} \tag{10-15}$$

又

$$\tan\varphi=\frac{1-a}{\lambda_r(1+a')} \tag{10-16}$$

因此可得

$$a(1-aF)=a'(1+a')\lambda_r^2 \tag{10-17}$$

求得相应的诱导因子 a 和 a' 后，可计算得到弦长和扭角，即

$$C=\frac{8\pi aF(1-aF)r\sin^2\varphi}{(1-a)^2BC_L\cos\varphi} \tag{10-18}$$

$$\beta=\arctan\frac{1-a}{(1+a')\lambda_r}-\alpha \tag{10-19}$$

最后，叶片弦长和扭角也必须进行线性修正。

10.2.2　现代方法

传统优化设计方法的缺点是需事先确定设计叶尖速比、叶片安装角等参数，要得到合适的设计结果，需要人为试验，并且没有考虑实际风速的概率分布，因而不能使所设计风力机的年能量输出最大。同时采用传统设计方法所设计的叶片结果需大幅修正，而修正后的叶片已经偏离了设计点，使设计效果难以控制。因此有必要采用现代优化设计方法使叶片气动性能达到最佳。

以下对采用现代优化设计方法的叶片气动外形优化设计数学模型进行简要介绍。

1. 设计变量

叶片的气动外形主要由翼型、弦长和扭角所决定，当选定使用的翼型系列之后，需要根据设计目标确定每个截面的最佳弦长、扭角以及翼型布置位置。因此设计变量可表示如下：

$$X=[x_{C1},x_{C2},\cdots,x_{Cn},x_{\beta1},x_{\beta2},\cdots,x_{\beta n},x_{p1},x_{p2},\cdots,x_{pm}]^T \tag{10-20}$$

式中　$x_{Ci}(i=1,2,\cdots,n)$——第 i 个截面的弦长；

$x_{\beta i}(i=1,2,\cdots,n)$——第 i 个截面的扭角；

$x_{pi}(i=1,2,\cdots,m)$——第 i 个翼型的布置位置。

2. 目标函数

叶片气动外形设计目标一般为年发电量最大或单位输出能量成本最小。年发电量等于年平均功率和年总时间的乘积，单位输出能量成本等于成本与年发电量的比值，具体可表示为

$$F(x)=\max AEP=\sum_{i=1}^{N-1}\frac{1}{2}[P(v_i)+P(v_{i+1})]f(v_i<v_0<v_{i+1})\times 8760 \tag{10-21}$$

或

$$F(x)=\min\frac{Cost}{AEP} \tag{10-22}$$

式中　AEP——年发电量；

P——输出功率；

v——风速；

$f(v_i<v_0<v_{i+1})$——风速的 Weibull 分布概率；

$Cost$——叶片成本。

3. 约束条件

设计变量应满足的约束方程为

$$\begin{cases}X_{Ci}^L\leqslant X_{Ci}\leqslant X_{Ci}^U\\X_{\beta i}^L\leqslant X_{\beta i}\leqslant X_{\beta i}^U\\X_{pi}^L\leqslant X_{pi}\leqslant X_{pi}^U\end{cases} \tag{10-23}$$

带 U、L 上标的参数分别为设计变量对应的上、下限。

此外，为了保证叶片主要功率输出段表面的光滑性，需对弦长和扭角加以限制，可将它们定义为按贝塞尔曲线分布，如图 10-4 所示。

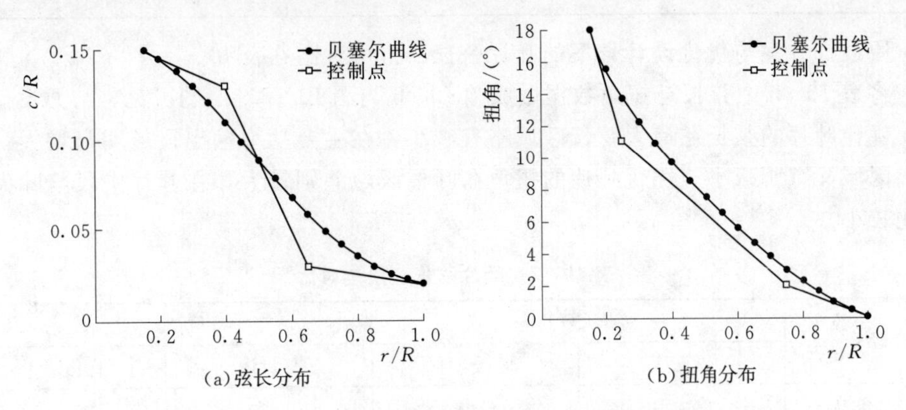

图 10-4　定义为贝塞尔曲线的弦长和扭角分布图

根据上述优化设计数学模型，结合之前介绍的优化设计方法，可对叶片气动外形进行优化设计研究。

10.2.3　设计实例

以下以弦长、扭角以及翼型布置位置为设计变量，以年发电量最大为目标函数，对某 1.5MW 风力机叶片进行气动外形优化设计，说明现代优化设计方法的具体应用。

1. 设计参数

风轮、风况基本参数见表 10-1。

表 10-1　风轮、风况参数值

参　数	数　值	参　数	数　值
风轮直径	76m	风轮转速	19r/min
叶片数	3	切入风速	4m/s
翼型系列	DU、NACA	切出风速	25m/s
轮毂直径	3m	空气密度	1.225kg/m³
轮毂高度	75m	Weibull 形状参数	1.91
额定风速	12m/s	Weibull 尺度参数	6.8m/s
额定功率	1.5MW		

优化算法采用粒子群算法，其基本参数选取如下：种群大小为 100，迭代次数为 500，最小惯性权重为 0.4，最大惯性权重为 0.9。

2. 优化结果

年发电量优化结果见表 10-2。优化之后，叶片年发电量增长 0.188GW·h，即增长 5.97%。

表 10-2　年发电量对比

目标函数	原设计	优化设计
年发电量/(GW·h)	3.148	3.336

原设计方案与优化设计方案的叶片弦长、扭角对比见表 10-3。

将表 10-3 中弦长与扭角数据做成图 10-5 与图 10-6。由图可见，与原设计相比，优化叶片的弦长在最大弦长区域略有减小，在主要功率输出段域明显增大，在叶尖区域又有所减小。优化叶片的扭角在叶根区域差别较大，在叶片中段与叶尖则变化较小。

表 10-3　叶片弦长、扭角对比

半径 r/m	弦长 $C(r)$/m		扭角 $\beta(r)$/(°)	
	原设计	优化设计	原设计	优化设计
2.035	2	1.91	3.73	11.80
4.921	2.703	2.53	6.83	11.80
7.807	3.08	2.97	7.38	11.80
10.693	2.82	2.95	5.32	8.23
13.616	2.53	2.78	3.77	5.11
16.539	2.3	2.58	2.58	3.26
19.462	2.12	2.35	1.63	2.15
22.385	1.98	2.15	0.86	1.47
25.308	1.84	1.93	0.22	0.67
28.231	1.73	1.75	−0.31	0.10
31.154	1.64	1.57	−0.77	−0.58
34.077	1.56	1.43	−0.49	−1.02

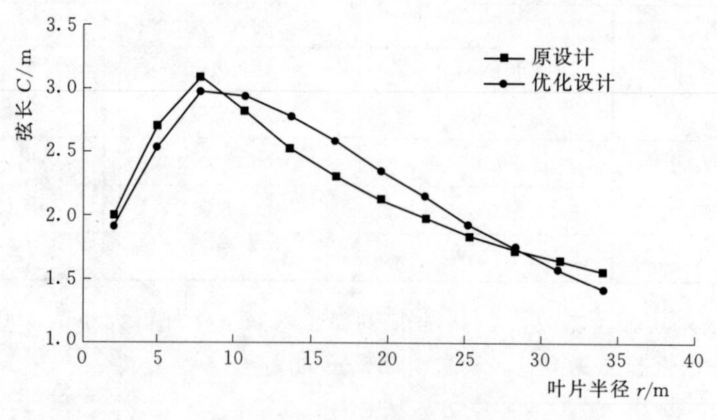

图 10-5　叶片弦长对比图

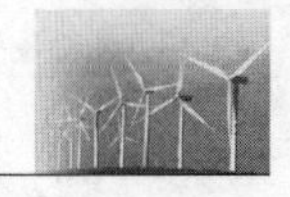

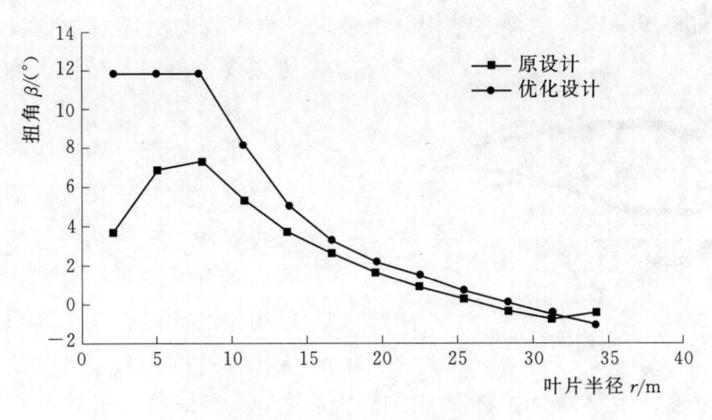

图 10-6 叶片扭角对比图

图 10-7 为风能利用系数对比图。从图中可以看到，优化叶片在低风速下的功率利用系数显著增大，超过额定风速后也略有增大，这说明优化设计叶片具有良好的启动性能，并且更大限度地利用了风能资源。

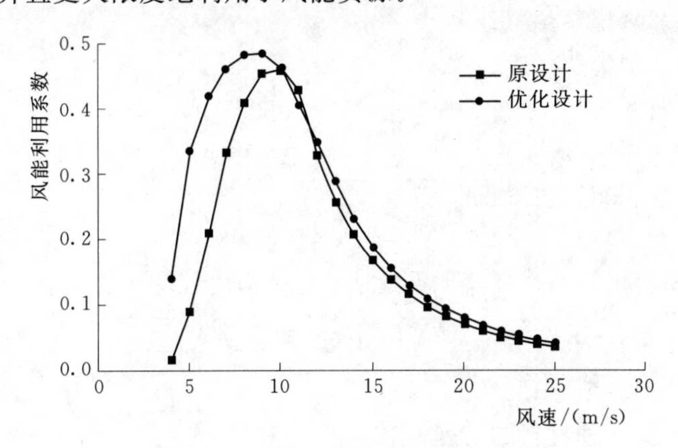

图 10-7 叶片风能利用系数对比图

10.3 结构优化设计

结构优化设计是指叶片截面最优几何形式的选择，它主要是由剖面结构型式、叶片材料以及材料铺层来定义的。叶片结构优化设计包括剖面结构型式优化、叶片材料优化、铺层优化、叶根连接形式优化等。

10.3.1 设计方法

结构优化设计方法与气动外形优化设计方法类似，首先建立结构优化设计数学模型，然后结合 10.1.2 节中介绍的优化算法对叶片结构进行优化。

1. 设计变量

图 10-8 为一典型的叶片剖面结构型式图。由主梁、腹板、前缘与后缘组成。

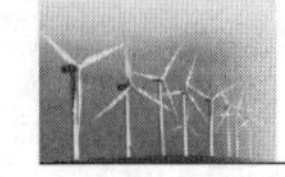

前缘、后缘和腹板一般采用夹芯结构，由玻璃纤维织物与夹芯材料铺设而成，而主梁主要由单向布带铺设而成。

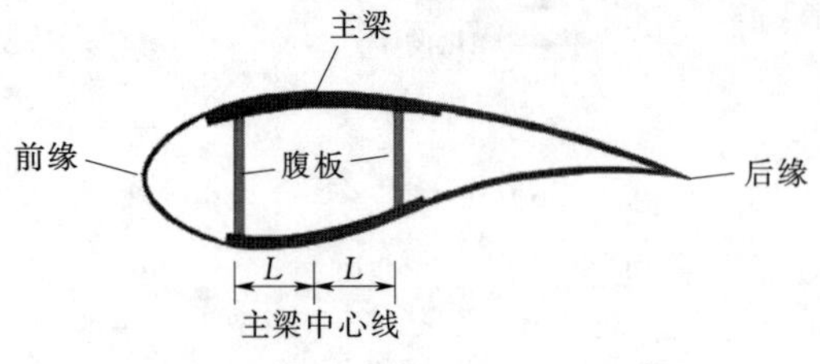

图 10-8　叶片剖面结构型式图

其中主梁是叶片的主要承力结构，承载大部分的弯曲载荷，腹板则主要承担叶片挥舞方向的剪切载荷与扭转载荷，主梁几何尺寸、铺层以及腹板布置位置对叶片结构形态有重要影响。因此以上几个参数是叶片结构优化设计的主要设计变量，包括材料类型、主梁宽度、主梁复合材料铺层厚度、铺层角度、铺层位置以及腹板布置位置等，具体可表示为

$$X=[x_{LN1},x_{LN2},\cdots,x_{LNl},x_{LP1},x_{LP2},\cdots,x_{LPm},\cdots x_{LA1},\\ x_{LA2},\cdots,x_{LAn},x_{MT1},x_{MT2},\cdots,x_{MTr},x_{SW},x_{WP}]^{T} \tag{10-24}$$

式中　x_{LN}——材料铺层数；

x_{LP}——材料铺层位置；

x_{LA}——材料铺层角度；

x_{MT}——材料类型；

x_{SW}——主梁宽度；

x_{WP}——腹板布置位置。

2. 目标函数

通过减少材料用量来减轻叶片重量是叶片结构优化设计的其中一个目的，即

$$\min F(X)=mass=\sum_{i}\rho_i V_i \tag{10-25}$$

式中　$mass$——叶片质量；

ρ_i——第 i 种材料的密度；

V_i——第 i 种材料的体积。

通过合理地调整叶片截面形式及材料铺层使叶片自振频率最大，以此来避免共振是叶片结构优化设计的另一个目的，即

$$\max F(X)=F_{叶片} \tag{10-26}$$

式中　$F_{叶片}$——叶片自振频率。

此外，成本最小也是叶片结构设计所追求的目标为

$$F(x)=\min Cost=\sum_{i=1}^{n}\omega_i f(i) \tag{10-27}$$

式中　ω_i——第 i 种材料的权重系数；

$f(i)$——第 i 种材料的成本。

3. 约束条件

叶片在进行结构优化设计时应满足强度、刚度、稳定性、振动性能以及疲劳性能等方面的要求。

强度方面，为了保证叶片不发生破坏，叶片在载荷作用下产生的最大应力、应

变不能超过材料的破坏极限，即

$$\begin{cases}\sigma_{max} \leqslant \sigma_d / \gamma_{S1} \\ \varepsilon_{max} \leqslant \varepsilon_d / \gamma_{S2}\end{cases} \tag{10-28}$$

式中　σ_{max}，ε_{max}——叶片最大应力与应变；

σ_d，ε_d——叶片的设计应力与应变；

γ_{S1}，γ_{S2}——对应的安全系数。

刚度方面，为了避免叶片与塔架发生碰撞，要限制叶片在载荷作用下的极限变形。GL规范规定极限运行载荷下的准静态叶尖位移不能超过塔筒与叶尖无位移时间隙的50%；IEC标准则要求当极限载荷乘以载荷和材料的综合局部安全系数后，叶片与塔架不能接触。根据德国劳氏集团（GL Group）对风电叶片认证技术要求：如果进行静态或准静态分析，则对于风轮运行时的所有载荷情况，其最小间隙应保持为未变形结构间隙的50%；对于风轮静止时的载荷情况，其最小间隙应为未变形结构间隙的5%。如经动态或气动弹性变形分析，则其最小间隙在风轮运行时总是保持为未变形结构间隙的30%。具体可表示为

$$d_{max} \leqslant d_d / \gamma_{S3} \tag{10-29}$$

式中　d_{max}——叶尖最大位移；

d_d——叶片与塔架之间的允许间隙；

γ_{S3}——位移安全系数。

稳定性方面，叶片在设计载荷作用下不能发生屈曲失稳，即

$$\lambda \geqslant 1.0 \times \gamma_{S4} \tag{10-30}$$

式中　λ——失稳屈曲因子；

γ_{S4}——失稳安全系数。

振动性能方面，叶片的固有频率应与风轮的激振频率错开，避免产生共振，即

$$|F_{叶片} - F_{风轮}| \geqslant \Delta \tag{10-31}$$

式中　$F_{叶片}$——叶片一阶固有频率；

$F_{风轮}$——风轮激振频率；

Δ——容许差别。

疲劳性能方面，应保证叶片安全有效地运行20年。此外，设计变量还应满足叶片加工工艺的要求，如实际制造工艺的可操作性与材料铺层的连续性等。

10.3.2　设计实例

以下以主梁宽度、主梁材料铺层数、铺层位置以及腹板布置位置为设计变量，以叶片质量最轻为目标函数，以叶片强度、刚度以及振动性能为约束条件，采用遗传算法与有限单元法相结合的方法对极限挥舞弯矩作用下的某1.5MW风力机叶片结构进行优化设计研究。

1. 设计参数

主梁宽度与腹板布置位置如图10-8所示。主梁材料铺层如图10-9所示，选取铺层较厚段（4.4～25.3m）进行分析，采用8个控制点对该区域铺层进行模拟，

如图 10－10 所示。图中中间 4 个点每个点包含两个参数，分别为材料铺层数与铺层位置，剩余 4 个点每个点只包含一个参数，即材料铺层数，并且规定点 4 与点 5 材料铺层数相同。加上主梁宽度与腹板布置位置，共有 13 个设计变量。设计变量与约束条件具体取值范围见表 10－4。

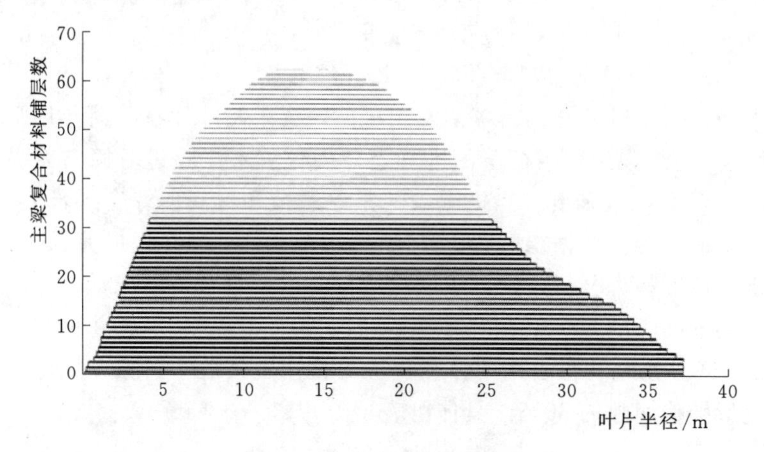

图 10－9　主梁材料铺层图

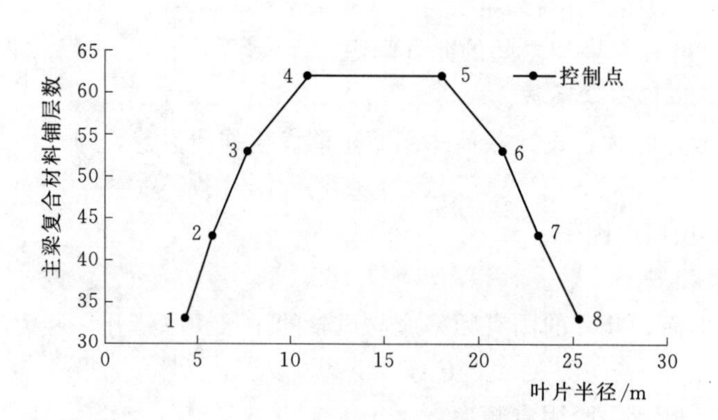

图 10－10　主梁参数化铺层图

表 10－4　设计变量与约束条件具体取值

参　数	单　位	下　限	上　限
x_{LN1}	—	28	38
x_{LN2}	—	28	48
x_{LN3}	—	33	58
x_{LN4}	—	35	65
x_{LN5}	—	33	55
x_{LN6}	—	28	45
x_{LN7}	—	28	40
x_{LP1}	m	7.0	9.0
x_{LP2}	m	10.0	13.0

续表

参数	单位	下限	上限
x_{LP3}	m	16.0	19.0
x_{LP4}	m	20.5	22.0
x_{SW}	m	0.13	0.25
x_{WP}	m	0.50	0.7
ε_{max}	μ	—	5000
d_{max}	m	—	5.5
$F_{叶片}$	Hz	≤0.94或≥0.96	

由于采用了有限单元法，导致整个优化过程计算时间变长，因此遗传算法中的种群大小和迭代次数设置较小，其基本参数选取如下：种群大小为20，最大进化代数为30，交叉概率为0.8，变异概率为0.01。

2. 优化结果

优化前后设计变量值见表10－5。图10－11为原设计方案与优化设计方案主梁复合材料铺层对比图。

表10－5　优化前后设计变量值

方案	x_{LN1}	x_{LN2}	x_{LN3}	x_{LN4}	x_{LN5}	x_{LN6}	x_{LN7}	x_{LP1}	x_{LP2}	x_{LP3}	x_{LP4}	x_{SW}	x_{WP}
原设计	33	43	53	62	53	43	33	7.8	11.0	18.0	21.3	0.188	0.62
优化设计	28	38	51	61	37	33	30	7.0	10.3	16.5	21.5	0.167	0.53

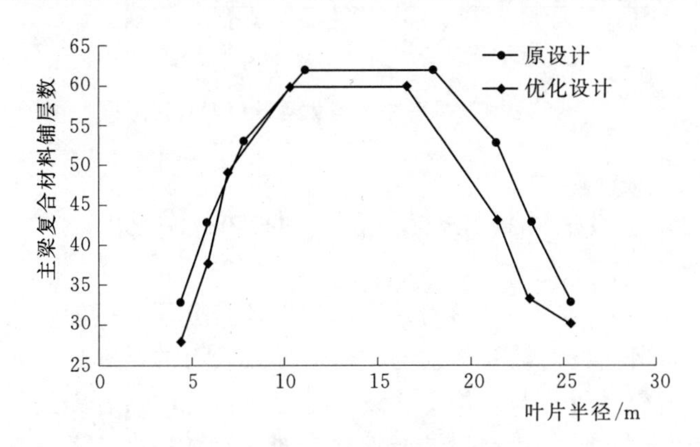

图10－11　主梁材料铺层对比图

由表10－5与图10－11可以看到，较之原设计方案，优化设计方案主梁各段材料铺层数均有所减少。由于所受载荷相对较小，铺层数在靠近叶尖段减少较为明显，在靠近叶根段与主梁中段则变化较小。主梁宽度变小，主梁复合材料铺层位置向叶片中段偏移，最大铺层区域变小，腹板布置位置向主梁中心线偏移，这些都有利于减轻叶片质量。

优化前后叶片结构特性对比见表10－6。与原设计方案相比，优化设计方案的叶片质量减轻了9.8%。最大等效应变以及最大叶尖位移均有所增大，但都在允许范围之内，其中最大叶尖位移达到临界约束。图 10－12 为优化前后叶片主梁最大等效应变对比图。可以看到，经过优化之后，最大等效应变显著增大，这说明优化设计叶片更大限度地利用了复合材料的性能。由于主梁宽度的减小以及材料铺层数的减少，叶片整体结构刚度相应减小，并且减小程度大于叶片质量的减轻程度，因此叶片一阶自振频率略有降低，但不会发生共振。总的来说，经过优化调整，叶片质量有较大减轻，叶片结构特性得到改善，达到了优化设计的目的。

表 10－6　优化前后叶片结构特性对比

方　案	叶片质量/kg	最大等效应变/μ	最大叶尖位移/m	一阶固有频率/Hz
原设计	6555.2	4286.2	4.59	1.027
优化设计	5912.4	4949.7	5.50	1.010

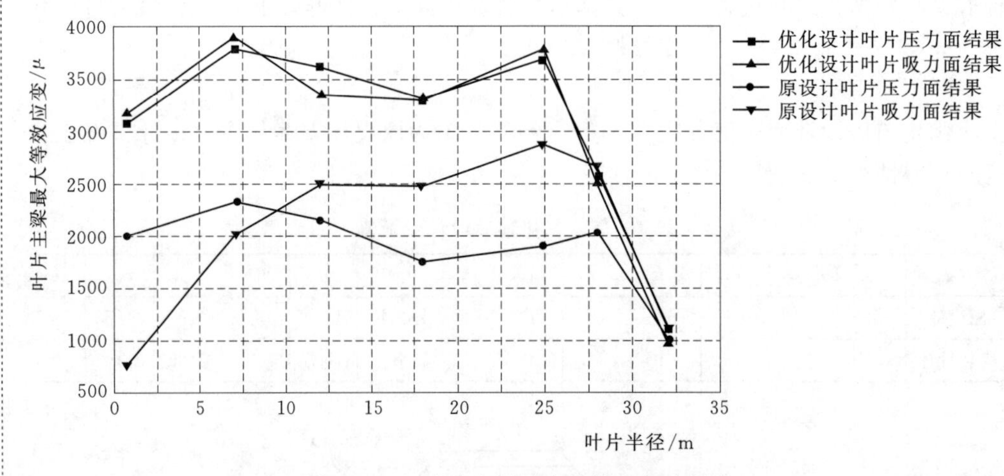

图 10－12　叶片主梁最大等效应变对比图

10.4　整体最优体型设计

前两节内容中，叶片气动外形与结构优化设计是分开进行的，没有考虑它们之间的相互影响。此外，同时涉及气动与结构会导致较大的计算量，亦没有成熟的方法。但实际上叶片气动外形与结构优化设计是密不可分的，若先进行气动外形优化设计，会产生叶片气动性能优良但结构型式较难实现的问题；若先进行结构优化设计，则会出现影响叶片功率的输出的问题。因此，在叶片优化设计中应充分考虑气动与结构的相互影响及制约，寻找两者之间的平衡点，从而设计出整体最优体型叶片。

10.4.1　设计方法

叶片整体最优体型设计同样要先建立优化设计数学模型，然后结合 10.1.2 节中介绍的优化算法进行优化。以下简要介绍叶片整体最优体型设计的数学模型。

1. 设计变量

此时的设计变量既包含了气动外形设计变量，如弦长、扭角等，又包含了结构

设计变量，如材料铺层、腹板布置位置等，具体见10.2.1节与10.3.1节中的设计变量。

2. 目标函数

叶片的设计过程是一个复杂的多目标优化问题，仅以单个目标对叶片进行优化并不能获得整体性能均满意的设计方案。为获取叶片整体最优体型设计方案，应有多个目标函数，并包含气动性能与结构性能两方面，即

$$F(x)=[f_1(x),f_2(x),\cdots,f_n(x)] \tag{10-32}$$

式中 $f_n(x)$——第 n 个目标函数，可以是年发电量最大、单位输出能量成本最小，也可以是质量最轻、频率最大等。

如考虑年发电量最大与叶片质量最轻两个目标，则

$$F(x)=[f_1(x),f_2(x)] \tag{10-33}$$

$$f_1(x)=AEP=\sum_{i=1}^{N-1}\frac{1}{2}[P(v_i)+P(v_{i+1})]f(v_i<v_0<v_{i+1})\times 8760 \tag{10-34}$$

$$f_2(x)=mass=\sum_{i=1}^{N}L_iA_i\rho_i \tag{10-35}$$

式中 AEP——年发电量；

P——输出功率；

v——风速；

$f(v_i<v_0<v_{i+1})$——风速的Weibull分布概率；

$mass$——叶片质量；

ρ_i——第 i 种材料的密度；

L_iA_i——第 i 种材料的体积。

目标函数越多，设计出来的叶片就越合理，但整个设计过程将变得更为复杂，有时甚至会得不到优化结果。因此，设计者应事先根据具体要求确定合理的目标，以便获得叶片整体最优体型。

3. 约束条件

叶片应同时满足气动外形与结构性能相应的要求，具体见10.2.1节与10.3.1节中的约束条件。

10.4.2 设计实例

以弦长、扭角、翼型布置位置、风轮转速以及叶片壳厚度为设计变量，以最轻的叶片质量获得最大的年发电量两个目标为目标函数，将叶片简化为梁模型，以叶片强度以及设计变量需满足的要求为约束条件，采用Pareto遗传算法对某1.5MW风力机叶片进行气动外形和结构的整体体型优化设计。

1. 设计参数

风轮、风况及Pareto遗传算法参数基本参数见表10-7。

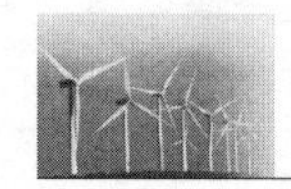

表 10－7　风轮、风况及 Pareto 遗传算法参数值

参　数	数　值	参　数	数　值
风轮直径	76m	切出风速	25m/s
叶片数	3	空气密度	1.225kg/m³
翼型系列	DU、NACA	Weibull 形状参数	1.91
轮毂直径	3m	Weibull 尺度参数	6.8m/s
轮毂高度	75m	种群大小	100
额定风速	12m/s	最大进化代数	500
额定功率	1.5MW	交叉率	0.8
切入风速	4m/s	变异率	0.15

约束条件取值范围见表 10－8。

表 10－8　约束条件取值范围

名　称	弦长 C/m	扭角 β /(°)	壳厚度 t /mm	翼型布置位置(r/R)/%	风轮转速 ω /(r/min)	应变 ε /μ
下限	1.4	−2	20	20	10	—
上限	3.3	12	—	100	20	5000

2. 优化结果

叶片优化设计结果如图 10－13 所示。优化结果 A 的叶片质量在所有结果中最轻，年发电量最小，优化结果 B 的叶片质量在所有结果中最重，年发电量最大。

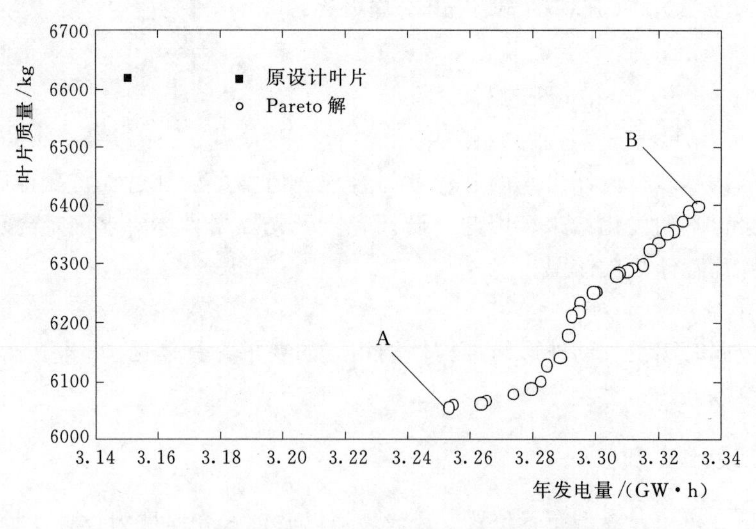

图 10－13　叶片优化设计结果图

表 10－9 为优化结果 A、B 与原设计叶片目标函数的比较，优化结果 A 的叶片质量与原设计叶片相比减轻了 8.53%，年发电量增大了 3.34%；优化结果 B 的叶片质量与原设计叶片相比减轻了 3.32%，年发电量增大了 5.84%。

图 10－14～图 10－16 分别为原设计叶片与优化结果 A、B 的弦长、扭角和质量

沿叶片展向分布对比图。优化叶片的弦长在最大弦长区域明显减小，在中部区域稍有增加，在叶尖区域则变化较小。叶片转速的降低导致入流角增大，为了获得最高升阻比，优化叶片的扭角从叶根到叶尖都有所增大，但分布趋势与原设计叶片基本一致。虽然优化叶片在最大弦长区域的弦长有所减小，但由于最大应变的限制使叶片壳厚度增大，因此该区域的质量并没有明显改变，质量的降低主要在叶片中部区域。

表 10-9 目标函数比较

目标函数	原设计叶片	优化结果 A	优化结果 B
年发电量/(GW·h)	3.148	3.253	3.332
叶片质量/kg	6622	6057	6402

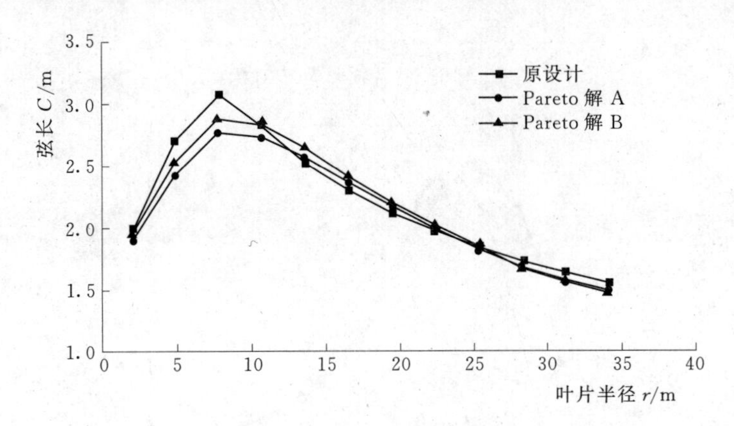

图 10-14 弦长分布对比图

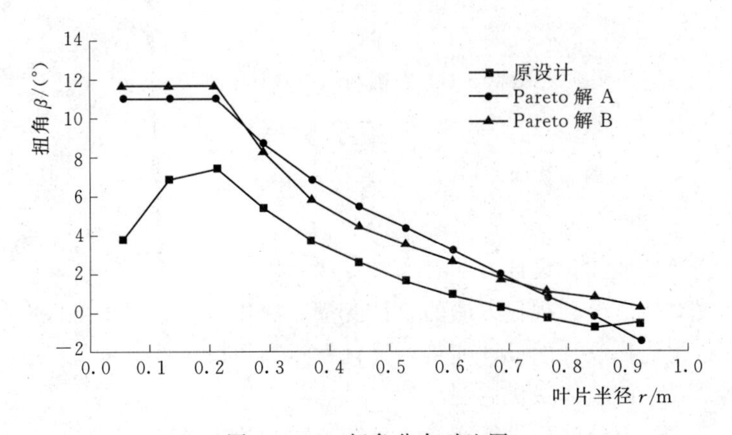

图 10-15 扭角分布对比图

图 10-17 为风能利用系数对比图。从图中可以看到，优化叶片在低风速下的功率利用系数显著增大，而在 9～13m/s 风速范围内有所下降，这说明优化设计叶片具有良好的启动性能，并且更大限度地利用了风能资源。

叶片经过优化调整提高了风力机的年发电量，降低了质量，达到了优化设计的目的。设计者可根据具体要求在优化结果 A、B 之间选取既减轻叶片质量又提高风力机年发电量的满意的最优体型设计方案。

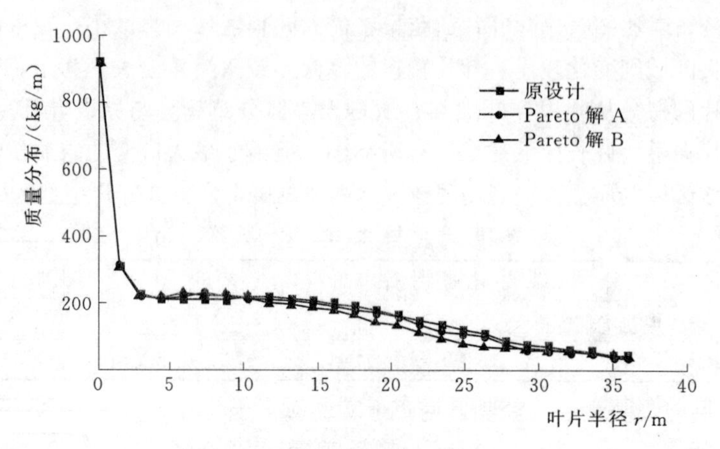

图 10－16　叶片质量分布对比图

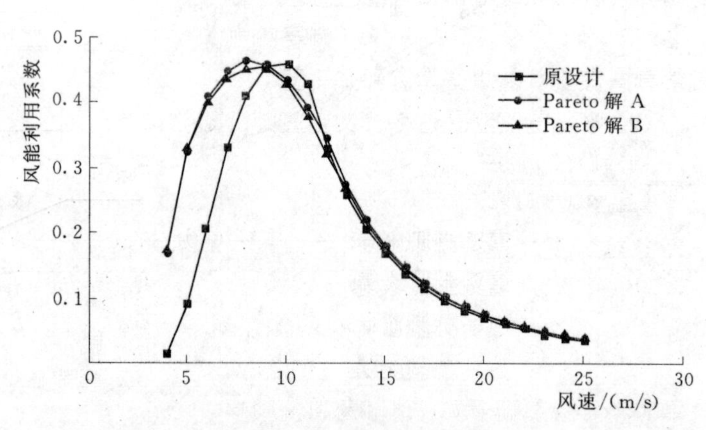

图 10－17　风能利用系数对比图

思　考　题

1. 叶片气动外形优化设计方法有哪些？
2. 叶片气动外形设计现代方法的设计变量、优化目标和约束条件有哪些？
3. 叶片结构优化设计的设计变量、优化目标和约束条件有哪些？
4. 什么是叶片的整体最优体型设计？
5. 整体最优体型设计的设计变量、目标函数和约束条件有哪些？

第 11 章　风力机叶片运行调控与维护

随着风力机的发展和风电场的增加，新机组不断投入运行，旧机组逐渐产生老化病害，风力机的运行调控和维护显得越来越重要。在叶片制造成本居高不下的情况下，降低风力机运行和维护成本是提升风力机竞争力的最有效方式。

本章主要介绍风力机叶片的运行调控和维护技术，包括桨距控制、偏航控制技术、防雷、除冰、防雨滴冲击、防腐措施及一些其他主动调控技术。

叶片运行调控技术

11.1　叶片运行调控技术

目前风力机制造和运营费用居高不下，为了能与传统能源和其他新能源有效竞争，各个风力机制造和运营商都在努力降低风能成本（COE）。决定风能成本的主要三个独立变量为：风力机使用寿命内风能获取（Lifetime Energy Capture）、风力机制作成本（Capital Cost）和运营维护成本（O&M Cost）。其中运营维护成本又分为预订消耗和非预订消耗。COE 公式为

$$COE=\frac{Capital\ Cost+O\ \&\ M\ Cost}{Lifetime\ Energy\ Capture} \tag{11-1}$$

由式（11-1）可知，降低风能成本最有效的方法是提升风力机质量，使其在寿命期内尽量减少故障发生概率，进而可降低维护成本。还有一种方法是降低风力机制作成本。然而随着新材料、新技术在风力机设计中的应用，制作成本不可避免地被提升，因此降低风力机运行和维护成本是提升风力机竞争力最有效的方式。

11.1.1　桨距控制技术

11.1.1.1　定桨距控制

定桨距叶片运行是一种早期水平轴风力机叶片的被动调节方式。它将叶片截面翼型气动失速原理成功地应用到叶片，即利用叶片的气动外形来实现功率的控制，在低风速区（额定功率前）受叶片层流特性控制；在高风速区受叶片失速性能进行功率限制。

1. 失速调节原理

当气流流经叶片截面翼型上下表面时，由于攻角 α 使翼型抬头，上翼面使气流加速，压力较低；而下翼面气流流动较缓慢，压力较高。上下翼面的气压差异使得翼型产生升力。失速性能就是叶片翼型在其最大升力系数 C_{lmax} 附近所表现出的性能。失速调节叶型升阻力系数曲线说明，随着攻角 α 增加，升力系数 C_l 呈线性增加，临近 C_{lmax} 时，增加迟缓，到达峰值时开始减小。另外，阻力系数 C_d 的急剧增

加是由于气流在叶片上的分离，攻角增大，层流分离形成较大的涡流，气流流动失去了翼型效应，与未分离相比，上下翼面压力差减少，致使阻力激增，升力减少，造成叶片失速而达到叶片功率自动控制的目的。

失速调节叶片的攻角沿轴向分布，由根部向叶尖处逐渐减小，因而根部剖面先进入失速状态。随着风速的增加，失速剖面向叶尖处扩展，原来已失速的剖面失速程度加深，未失速的剖面逐渐进入失速状态。失速现象使得叶片功率减小，未失速的剖面功率仍有所增加。

2. 定桨距叶片特点

与变桨距叶片相比，定桨距叶片的最大优点是未设置变桨距监控伺服系统，因而其结构简单、故障率少、运行可靠。同时在高风速区工作时动载荷小，特别是在湍流多的地区，有较强的适应能力。该叶片的缺点是叶片结构工艺复杂，启动性能差、叶片承受气动推力随着机型功率增加和叶片加长而增加，使得叶片刚度减弱，同时失速动态性能不易控制。

3. 对定桨距叶片功率控制的改善方式

定桨距叶片的安装角具有可调性，为了达到高、低风速区最佳的功率输出曲线，可以调整叶片的安装角来适应风场风况特性。另外，近年来对叶片进行贴片的方法也可以改善叶片的气动性能。

(1) 叶片安装角的调整。由叶素理论可知，来流角为 $\varphi=\arctan\left(\frac{v_0}{r\omega}\right)$。当转速恒定时，来流角随着风速增加而增大，而叶片安装角不变则攻角必然增大，使失速加深。因此可以适当地调整攻角位置，使风力机产生满意的功率输出。另外由公式 $C_1=C_1(a)$ 可知，攻角的变化决定了升力系数的变化，而攻角与安装角 β 的关系为 $a=\varphi-\beta$，安装角的增加则意味着攻角的减小；反之安装角的减小则使攻角增大。

安装角的改变会对叶片高、低风速区的气动性能产生不同的影响，高风速区输出功率随安装角增大而增大，低风速区功率却会降低。因此，需要风力机功率曲线与现场风速的概率分布对年输出功率计算比较，兼顾高、低风速区风力机性能，使功率曲线幅度变化与年内风况相匹配，进行最佳安装角设计，获取最高的发电量。

(2) 利用叶片贴片进行功率控制。气流绕翼面流动时，由于黏滞性作用，叶片表面贴面气流流速小于外部区域流速，形成边界层。边界层分离是在翼面由突出变成平缓之后产生的，此时边界层内部的流动扩压减速，在靠近壁面处的流动要克服相当大的摩擦力而消耗较多动能。在这种双重阻滞下，靠近壁面附近的流体速度很快减小至停止前进，在正压梯度的作用下，壁面附近的流体做逆向流动，形成边界层分离。分离使流动失去翼型效应，叶片进入失速状态。叶片贴片通过改变贴片区域翼型外形和叶片表面的粗糙程度来改变叶片的气动性能。如欲改善并提高高风速区叶片气动性能，贴片位置应在叶片前缘部分迎风面方向；如果高风速区输出功率较大，可在叶片前缘背风面贴片。此外，对贴片的材料、表面粗糙程度、几何尺寸也需进行研究，这需要对现场贴片效果进行试验对比后确定。

11.1.1.2 集中变桨距控制

变桨距控制（active pitch control）技术，就是通过调节桨叶的桨距角，改变气流临近叶片前缘的攻角，进而控制风轮捕获的气动转矩和气动力功率。目前，国内外风电变桨距控制的方法主要有两种，即集中变桨距（collective pitch control）和独立变桨距控制（individual pitch control）。

集中变桨距控制是最先发展起来的变桨距控制方法，应用也最为成熟。集中变桨距控制是指风力机所有叶片的桨距角均同时改变相同的角度，如图11-1所示。

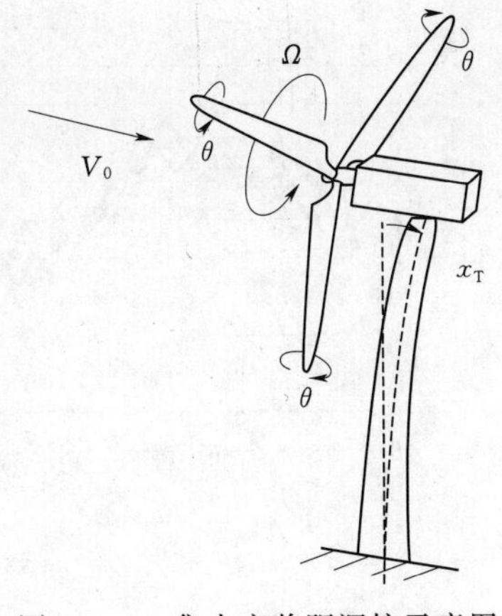

图 11-1 集中变桨距调控示意图

风力机在运行过程中转速控制分为恒速运转和变速运转。对于可变速运转风力机而言，其最大优势是当风速低于额定风速时，调节转速使其运转在最佳叶尖速比上，即$\lambda=\lambda_{opt}$，进而风力机在来流风速下产生最大风能输出。然而调节叶片转速的有效方式是调节叶片桨距角，如图11-2所示。

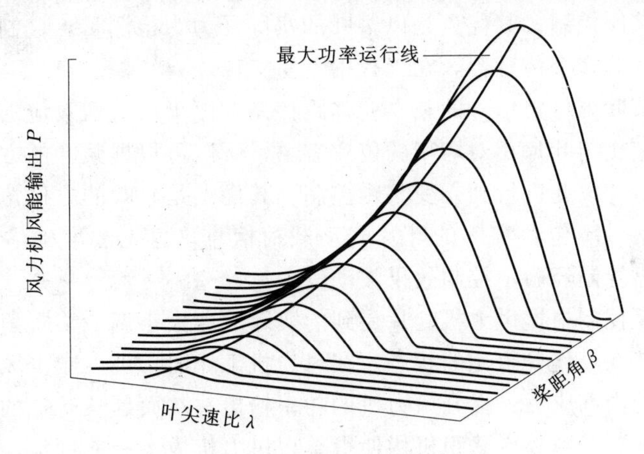

图 11-2 变桨距控制策略图

11.1.1.3 独立变桨距控制

随着风力发电技术的不断完善和对运行成本的综合考虑，风力机组的容量不断攀升。风电机组的大型化趋势同时也带来了一些复杂的问题。其中，风剪切与塔影效应会造成风轮平面内有效风速的分布不均匀，桨叶在旋转的过程中会承受周期性变化的气动力。由此带来的振动和疲劳问题不但会影响系统工作的稳定性，而且过大的疲劳应力容易造成桨叶的疲劳损伤，引起各种事故。机组的风轮直径越大，问题就越严重。对风力机各个叶片进行单独控制可以解决上述问题。

独立变桨距控制是在集中变桨距的基础上发展起来的新型变桨距控制理论和方法。独立变桨距控制是指风力机的每支叶片根据自己的控制规律独立地变化桨距角，如图11-3所示。

独立变桨距控制不但可以稳定输出功率，而且能够有效地解决叶片和塔架等部

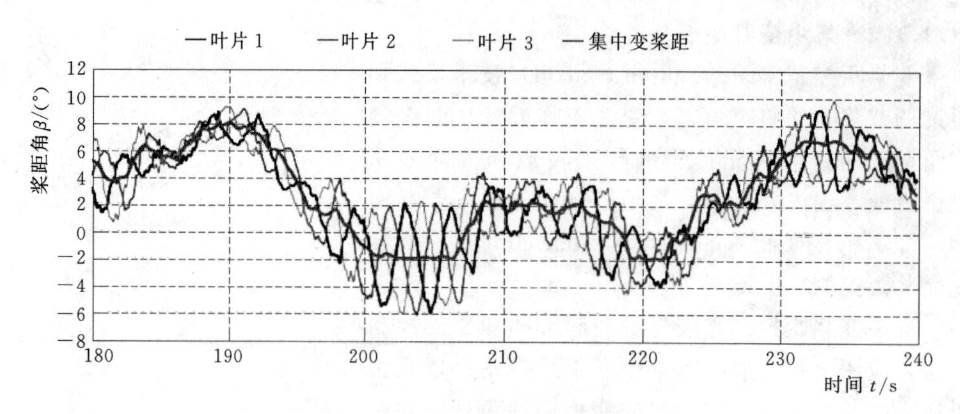

图 11－3　叶片独立变桨距示意图

件的载荷不均匀问题。目前，独立变桨距系统的控制策略主要是基于桨叶加速度信号的独立变桨距控制和基于桨叶方位角信号的独立变桨距控制。

（1）基于桨叶加速度信号的独立变桨距控制。控制叶片挥舞偏移最直接的方法就是将加速度传感器安装在叶片上，检测叶片受到的气动力，再根据一定的控制算法进行独立变桨距控制。其优点是以桨叶的实际受力为检测量，控制效果较好。但需要在叶片上安装多个传感器，在工程中不易实现。

（2）基于桨叶方位角信号的独立变桨距控制。由于风剪切效应随高度变化较明显，且塔影效应也与叶片相对塔架的位置有关，所以可根据桨叶的方位角来估计叶片载荷的大小，并以此进行独立变桨距控制。其优点是桨叶的方位角传感器容易固定。但传感器信号不包含实际的叶片气动载荷信息，也无法准确估计叶片气动载荷，主要是依靠控制经验，控制效果波动较大。

独自变桨距控制根据风力机叶片受到的实际风速大小调节桨距角，使风力机风轮叶片始终保持在最佳升阻比的状态。在风力机工作时，可以减少风力机阻力、减少风力机叶片的内部应力、提升风力机的功率输出，从而延长叶片的使用寿命。虽然每台风力机加装了独立变桨距机构使得单台风力机成本有所增加，但整个风电场发电能力会有一定程度的提高，风电场机组使用年限也可增加，使风电场经济效益得到很大程度的提高。

11.1.2　偏航控制技术

偏航控制系统也称对风装置，是风力机组特有的伺服系统。它具有三个作用：①在可用风速范围内自动准确对风，在非可用风速范围下能够 90°侧风；②在连续跟踪风向可能造成电缆缠绕的情况下自动解缆；③在失速保护时偏离风向。当有特大强风发生时，风力机停机，并释放叶尖阻尼板，桨距调至最大，偏航 90°背风，以保护风轮免受损坏。

偏航系统的存在使风力机能够运转平稳，从而高效地利用风能，进一步降低发电成本且有效地保护风力机。因此，偏航系统是风力机组电控系统的重要组成部分。

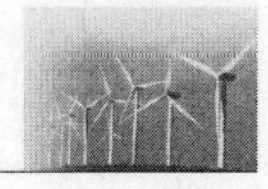

偏航系统分为主动偏航和被动偏航两种类型。

11.1.2.1 主动偏航

大型风力机中采用主动偏航控制，即由调向电机将风轮调至迎风位置。主动偏航需要测量风向，根据风向和风轮平面法线方向确定调向方向。主动偏航系统的控制原理框架图如图11－4所示，其工作原理为：通过风传感器将风向的变化传递到偏航电机控制回路的处理器中，判断后决定偏航方向和偏航角度，最终达到对风目的。为了减少偏航时产生的陀螺力矩，电机转速将通过同轴连接的减速器减速后，将偏航力矩作用在回转体大齿轮上，带动风轮偏航对风。当对风结束后，风传感器失去电信号，电机停止工作，偏航过程结束。

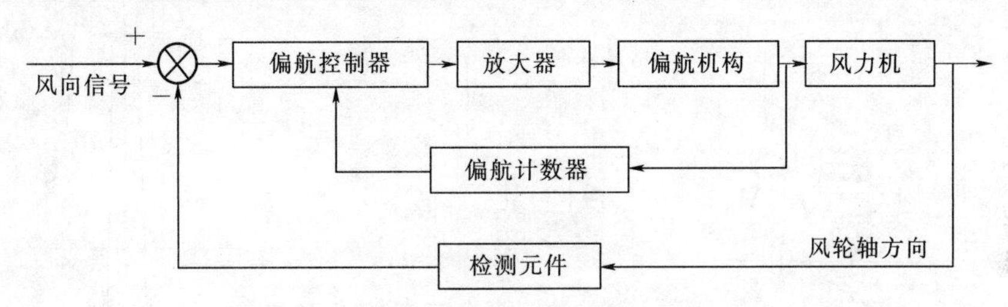

图11－4　风力机主动偏航系统的控制原理框架图

风力机在偏航转动时有可能发生机舱内电缆缠绕事故。目前风力机通过扭缆开关进行自动解缆。扭缆开关通过齿轮咬合机械装置将信号传递给偏航控制器处理和发出指令进行工作。除了在控制软件上编入调向计数程序外，一般在电缆处安装进程开关，其触点与电缆束连接。当电缆束随机舱转动到一定程度即启动开关。以国内某知名公司生产的1.5MW风力机为例，当机舱在同一方向已旋转两圈（720°）时，且风力机不在工作区域，即10min内平均风速低于切入风速时，系统进入解缆程序。当风力机回到工作区域，即10min内平均风速高于切入风速，系统停止解缆，进入发电程序；当机舱向同一方向旋转2.5圈（900°）时，偏航系统启动扭缆保护状态。系统强行进入解缆程序，此时风力机停止发电状态，直至解缆完成。

11.1.2.2 被动偏航

被动偏航一般分为三种，即使用尾舵进行气动偏航、使用侧风轮进行对风调整和下风向风轮自动调向。

1. 尾舵调向

尾舵偏航较为简单，通常应用在直径为数米的小型风力机上。尾舵装在尾杆上与风轮轴平行或成一定的角度，如图11－5所示。尾舵调向结构简单、调向可靠、制造容易、成本较低。若大型风力机采用这种偏航方式，则尾舵太大，既不经济，也无法稳定转子和机舱。

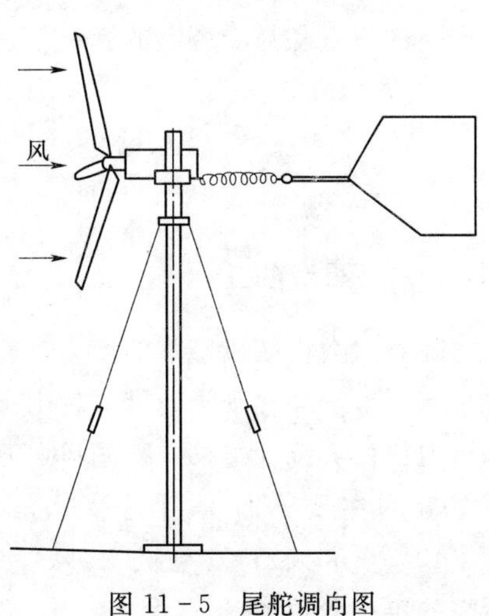

图11－5　尾舵调向图

2. 侧风轮调向

侧风轮调向早期常被用于大中型风力机。侧风轮调向如图 11-6 所示。它在风力机机舱后边的侧向安装一个或两个多叶片风轮。当风轮未对准风向时，侧风轮转动，侧风轮轴上的蜗杆与固定在塔架上的蜗轮相啮合，当侧风轮转动时，驱动机舱和风轮对准风向达到调向的目的。当风轮和机舱对准风向后，侧风轮与风向平行，停止转动。

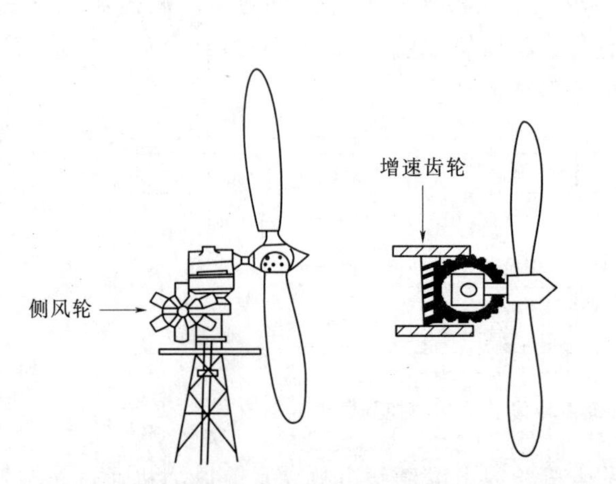

图 11-6　侧风轮调向示意图

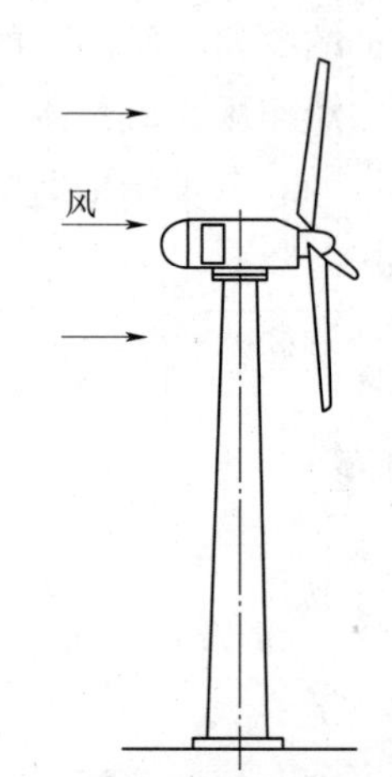

图 11-7　下风向风轮调向示意图

侧风轮调向对于安装侧风轮一侧的风向调向敏感，而对于另一侧风的调向不敏感，这样往往采用机舱两侧都安装风轮的调向装置，使主风轮左右调向都敏感。侧风轮调向往往使主风轮摆动，应增加阻尼器使侧风轮调向平稳和不摆动。

3. 下风向调向

下风向调向是将风力机风轮置于下风向。置于下风向的风轮能够自动调向，不必另行设置调向装置。下风向风轮调向示意图如图 11-7 所示。由于下风向风轮调向易使风轮随风向变化而摆动，所以需要增加阻尼器以减少风轮的摆动。下风向风轮调向的缺点是易受塔影的影响，进而激增风力机叶片的疲劳损伤。

11.2　叶片运行维护技术

风力机叶片遭受雷击

11.2.1　雷击防护

随着风力机装机容量的增大，轮毂高度和叶片长度不断突破现有记录。加之风电机组一般安装在开阔地带或者山顶，风力机组遭受雷击的概率大大增加。根据德国风力机协会统计结果，德国风电场风力机每年雷击事故在 8%左右。风力机组遭受雷击的主要部件是叶片（15%～20%）、电气系统（15%～25%）、控制系统（40%～50%）、发电机（5%）。其中风力机叶片的损伤对发电量的影响最大，所需的维护费用最多。

11.2.1.1 叶片雷击损伤

当雷电击中叶片时，雷电释放的巨大能量使叶片结构内的温度急剧升高，气体迅速膨胀，压力上升造成爆裂破坏。根据对叶片内水汽热膨胀试验研究，水蒸气在电阻加热下将产生体积增加。在叶片内部不同材料、不同部位，水蒸气的分布可能不同，材料内部这种不平衡在雷电过程中高温以及内部电弧作用下，引起急剧且不平衡的膨胀，导致各种形式的叶片损伤。如层裂、黏结处开裂、泄漏、边缘开裂、纵向裂纹、润滑油起火等。叶片雷击损伤如图 11-8 所示。

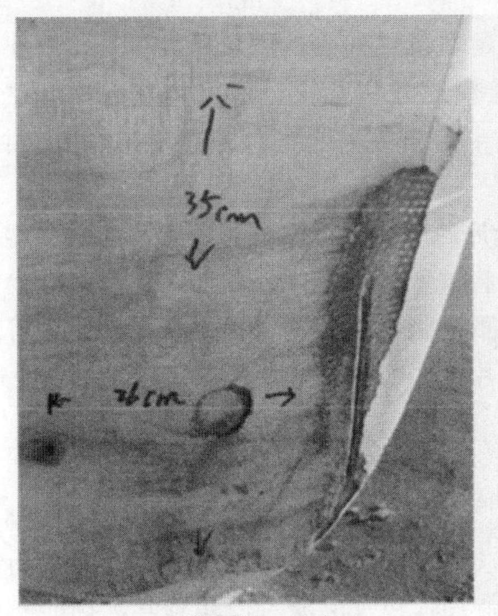

(a) 严重损伤：击穿

(b) 轻微损伤：表面碳化

图 11-8 叶片雷击损伤图

11.2.1.2 叶片雷电保护措施

防雷保护的主要方法是将雷电电流安全地从雷击点引入接地轮毂，从而避免叶片内部雷电电弧的形成。可以通过在叶片外面或内部安装金属导体将雷电流从雷击点传输到叶片根部来实现。还有一种思路是在叶片表面材料里添加导电材料，从而使叶片本身能够将雷电流全部引到叶片根部。

11.2.1.3 叶片表面或内部雷电保护措施

图 11-9 显示了三种将叶片根部相连的金属导线作为接闪器和引下线的雷电保护措施。分别为类型 A、类型 B 和类型 C。其中类型 A 和类型 B 将金属导体置于叶片内部作为引下线，在叶片表面尖端固定一只金属装置作

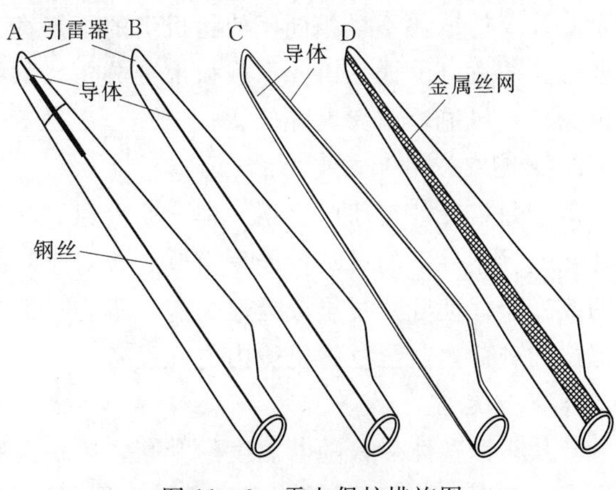

图 11-9 雷电保护措施图

为接闪器，其穿透叶片与内部的引下线导体连接。置于叶片内部的引下线导体能够将雷电电流从叶片尖部的接闪器传输到叶片根部。对于带有尖端制动结构的叶片，用于控制叶片尖端的钢丝也可以作为引下线，如类型 A。如果叶片尖部没有制动结构，则采用一根铜线作为引下线，该铜线可固定在叶片内部的主梁上，如类型 B。还有一种叶片雷电保护系统是将金属导线沿着叶片外沿与后缘放置在叶片表面或者置于叶片内部，如类型 C。如置于叶片内部，可采用铜线或铝线或编织带。如在叶片表面安装有转向器，这些转向器都必须连接到沿着叶片边缘安装的金属导线上。

11.2.1.4　叶片表面改用导电材料

在航空工业中，机翼的雷电保护系统常在机翼外表面添加导电材料，以便减少对雷击点的小面积损坏。添加这些导电材料的方法是将金属材料直接喷涂在表面上，或者在外层的复合材料里混杂金属材料，或者将金属线编织进外层复合材料，或者直接将金属网置于叶片表面。

图 11－9 中类型 D 就是金属网置于叶片的表面漆下面。有些叶片的最尖端用金属材料做成，或者覆盖上一层金属片，再将铜丝网贴在叶片两面，从而将叶尖与叶根连为一组导电体。铜丝网既可以作为引下线将叶尖的雷电引导至大地，也可以作为接闪器拦截雷击，从而防止雷电击中叶片主体而导致叶片损坏。

11.2.2　除冰措施

我国具有广阔的草原和漫长的海岸线，风能资源储备丰富。然而丰富的风资源基本分布在冰天雪地的北方以及湿气非常大的沿海地带，环境极其恶劣。风力机在 0℃以下运行时，如果遇到潮湿的空气、雨水、盐雾、冰雪，特别是冻雨时，就会发生冰冻现象。

11.2.2.1　叶片冰冻危害

叶片表面结冰主要危害有机组附加冰载、翼型表面粗糙度增加和甩冰对人员伤害及建筑物损坏。

1. 机组附加冰载

叶片表面覆冰后会产生较大的冰载，加剧叶片及其他部件的疲劳。而且覆盖在各个叶片上的冰块不尽相同，使得机组的不平衡载荷加大，若继续运行会对机组产生非常大的危害。详见第 4 章载荷部分分析。如果风力机停机，长期处于低温地区的风场机组风能输出大大降低。

2. 翼型气动外形改变

由于每根叶片覆冰厚度不一样，使得原有叶片设计翼型形状发生改变，进而使叶片在设计条件下的气动性能发生改变。对于早期失速调节的风力机叶片，气动性能的改变会促使叶片过早或延迟失速，不利于调节风轮转速，影响风力机叶片即关键部位的载荷，甚至危害机舱内电气设备。

3. 甩冰危害

叶片表面覆冰后，随着温度的升高，冰块会脱落，然后在叶尖高速运转情况下被甩出，如图 11－10 所示，会对现场人员和附近机组造成危害。

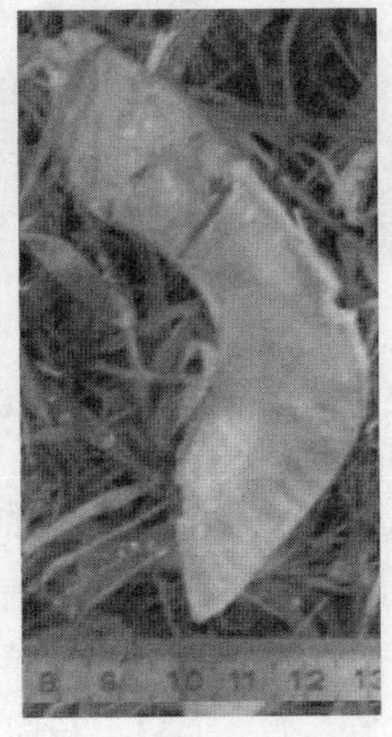

图 11-10 叶片甩出的冰块图

11.2.2.2 叶片冰冻防治措施

叶片冰冻防治措施主要有溶液防冰、机械除冰、热能防冰和涂层防冰 4 种。

1. 溶液防冰

溶液防冰的基本原理是利用防冰液（例如乙烯乙二醇、异丙醇、乙醇等）与叶片表面的积液混合，由于混合液的冰点大大降低，使水不易在叶片表面上结冰。在航空工业中，遇寒冰天气时，飞机飞行前都需要在机翼外部喷洒防冰液。

液体防冰的缺点：①有效作用时间短，只是一种短期的防冰方法；②用量大；③在严重结冰状况下除冰效果差。液体防冰属于被动型防护。

2. 机械除冰

机械除冰就是采用机械方法把冰击碎，然后靠气流吹除，或者利用离心力、振动将碎冰去除。目前使用最多的是利用人工击碎覆冰。机械除冰属于被动型防冰。

3. 热能防冰

热能防冰是利用各种热能加热物体，使物体表面温度超过 0℃以达到防冰或除冰的目的。热能防冰措施有以下几种方法：

(1) 电热防冰。在风力机叶片制作时预埋由加热元件、转换器、过热保护装置及电源组成的电热防冰系统。

(2) 微波除冰。微波除冰的原理是将微波能导到防冰表面，利用微波能对冰层加热，使叶片表面冰层的结合力大大降低，再利用离心力及气动力将冰块除去。

(3) 热气防冰。在低温地区，为保证电子元器件正常工作，在风力机机舱内一般都有加热装置。只需在风机叶片内安装暖风通气管道，让轮毂内的暖气在管道内循环即可。

4. 涂层防冰

涂层防冰的基本原理是利用特种涂料的物理或化学作用，使冰融化或者减小冰与物体表面的连接力，从而将冰从叶片表面除去。涂层防冰是一种较为理想的防冰措施，属于主动防护。目前防冰涂料类型有丙烯酸类、聚四氟乙烯类、有机硅类等。

防覆冰涂料的技术指标主要有：①防覆冰效果显著，在相同的气象条件或试验条件下，采用防覆冰涂层与未采用防覆冰涂层的物件相比，覆冰重量或覆冰厚度减少 70%～80%；②具备多种防护功能，如密封防水、防腐蚀、电绝缘、防覆冰等；③可靠性强，持续时间长，有效使用寿命大于 5 年；④实施方法简单易行、维修性好，安全、环保。

11.2.3　海上风力机叶片雨滴冲击防护

海上风资源持续稳定，海平面所受其他方面影响相比于陆上要小。为了更充分地捕捉风能，风轮直径要巨大，而且相对轮毂高度偏低。风力机长期在海上运行时，会遭受雨水和海浪冲击。在切出风速 $v_{out}=25m/s$ 时，叶尖运行速度通常大于 100m/s。雨滴或溅开的浪花撞击叶片前缘时形如飞弹。图 11-11 为海上风力机前缘部位长期遭受雨滴冲击后受损情况。

图 11-11　长期遭受雨滴撞击的叶片前缘图

雨滴不仅损伤叶片涂层，也会携带盐雾腐蚀铺层内部结构。加之阳光强烈照射和潜在的雷击破坏，海上风力机叶片的使用寿命受到严重威胁。

为对抗风力机叶片面对雨滴的冲击威胁，化学涂料公司和叶片生产厂商开展了更为高效和智能化的涂层材料——复杂、柔韧的三维结构的聚氨酯涂层材料的研发。试验研究证明，该材料的柔韧性和耐腐性可为海上风力机叶片对抗雨滴和浪花的冲击提供可靠保障。

11.2.4　海上风力机叶片防腐

11.2.4.1　近海腐蚀环境

近海腐蚀环境因子可分三类：①物理因素（海洋温度、波浪、潮汐、空气泡、悬浮泥沙、压力等）；②化学因素［盐度、溶解气体（尤其是氧），还有二氧化碳、硫化氢等，海水中各种化学平衡，pH 值和碳酸盐溶解度、氧化还原电位、硫电位、Fe^{3+}/Fe^{2+}、有机物含量等］；③生物因素（污损生物的种类和数量、微生物的种类和数量等）。受到诸多腐蚀环境因素的影响，腐蚀过程极为复杂。因此必须对叶片材料在不同海洋环境中的腐蚀过程和规律进行试验评定。

11.2.4.2　海上风力机叶片防腐措施

目前，海洋设施的防腐设计一般是在水上区涂装有机涂料，水下区采用阴极保护技术。由于有机涂层易老化、粉化、附着力低、寿命短，需要经常重复涂刷，而海上施工条件艰苦、困难多，大大增加了维修费用。为此研制长效防护技术一直是各国的首要任务。由于海上风力机组结构庞大，一般的电镀、热浸镀和包覆等工艺

难以应用，因此热喷涂阳极性金属涂层成为当前海上风力机防腐的一种新兴的保护技术，这种金属涂层与基体的结合力较强，在涂层受到擦伤时，由于涂层本身的阴极保护作用，不会导致基体钢铁发生腐蚀，这种涂层体系在陆地上的钢铁构造物的长期应用中取得了很好的防腐效果。现在应用于海洋构筑物的热喷涂金属涂层的主要成分是锌、铝和铝合金。

对海上风力机组的腐蚀状况的检测和监测对于保证其安全运行十分重要。首先在海洋大气区和浪花飞溅区，由于海洋大气中含有大量细小的盐粒，特别是其中的氯化钠对于钢铁表面的钝化膜破坏作用很强，氯化钙和氯化镁又具有吸湿性，在这两个区带氧易于到达基体表面，水下的阴极保护系统又不起作用，因此钢铁构造物在这两个部位的腐蚀较为严重，尤其是浪花飞溅区。但长期以来由于海洋大气区液膜较薄，浪花飞溅区干湿交替，很难用传统的电位或阻抗（包括极化电阻和交流阻抗）电化学方法对这些区带的钢铁腐蚀进行监测。

11.3 风力机运行其他主动调控技术

风力机叶片其他运行调控技术

11.3.1 可伸缩叶片技术

为实现风力机在低风速下持续发电，一种叶片长度可伸缩技术逐渐被设计和投入实验之中，如图 11-12（a）所示。当风速偏低时，基础叶片端部延伸出附加叶片，为发电机提供更大的输入气动力矩；但风速过高时，前段叶片制动缩回，有效减缓气动载荷，并降低发电机负荷。叶片伸缩功能由变桨距控制系统控制。

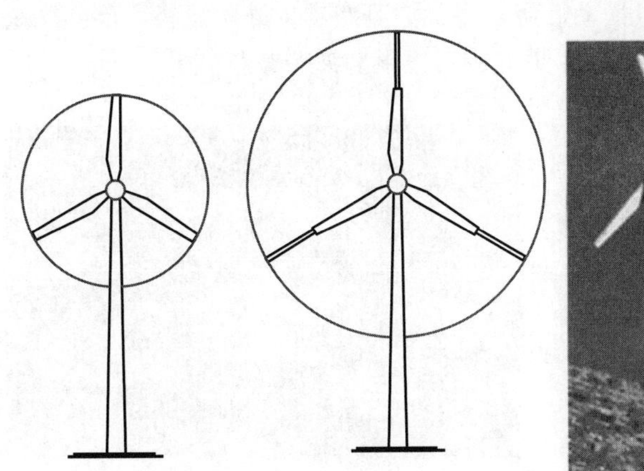

(a) 可伸缩叶片风力机假想图

(b) 可伸缩叶片试验风力机机型

图 11-12　可伸缩叶片风力机图

英国环境事务部（DOE）、Energy Unlimited 和 Knight & Carver 制造公司曾联合开发了一款试验型 120kW 的可伸缩叶片的风力机，如图 11-12（b）所示。该风力机在 Kenetech 56-100 风力机原型上添加了附加叶片，叶片的长度可由 8m 延长至 12m。试验研究表明，该风力机在风速为 7～9m/s，完全展开后的风能输出高出原型风机20%～50%以上，同时疲劳载荷和推力峰值也急剧增长。该风力机的自动伸缩控制系统还在进一步的研究中。

11.3.2　可摆动后缘技术

可摆动后缘的风力机叶片分为传统型和新型。

11.3.2.1　传统型可摆动后缘叶片

传统的可摆动后缘叶片技术由风机机翼控制技术引申而来，主要用于气动刹车和载荷控制。图11－13为美国科罗拉多州国家风能技术中心测试的一款可摆动后缘的大型叶片。

图11－13　可摆动后缘的风力机叶片图

根据叶片的扭转刚度，可摆动后缘控制方式分两种。当叶片偏小时，叶片刚度较高。后缘向叶片压力面摆动时，会增加叶片的气动载荷。反之，当后缘向吸力面摆动时，气动载荷会降低；当叶片较大，扭转刚度偏低时，后缘向压力面摆动时，会产生沿着叶肩指向压力面的扭矩，因此会降低入流攻角，进而降低气动载荷。与此类似，后缘摆向吸力面时，产生的扭矩使入流攻角增加，进而提升气动载荷。

11.3.2.2　新型可摆动后缘叶片

新材料技术的发展使得压电材料和智能材料逐步运用至风力机叶片的设计中，如图11－14所示。相对于传统的可摆动后缘，现代型可摆动后缘质量轻、反应灵敏且占据叶片较小部分。这种改进使得叶片更能应对极限和疲劳载荷。

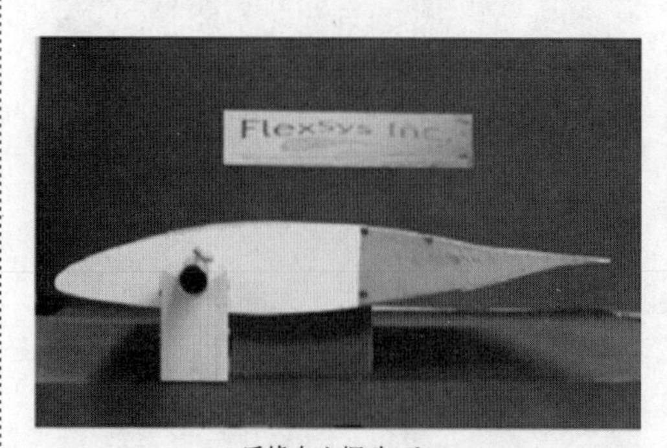

(a)后缘向上摆动10°

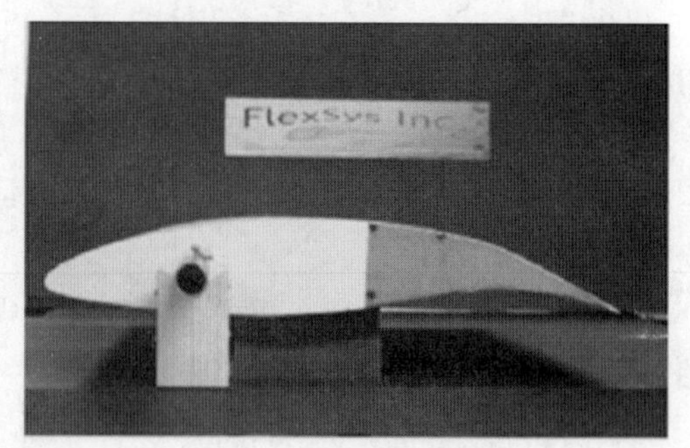

(b)后缘向下摆动10°

图11－14　新型后缘摆动装置图

该后缘摆动装置通过调整弹性的后缘，使其生成新的气动外形。后缘摆动幅度为+10°～－10°，调整速度为20°/s。图11－15为新型后缘摆动翼型升力系数变化图。

实验表明，该翼型在来流风速为40m/s，雷诺数为$Re=1.66\times10^6$时，后缘向

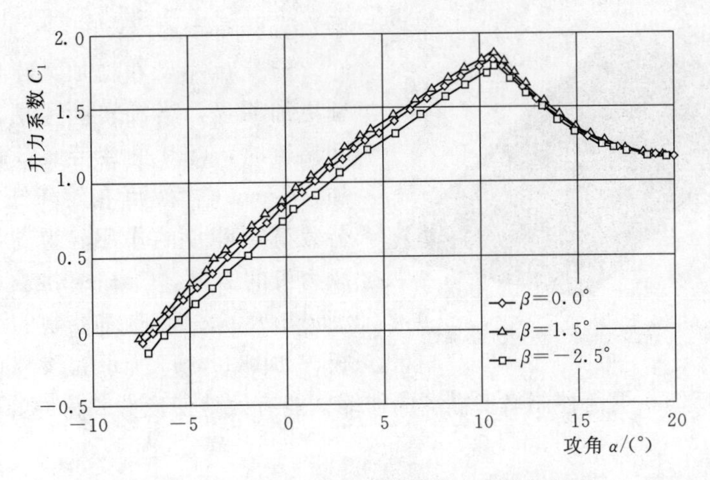

图 11-15　新型后缘摆动翼型升力系数变化图

压力面偏转 $\beta_{flap}=1.5°$时，升力系数上升 $\Delta C_l=+0.036$；当后缘向吸力面偏转 $\beta_{flap}=-2.5°$时，升力系数降低 $\Delta C_l=-0.066$。同时翼型的阻力系数在两次偏转时保持不变。

11.3.3　后缘襟翼

添加襟翼是指在叶片压力面后缘处添加一块小挡板，该类似装置最初在 20 世纪 70 年代被用于赛车尾部，它使赛车在高速运行中在尾部产生下压力，增加抓地能力。

其中 Gurney 襟翼是指襟翼与叶片表面垂直。实验证明 Gurney 襟翼为一种有效、可行的翼型气动载荷控制方法。它通过抑制翼型表面层流分离点来改变后缘处流动状态，进而调整了翼型的有效弯度。

装有襟翼的翼型流线分布图如图 11-16 所示。数值模拟发现，在压力面（图中下表面）添加襟翼时，升力系数上升；在吸力面（图中上表面）添加襟翼时，升力

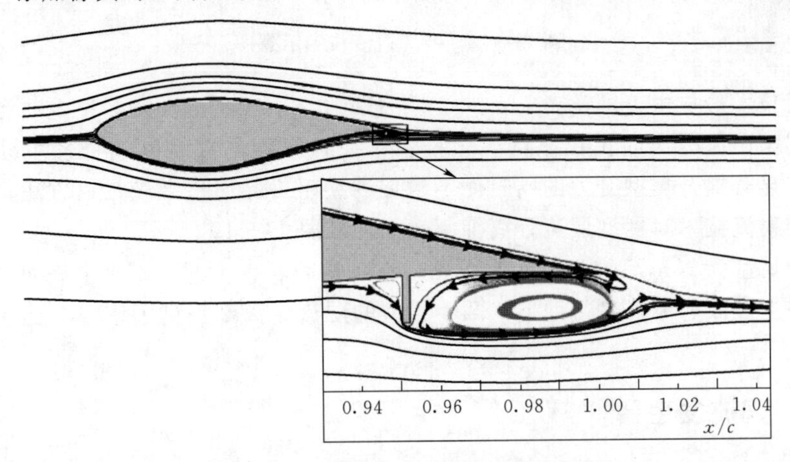

图 11-16　装有襟翼的翼型流线分布图

图 11－17　翼型后缘 Gurney 襟翼图

系数有所降低。

随着叶片尺寸增加，叶片的柔性特征更加明显，当旋转叶片拍击气流漩涡和湍流时，叶片的疲劳载荷循环次数增加，Gurney 襟翼可有效降低有害高频疲劳载荷对叶片的作用。为满足现代大型风力机的需要，Gurney 襟翼被设计成一种灵敏反应、可伸缩控制的分离式微型板，如图 11－17所示。该装置以叶片的挠度变化为反馈，灵活控制微型襟翼的伸缩，能有效地使疲劳载荷的峰值及循环次数降低。

11.3.4　射流技术

射流技术（VGJs）基本原理为在叶片表面开设小孔，叶片腔体内安装高压喷射器。喷射器向小孔外喷射非紊乱的气流进入运行状态下的叶片表面边界层中，进而提升叶片翼型的最大升力系数 C_{lmax} 和失速攻角 α_{stall}。该技术具有可控性并具有较好的抗干扰性能。叶片射流示意如图 11－18 所示。

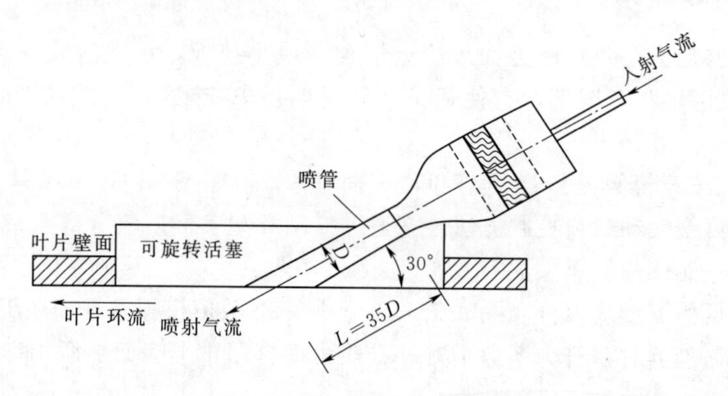

图 11－18　叶片射流技术示意图

射流技术最早由美国学者 Lin J. C. 和 Howard F. G. 在研究多种主动和被动控制二维翼型湍流分离时提出来的。该技术是一种新颖的翼型气动特性主动控制技术，它在显著提升翼型升力的同时而不增加翼型阻力。通过激光扫描方法，可以清晰地看到射流技术对翼型层流分离抑制效果，如图 11－19 所示。

图中翼型为 NACA0015，实验可见，在攻角为 $\alpha=17°$时，翼型上表面层流严重分离，在上表面射流技术帮助下，两个翼型的层流分离都得到了缓和，且缓和效果一致。

11.3.5　涡流发生器

涡流发生器（vortex generators，VG）在 20 世纪中期由美国学者 H. D. Taylor 提出。一般情况下，涡流发生器都垂直安装在机翼的上表面边界层内，并与当地来

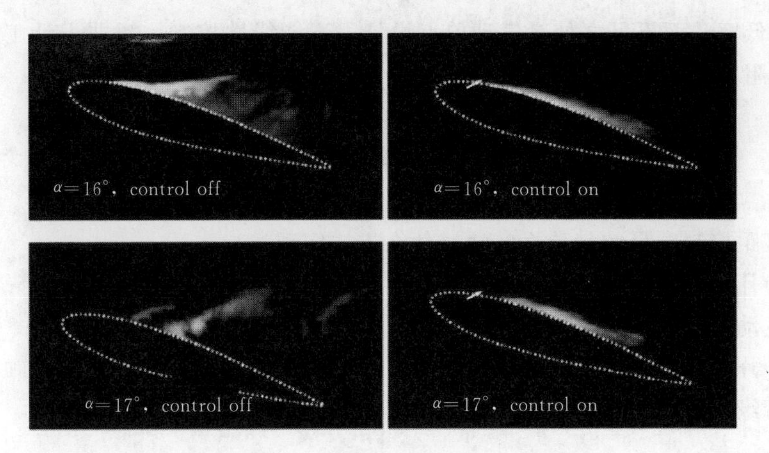

图 11-19 层流分离抑制激光扫描图

流保持一定的侧向夹角，如图 11-20 所示。

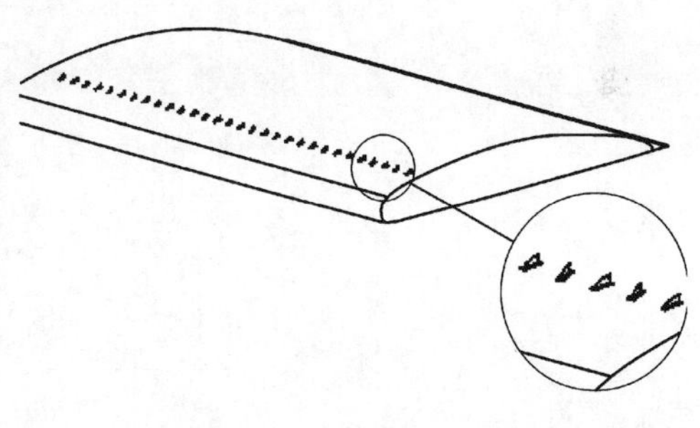

图 11-20 涡流发生器图

涡流发生器的作用主要有：①通过放置在翼型上表面的小平板产生湍流边界层，搅动分离区内的气流，使边界层上部的高能气流得以与近壁的低能气流混合而增加近壁流体的动量和能量，从而延缓分离；②利用涡流发生器产生尾涡阻隔向外翼的流动，防止低能气流在外翼上堆积，从而进一步增加升力和减少阻力，涡流发生器作用效果如图 11-21 所示。

半个多世纪以来，涡流发生器在飞机、扩压器、收缩器后体、增升装置和涡轮叶片，甚至先进的战斗机上均获得了广泛的应用。涡流发生器作为一种被动式的流动控制部件，是针对某一个或几个流动状态而设计安装的装置，其优点是简单易

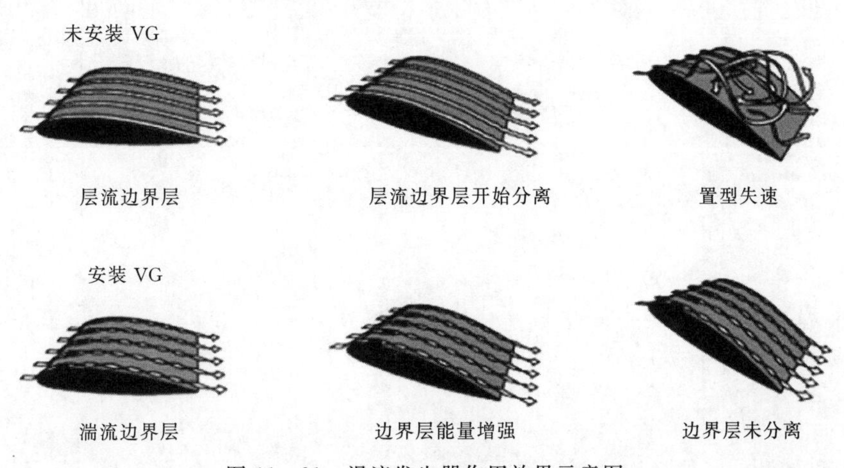

图 11-21 涡流发生器作用效果示意图

行，成本低廉。而不足之处是气动单点设计，不能线性控制，对非设计工况带来了不必要的阻力。

思　考　题

1. 桨距控制的目的是什么？通过什么方式实现？
2. 为什么要进行偏航控制？
3. 主动偏航的原理是什么？
4. 叶片如何实现防雷、除冰和防腐？还有没有其他的方法？
5. 后缘襟翼、射流技术和涡流发生器的原理是什么？有什么作用？

第12章 总结与展望

12.1 总　结

风能作为一种清洁的可再生能源，取之不尽，用之不竭，越来越受到世界各国的重视。随着风力发电技术的进步，为提高风能捕获，降低度电成本，风电机组的单机容量也从最初的十几千瓦级发展到现在的兆瓦级，甚至已向十兆瓦级迈进。

叶片作为风力发电机组最核心的部件，起到捕捉风能的关键作用，其设计、制造和运维技术的发展对于整个机组的性能和可靠性至关重要。与此同时，不断出现的新技术可为解决风力机叶片大型化问题提供支撑，其中包括新的翼型、材料以及新的叶片型式，颤振抑制技术，多学科优化方法，主/被动增效技术等。本书围绕上述关键技术展开论述：

(1) 风力机叶片气动性能设计方面，在阐述翼形空气动力学和风力机空气动力学的相关概念和研究方法的基础上，介绍并展望了新一代风力机叶片专用翼型和外形的设计趋势与面临的关键挑战。

(2) 风力机叶片结构性能设计方面，归纳了风力机叶片的主要载荷形式、现行设计规范对风力机叶片载荷的相关规定和叶片主要截面结构形式。在此基础上，针对超长柔性叶片的气动弹性问题和疲劳破坏问题进行专题研究。

(3) 风力机叶片设计优化方面，从气动外形优化、结构体型优化、气动结构一体化整体优化设计三个方面探讨了风力机叶片最优体型设计的研究方法和实施方案，结合实际工程案例对比分析了优化技术带来的降本增效的显著成效。

(4) 风力机叶片制造方面，从选材原则、叶片材料特征、制造工艺等方面分别展开论述，重点介绍了包含模压成型等七种风力机叶片制造工艺的制造流程及关键指标，最后落脚于叶片制造成本的分析讨论。

(5) 风力机叶片运行维护方面，在阐述传统叶片运行调控技术的基础上，探讨了目前各类主/被动调控技术在风力机降本增效上的应用，并介绍了叶片防雷、除冰、防雨滴冲击和防腐等风力机叶片维护关键技术。

总结而言，本书全面系统介绍了当前风力机叶片在设计方法、结构分析、制备安装及运维技术等方面的最新认识和进展，为我国风电行业的从业人员和科技工作者提供实用参考，同时助力风力机叶片技术革新以及我国风电大型化、国产化、规模化发展。

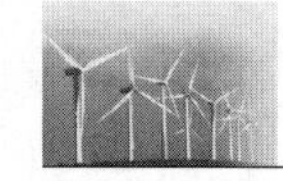

12.2 展　望

诚如美国国家可再生能源实验室（NREL）Paul Veers 联合丹麦科技大学（DTU）Katherine Dykes 等人共同在 *Science* 期刊撰文所言："风能经过几十年的研究和开发，已经成为一种主流能源。不过，还需要不断的创新，以实现其满足全球清洁能源需求的潜力。"

风力机叶片虽已经过数代风能研究者的不断探索，但在当今新的风能开发形式下仍面临着全新的挑战。如何在贝兹极限存在的前提下进一步提高风能的利用效率是困扰风能研究者的难题。目前已有的技术路径包括：将风力发电机安装在风能资源更为丰富的沿海甚至深远海区域；将风能捕捉面积不断增大，即不断增大风力机的结构尺寸；提高风力机的中低风速利用率，即风电机组智能化；甚至是未来可能对台风等极端风况的风能捕捉……

上述技术路径的实现均有赖于风力机叶片技术的进一步发展和突破，更为极端的服役环境对新一代风力机叶片是无法避免的考验。围绕"碳达峰、碳中和"战略目标，大力发展可再生能源产业和低碳经济已达成广泛共识。可以预想的是，未来针对风力机叶片的科学研究和创新研发将对风能大规模开发利用起到关键支撑作用，亦是我国实现风能产业技术领先和结束瓶颈制约现状的关键所在。

参 考 文 献

[1] GWEC. 2021年全球风电行业现状年度报告 [R]，2021.

[2] Martin O. L. Hansen. 风力机空气动力学 [M]. 肖劲松，译. 北京：中国电力出版社，2009.

[3] 何显富，卢霞，杨跃进，等. 风力机设计、制造与运行 [M]. 北京：化学工业出版社，2009.

[4] 李春，叶舟，高伟，等. 垂直轴风力机原理与设计 [M]. 上海：上海科学技术出版社，2013.

[5] 芮晓明，柳亦兵，马志勇. 风力机组设计 [M]. 北京：机械工业出版社，2010.

[6] Tony Burton. 风能技术 [M]. 武鑫，译. 北京：科学出版社，2007.

[7] 赵振宙，郑源，高玉琴，等. 风力机原理与应用 [M]. 北京：中国水利水电出版社，2011.

[8] 赵丹平，徐宝清. 风力机设计理论及方法 [M]. 北京：北京大学出版社，2012.

[9] 王建录，郭慧文，吴雪霞. 风力机械技术标准精编 [M]. 北京：化学工业出版社，2010.

[10] 沈观林，胡更开. 复合材料力学 [M]. 北京：清华大学出版社，2006.

[11] 赵美英，陶梅贞. 复合材料结构力学与结构设计 [M]. 西安：西北工业大学出版社，2007.

[12] Veers P S，Ashwill T D，Sutherland H J，et al. Trends in the design，manufacture and evaluation of wind turbine blades [J]. Wind Energy，2003 (6)：245 - 259.

[13] BrØndsted，Rogier P L Nijssen. Advances in wind turbine blade design and materials [J]. Woodhead Pub，2013：175 - 209.

[14] WindPACT Blade System Design Studies. Cost Study for Large Wind Turbine Blades [M]. Sand Report，2003.

[15] 顾荣蓉，蔡新，朱杰，等. 水平轴风机叶片技术发展概述 [J]. 能源技术，2010，31 (4)：213 - 215.

[16] 潘盼，蔡新，范钦珊，等. 3MW叶片翼型设计与气动特性分析 [J]. 力学季刊，2011，32 (2)：269 - 274.

[17] 杨涵. 低风速风力机整机气动与结构一体化设计研究 [D]. 重庆：重庆大学，2019.

[18] 孙振业. 大型海上风力机叶片气动与结构设计研究 [D]. 重庆：重庆大学，2017.

[19] 廖猜猜. 极限载荷条件下的风力机叶片铺层优化设计研究 [D]. 北京：中国科学院工程热物理研究所，2012.

[20] 王海鹏. 风力机非定常气动特性及优化设计研究 [D]. 大连：大连理工大学，2017.

[21] Zhu Jie，Cai Xin，Pan Pan，Gu Rongrong. Static and dynamic characteristic study on wind turbine blade [J]. Advanced Materials Research，2011，383 - 390.

[22] Cai Xin，Pan Pan，Zhu Jie，Gu Rongrong. The analysis of aerodynamic character and structural response of larger - scale wind turbine blade [J]. ENERGIES，2013，6 (7)：3134 - 3148.

[23] 袁鹏，徐孝辉，谭俊哲，等. 复合材料纤维铺层对潮流能水平轴水轮机叶片性能的影响研究 [J]. 太阳能学报，2021，42 (5)：407 - 414.

[24] 苏国梁，李国庆，李凤俊，等. 风机叶片用玻璃纤维复合材料研究概述 [J]. 玻璃纤维，2021 (2)：28 - 33.

[25] Babu K S，Raju N V S，Reddy M S，et al. The Material Selection For Typical Wind Turbine

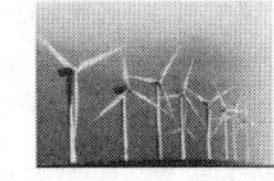

Blades Using A MADM Approach & Analysis Of Blades [C]. Proceedings of 18th International Conference on Multiple Criteria Decision Making (MCDM 2006), 2006.

[26] Mathavan J J, Patnaik A. Analysis of wear properties of granite dust filled polymer composite for wind turbine blade [J]. Results in Materials, 2020, 5.

[27] 唐荆. 大型风电复合材料叶片主承力部件结构失效研究 [D]. 北京：中国科学院工程热物理研究所，2019.

[28] Roczek A. Optimization of Material Layup for Wind Turbine Blade Trailing Edge Panels [D]. RisØDTU National Laboratory for Sustainable Energy, Roskilde, Denmark, 2009.

[29] Maalawi K Y, Negm H M. Optimal frequency design of wind turbine blades [J]. Journal of Wind Engineering and Industrial Aerodynamics, 2002, 90: 961-986.

[30] Jureczko M, Pawlak M, Mezyk A. Optimisation of wind turbine blades [J]. Journal of Materials Processing Technology, 2005, 167, 463-471.

[31] Scott J, Johnson C P. "Case" van Dam and Dale E. Berg. Active Load Control Techniques for Wind Tuebine [R]. Sandia Report Sand 2008-4809, 2008.

[32] Damien Castaignet. Model predictive control of trailing edge flaps on a wind turbine blade [D]. PhD thesis. Technical University of Denmark, 2011.

[33] 蔡新，朱杰，潘盼. 水平轴风力机叶片最优体型设计 [J]. 工程力学，2013 (30)：477-480.

[34] Cai Xin, Zhu Jie, Pan Pan. Structure Optimization Design of Horizontal-axis Wind Turbine Blade Using a Particle Swarm Optimization Algorithm and Finite Element Method [J]. ENERGIES, 2012 (5) 11: 4683-4696.

[35] 梅勇，李霄，胡在春，等. 基于风电机组控制原理的风功率数据识别与清洗方法 [J]. 动力工程学报，2021，41 (4)：316-322，329.

[36] Manwell J F, Mcgowan J G, Rogers A L. Wind energy explained: theory, design and application [M]. A John Wiley & Sons, 2010.

[37] Siegfried Heier. Grid Integration of Wind Energy Conversion Systems [M]. John Wiley & Sons, Ltd, 2006.

[38] 潘盼，蔡新，朱杰，等. 风力机叶片疲劳寿命研究概述 [J]. 玻璃钢/复合材料，2012 (4)：129-133.

[39] Carlo Enrico Carcangiu. CFD-RANS Study of Horizontal Axis Wind Turbines [D]. Università Degli Studi Di Cagliari, 2008.

[40] 杨仲江，刘健，肖扬，等. 风力机叶片雷击暂态特性分析 [J]. 太阳能学报，2019，40 (1)：199-205.

[41] Nijssen R P L. Fatigue Life Prediction and Strength Degradation of Wind Turbine Rotor Blade Composites [R]. SAND2006-7810P, 2007.

[42] 张益赓，文习山，王健，等. 风力机叶片复合材料雷击损伤特性研究 [J]. 武汉大学学报（工学版），2019，52 (3)：264-269.

[43] 包道日娜，刘旭江，王小雪，等. 可变偏心距风力机功率调节方法实验验证 [J]. 太阳能学报，2020，41 (10)：323-331.

[44] 周邢银. 大型风力机复合材料叶片弯扭耦合特性研究 [D]. 北京：华北电力大学，2016.

[45] 王浩. 强台风过境海上风力机风速场模型及风振特征研究 [D]. 南京：南京航空航天大学. 2020.

[46] 高强. 风力机叶片颤振特性及其控制研究 [D]. 南京：河海大学，2017.

[47] 缪维跑. 台风环境下风力机流固耦合响应及叶片自适应抗风性研究 [D]. 上海：上海理工大学，2019.